青贮玉米学

吴建忠 ◎ 编著

中国农业科学技术出版社

图书在版编目（CIP）数据

青贮玉米学 / 吴建忠等编著 . — 北京：中国农业科学技术出版社，
2023.8

ISBN 978-7-5116-6434-1

I.①青… Ⅱ.①吴… Ⅲ.①青贮玉米－栽培技术Ⅳ.① S513

中国国家版本馆 CIP 数据核字（2023）第 172823 号

责任编辑	李　娜　朱　绯	
责任校对	马广洋	
责任印制	姜义伟　　王思文	

出 版 者　中国农业科学技术出版社
　　　　　北京市中关村南大街 12 号　　　邮编：100081
电　　话　（010）82109707（编辑室）　　（010）82106624 （发行部）
　　　　　（010）82109709（读者服务部）
网　　址　https:// castp.caas.cn
经 销 者　各地新华书店
印 刷 者　北京建宏印刷有限公司
开　　本　170 mm×240 mm　1/16
印　　张　21.25
字　　数　360 千字
版　　次　2023 年 8 月第 1 版　2024 年 4 月第 1 次印刷
定　　价　88.00 元

《青贮玉米学》
编著人员

主　编　著　　吴建忠

副　编　著　　赵　茜　　韩微波

编著人员　　　范金生　　董德建

　　　　　　　李东林　　高佳缘

前　言

玉米是目前世界上种植面积最大的农作物,其优势在于具有"粮经饲"三元价值。而"粮经饲"中的"饲"即青贮玉米。青贮玉米是在适宜收获期内收获包括果穗在内的地上全部绿色植株制作青贮饲料的一类玉米的通称,是按收获物和用途来进行划分的玉米三大类型(籽粒玉米、青贮玉米、鲜食玉米)之一。青贮玉米品种是指作为青贮饲料用途并将全株(包括果穗和茎叶)收获的玉米品种,它与粮食品种的区别在于粮食品种以收获籽粒为目的。作为青贮玉米品种,应具备植株高大、叶片茂盛、生物产量高,以及茎叶富含糖、蛋白质、优质纤维和胡萝卜素、B族维生素等营养元素的生物学特性;同时还需具备容易加工、青贮变成营养丰富、适口性好、能长期保存的优质粗饲料的特点。因此,玉米青贮饲料以其营养含量高、生产成本低、贮藏期长等优势成为世界公认的草食牲畜不可或缺的优质粗饲料,被誉为"饲料之王"。

《青贮玉米学》全书十章,涵盖了玉米青贮概况、青贮玉米的生物学基础、青贮玉米遗传与种质资源、青贮玉米育种、青贮玉米栽培技术、青贮玉米病虫草害防治、青贮玉米加工技术及综合利用、青贮玉米饲料调制及投喂、青贮秸秆饲料加工技术和青贮玉米性状遗传分析。本书以青贮玉米为重点研究内容,以青贮玉米栽培技术为宏观主题,深入探究青贮玉米学的前沿理论。

本书内容框架完善,每一个章节都做了详细的阐述与分析。为全面阐释其中内容,文中引用了部分学者公开的研究成果,在此一并表示感谢。本书为青贮玉米学构建了可供借鉴的理论框架。对从事青贮玉米相关研究的科研人员与从业人员具有学习和参考价值。

　　由于时间仓促,加之笔者能力有限,书中的不足之处在所难免,望广大读者批评指正。

编　者

2023 年 5 月

目 录

1

第一章

绪　论

第一节　青贮玉米的起源与分布

　　纵观世界，青贮利用历史悠久，可追溯到几千年前。从古代埃及壁画推测，公元前3000年人类已经有了类似于今天青贮的调制技术。但是，作为饲草的贮藏方法被大众所认识和利用，以及相关的实验和调制利用技术的系统发展是19世纪后半叶之后的事了。

一、青贮玉米

　　品种名：青贮玉米

　　拉丁文名：*Zea mays* L.

　　玉米起源于美洲大陆，原产地是墨西哥或中美洲。随着世界航海业的发展，玉米逐渐传到了世界各地，并成为最重要的粮食作物之一。青贮玉米并不指玉米品种，而是鉴于农业生产习惯对一类用途玉米的统称。在我国，受传统粮食观和种植业政策等诸多因素的限制，青贮玉米育种研究起步较晚，20世纪80年代前我国还没有青贮玉米的专用品种。直到1985年，我国才首次审定了青贮型玉米新品种(图1-1)，青贮玉米的生产状况才有了明显的改善。

图1-1　青贮玉米

二、青贮的起源和发展

青贮饲料在世界各地有着悠久的发展历史。据考证，青贮技术起源于古埃及文化鼎盛时期，地窖（silo）这个词就是起源于希腊词"siros"，siros 的意思就是地面上的坑或洞。埃及出土的古画表明，古埃及人早在公元前 1 000 年就熟悉和使用青贮技术了。随后，这项技术传至地中海沿岸，18 世纪末由北欧传到美国，并由此传入英国。1929 年，芬兰科学家魏尔塔南（Virtanen）通过多年对饲料保鲜和食物防腐的探索，就青贮发酵腐败的原因进行反复试验研究，发现食物的腐败和饲料营养成分的损失过程与酸度有密切的关系，将要贮藏的饲料用按一定浓度配置的硫酸和盐酸混合液进行处理，使其 pH 值降到 4.0 以下，有害菌对蛋白质的分解活动就能够得到控制，从而减少呼吸作用造成的干物质和蛋白质、维生素损失。后来魏尔塔南因发明了饲料贮藏及保鲜法荣获 1945 年诺贝尔化学奖，这种加酸法形成系统理论，即为著名的"AIV 法"，又称"魏尔塔南饲料保鲜法"，成为制作青贮饲料的理论基础，之后甲酸取代了盐酸和硫酸，曾广泛应用于饲料青贮。对于植株含糖量较高的玉米及禾本科牧草，厌氧条件下乳酸菌发酵产生乳酸，使 pH 值下降，即可达到青贮目的。而针对难青贮的植物如草木樨、苜蓿等，按原料重量的 0.3% 添加甲酸，促使 pH 值下降至 4.0 以下，有害微生物分解蛋白质的活动就能够得到控制，实现长期保存。魏尔塔南的伟大发现对促进畜牧业的发展起到了至关重要的作用。

1977 年夏季，英国的一位小农场主劳埃德·福斯特，家里养了近 500 只羊，虽然这些羊为他带来了不菲的收入，但也伴随着很多苦恼和麻烦。整个夏天都闷热多雨，劳埃德收购的大量牧草都将面临着腐烂的风险，这使他很困惑，他尝试着用多种方法解决，可是收效甚微。异想天开的劳埃德发现家中有许多使用过的塑料袋，能不能将这些牧草放到袋中存贮呢，那样就不会发霉腐烂了吧，就这样世界上第一批青贮诞生啦。那年的冬天，劳埃德打开塑料袋发现，整个牧草都没有霉变，而且冬季羊喜欢吃这种绿色的饲料。随后数年间，该项技术迅速传遍欧洲。1985 年左右，这项技术又越过大西洋，传入北美，美国人称其为"牧草收获工艺的一场大革命"。

在欧美等畜牧业发达国家，青贮玉米的利用已有上百年。特别是奶牛、肉牛、奶羊和肉羊等产业发达的国家，都大量种植青贮玉米。以美国为例，2015—2017 年每年收获的青贮玉米面积为 350 万 hm^2 左右，占玉米总面积的 7% 以上；每年产全株青贮玉米量 1 250 亿 kg 以上。同期，欧洲青贮玉米种植面积约 615 万 hm^2，占玉米总面积的 42%。其中，德国的青贮玉米种植面积占玉米总面积的 85%；法国的青贮玉米种植面积占玉米总面积的 50% 以上。日本的青贮调制开始于 19 世纪 80 年代，奶牛和肉牛饲养业常年利用青贮饲料。可见，青贮利用最普及的国家通常是工业发达国家。青贮可以说是工业革命的产物，青贮加工利用不仅需要良好的设施设备和机械条件，而且需要精细的工艺流程和管理。

在中国，据历史资料记载，远在南北朝时期就开始采用很完备的干草调制和贮存方法。早在 700 多年前元代《王祯农书》和清代《幽风广义》中记载有苜蓿、马齿苋等饲料的发酵方法。中国古代腌菜方法就是青贮原理的应用，始于周朝初期（公元前 10 世纪左右）的我国腌渍技术，《诗经》记为"菹（zu）"，就是蔬菜通过酸性介质腌渍或利用乳酸发酵制得的。《齐民要术》等文献中曾详细记载与青贮原理相类似的蔬菜和饲料贮藏方法。

进入 20 世纪后特别是近年来，农业生产结构不平衡，籽实玉米生产呈现严重产能过剩，价格跌落，农民收入下降。而另一方面却是优质饲草料供应短缺，价格上扬，草价高于粮价。因此，无论从社会效益还是经济效益分析，玉米生产由粮改饲势在必行，是调整农业生产结构的必由之路。我国最早进行牧草青贮研究推广之人当推中国现代草业科学的奠基人——王栋先生，1943 年，时任西北农学院教授的王栋先生、助教卢德仁首次在陕西进行带棒玉米窖藏青饲料青贮试验，将当地盛产的玉米和苜蓿混合青贮，取得成功，开始向陕西及全国推广，其试验研究报道《玉米窖藏青贮料调制实验》发表于 1944 年的《西北农林》，这是关于青贮饲料的最早试验报道。1948 年，王栋先生又在南京使用玉米秸秆制作青贮，效果亦佳。新中国成立后，1953 年青贮技术的研究应用正式列入多家农业研究院所的科研规划，开始就玉米秸秆的适时收获、营养价值评定、青贮技术、品质鉴定等方面进行研究，并很快在华北地区推广应用，但相当长一段时期仅应用于国营畜牧场（奶牛场），大多属于生产性的探讨，始终未能在生产上得到正常速度的发展。1977 年以来开展的青贮饲料的推广工作，增加了与国外青贮技术的交流，在低水分青贮、添加剂青贮等方面均进行了探讨。一般国营畜牧场（如奶牛场）均有青贮玉米秸秆作为奶牛等草食家畜的主要粗饲料。20 世纪 60—70 年代，我国的畜牧业科研、生产和管理部门就大力提倡种植和应用青贮玉米，但推广难度很大。主要原因，当时我国缺少专用青贮玉米品种，栽培品种生物产量不高、加工机械配套不完备、调制条件不具备及调制技术不成熟等，制约着青贮玉米栽培面积的扩大。进入 20 世纪 80 年代，青贮饲料的研究应用再度兴起，农牧渔业部（现农业农村部）多次组织会议进行现场观摩、经验交流、技术培训和部署安排，有力地促进了青贮技术的推广应用。90 年代后，全株青贮玉米的种植利用使青贮饲料的营养品质显著提高。21 世纪以来，各种现代化机械设备和研究成果的应用及草食畜牧业生产规模扩大，饲草需求不断增大，青贮饲料的生产制作和管理利用进入全新时期。

随着养殖业快速发展，种植青贮玉米进行全株玉米青贮已很普遍。全国的青贮玉米总种植面积逐年增加，种植水平逐年提升。在加工方面，各种规模的养殖场饲草加工机械逐步配套，窖贮、袋贮、裹包青贮的技术和质量普遍提高且得到普及，相关的机械设备不断出现并完善性能，青贮效果都比较好。但是，我国青贮玉米种植业仍处于起步阶段，成效依然显著低于世界上青贮玉米发达国家。在这样的背景下，系统介绍青贮玉米的种植技术，包括加工利用知识、品种特征等，对广大农牧民朋友的生产实践提供前沿信息和指导，具有重要的现实意义。

三、青贮玉米及其种类

玉米是禾本科玉蜀黍属一年生草本植物，原产于中南美洲。玉米植株高大、茎强壮、叶丰富、籽实产量多，是重要的粮食作物和饲料作物，也是全世界总产量最高的农作物。现在世界各地均有栽培，其中栽培面积最多的是美国、中国、巴西、墨西哥、南非、印度和罗马尼亚。最初人们对玉米的利用是把玉米果穗摘下后用其茎叶做青贮。玉米茎叶几乎不用任何添加剂，水分含量恰当的时候密封好就能够产生良好的发酵适合调制青贮。后来，茎叶连果穗一起青贮，就诞生了青贮专用玉米。

青贮玉米，是指在适宜收获期内收获包括果穗在内的全部地上绿色植株，经切碎、加工，并用青贮发酵的方法来制作青贮饲料以饲喂牛、羊等为主的草食性家畜的一种玉米。与一般籽粒玉米相比，青贮玉米具有生物产量高、纤维品质好、持绿性好、干物质和水分含量适宜用厌氧发酵的方法进行封闭青贮的特点。

青贮玉米分为三种类型，青贮专用玉米、粮饲兼用玉米和粮饲通用玉米。青贮专用玉米是指只适合青贮的玉米品种，在乳熟期至蜡熟期内，收获包括果穗在内的地上部分，然后调制成青贮饲料的玉米品种；粮饲兼用玉米是指在成熟期先收获玉米籽粒，然后再收获青绿的茎叶青贮；粮饲通用玉米是指在籽粒成熟后先收获籽粒，或者在乳熟期至蜡熟期收获地上整株制作青贮料。

可见，青贮玉米是全部或部分用于饲喂草食家畜的，是饲用植物，不仅玉米果穗，而且地上的茎叶等部分全部利用了，是非常经济的一种作物；主要利用方式为青贮。

四、青贮玉米的效益

(一)经济效益

1. 单位面积产量高、经济效益好

青贮玉米植株高大，茎叶繁茂，产量 6.5 万～8.5 万 kg/hm²，具有较高的鲜生物产量。如果换算成饲料单位，青贮玉米达 6 750 个饲料单位，高于甜菜、苜蓿、饲用大麦、三叶草等，比燕麦籽粒的饲料单位高一倍。每亩产值，青贮玉米为 700～900 元，籽粒玉米为 550～750 元。所以，种植青贮玉米能够获得明显的经济效益。

2. 饲草品质好，营养价值高

青贮玉米成熟时茎叶仍然青绿，汁液丰富，适口性好，收获时还具有较多的干物质产量。不同品种之间有一定的差异，通常干物质含量达 30%～55%，糖分含量 12%～18%，粗蛋白含量 10%～14%，粗纤维含量 6%～

10％，粗脂肪含量 3％～5％，淀粉含量 25％～35％。1kg 青贮玉米的营养价值相当于 0.4kg 优质干草。

和其他青贮饲料相比，青贮玉米具有较高的能量和良好的吸收率，易消化，可消化蛋白和钙比燕麦多一倍，胡萝卜素是燕麦的 60 倍。美国先锋种子公司进行饲养试验表明，用高品质青贮玉米比用普通饲料饲喂肉牛日增重超过 8％，饲养效率超过 10％。

3. 青贮玉米带来更多收益

青贮玉米能大大提高家畜养殖中的肉产量及其品质，对进一步改善人们的膳食营养结构、促进畜牧业的健康快速发展提供更好的保障。陈自胜等研究人员早在 20 年前指出，在土地和耕作条件相对一致的情况下，用青贮玉米饲喂奶牛比籽粒玉米一个泌乳期多盈利 978 元。将青贮玉米应用于饲料方面，饲料产量为 60 000kg/hm²，是籽粒玉米的 3 倍。

(二)青贮玉米的饲用价值

玉米是重要的饲料作物，素有"饲料之王"的美称。玉米不仅籽粒是优质的精饲料，而且茎秆也可作粗饲料。按营养成分计算，每 100kg 玉米籽粒的营养价值折成饲料单位，相当于 120kg 高粱，130kg 大麦或 150kg 稻谷。玉米的新鲜茎叶富含维生素，是多汁的青饲料，既可切碎直接用于青饲，也可切碎作青贮饲料，同时还可以将玉米干茎叶粉碎作干饲料。

据测定，适期收获的青饲玉米含水分 68.6％，碳水化合物 20.1％，粗蛋白 2.6％，粗脂肪 0.8％，矿物质 2.0％。青贮玉米经贮藏发酵后，使粗老的茎叶软化，长期保持青绿多汁，富含蛋白质和多种维生素，营养价值高，容易消化。经微生物的发酵作用，部分碳水化合物转化为乳酸、醋酸、琥珀酸和醇类，并产生一定量的芳香族化合物，具有酒香味，柔软多汁，适口性好，所含营养物质容易消化吸收。据测定，一般青贮玉米含水分 70％左右，碳水化合物 15.0％，粗蛋白 2.5％，粗脂肪 0.75％，矿物质 2％左右。用 3kg 青贮玉米饲喂牲畜相当于 1kg 干谷草，或 5kg 青贮玉米相当于 1kg 精饲料。青贮玉米通常采用窖藏方法，贮存期不怕风吹日晒，而且比干料的体积小。一般 1m³ 青贮玉米料重 450～700kg，其中含干物质约

150kg，而 $1m^3$ 干草仅重 70kg，含干物质约 69kg。同时利用青贮还可以消灭害虫和杂草，收割后的植株秸秆上寄生有许多害虫，青贮过程中，由于缺乏氧气，酸度较高，许多害虫如玉米螟幼虫等将被杀死，许多杂草种子失去发芽能力。此外，调制青贮玉米的方法和设备简单，管理方便。青贮玉米只要技术得当，可以做到全年保存，四季均可供应，有利于养殖业和饲料生产的集约化经营。种植的青贮玉米可以在经济利用价值最高时一次收割贮存起来，比饲喂鲜料或调制干料缩短占地时间，可以及时播种下茬作物，茬口轮作容易安排。

青贮玉米的另一优点是单位面积产量高，即单位面积生产的饲料单位产量高。青贮玉米每平方千米可产 6 750 个饲料单位，而马铃薯、甜菜、苜蓿、三叶草、饲用大麦等作物的饲料单位远不如青贮玉米，甚至作为粮食生产的玉米（籽粒＋干茎叶）也不及青贮玉米（表 1-1）。

表 1-1　每平方千米不同作物产出的饲料单位

作物	饲料单位	作物	饲料单位
青贮玉米	6 750	羽扁豆	2 800
粮食玉米	5 570	苜蓿	3 400
马铃薯	5 250	三叶草	4 200
饲用甜菜	5 520	大麦	2 640
豌豆	3 030	燕麦	2 320

（三）青贮饲料的营养价值

青贮饲料经过一系列的无氧发酵之后，能够保证青贮饲料在原有水分和原有营养价值少流失的前提下，生产出更多的有益物质，满足草食动物生长发育所需。通常情况下，将玉米进行青贮处理营养成分损失在 15％以下；如果对玉米秸秆饲料进行晒干处理，由于叶片细胞的呼吸作用，会使得玉米秸秆当中的某些营养物质被分解和消耗，营养损失普遍在 30％以上。另外在秸秆晒干处理过程中，还很容易受到外界自然环境的影响导致秸秆饲料发霉变质，不利于草食动物的健康生长。大量研究结果表明，通过将玉米进行青贮处理之后，能够有效保存叶片和秸秆当中的多种营养成分，减少不必要营养成分的流失，同时还能够将秸秆中不能够被动物有效消化利用的纤维素、半纤维素进行进一步分解，分解出小分子的营养物质，保证动物机体营养需求。相对于传统秸秆饲料，青贮饲料的营养价值更高，利用效率更高。

饲料是养殖业的物质基础，从中国畜牧业发展的总体目标以大力发展牛羊等草食性家畜的发展方向来看，对优质饲草饲料的需求越来越明显。青草饲料占奶牛、肉牛饲料量的 75% 左右，是草食性畜牧业的重要饲料源，对奶牛产量和质量，肉牛的增重尤其重要。据了解，目前美国和加拿大等奶牛业发达国家，每头牛青贮饲料的年饲喂量可达 12~15t，而我国的饲喂量只有 5~8t，从这点看目前我国青贮饲料的发展与生产需求还有较大差距。随着畜牧业，尤其是草食性家畜业的发展，青贮饲料的发展空间和前景将更为广阔。发展青贮饲料，有利于畜牧业的健康发展，提高牛羊等草食性家畜的养殖效益和产品质量，是提高产品竞争力和单位种植效益的有效途径。

（四）环境效益

1. 保护环境

随着现代农业的发展，农民多以追求作物的收获目标产量为主要目的，植物茎叶就被随意丢弃甚至焚烧，尤其是玉米等茎叶丰富的作物。这样既造成资源浪费又污染环境。因而发展青贮玉米，不仅可以缓解冬季牧草短缺的危机，而且杜绝了秸秆焚烧带来的大量环境污染，保护了生态环境。

2. 节能节水

节约能源，省去了农民处理秸秆及饲草加工环节的电能，从根本上改变了过去人们对玉米秸秆处理和饲喂的习惯。每亩青贮玉米产青贮饲料 6 000~8 000kg，其含水量为 60%~70%。与饲喂干饲料相比，每亩青贮玉米制作的青贮饲料可节约淡水 4 000~5 000kg，对北方干旱地区来说显得至关重要。

3. 改善土壤

青贮玉米为草食家畜的发展提供了良好的粗饲料。从长远看，草食家畜的发展必将增加农田有机肥的施用量，对提高土壤有机质、培肥地力、增加土壤蓄水保肥能力、减少化肥施用量、改良土壤及发展有机农业具有极重要的意义。

五、青贮玉米生长条件与主要种植区

青贮玉米与粮食用玉米生长条件一样。但是，粮饲兼用青贮玉米果穗收获后茎叶要进行青贮，茎秆不能太干燥；青贮专用玉米没有收获籽粒的过程，至蜡熟期即收割青贮，生长过程较短。

（一）玉米的生长条件

玉米生长期间要求一定的温度、水分、光照等自然条件才能正常成熟。种植玉米时应根据当地的气候条件，选用适合的品种。

1. 温度

玉米是喜温和温度敏感作物。全生育期活动温度的总和叫活动积温。玉米整个生育期都要求较高的温度，且一生中所需要的温度，只能在自然活动积温内提供。一般授粉后 25～34 天成熟的就是早熟品种，35～40 天成熟就是中熟品种，而 40 天以后才成熟的就是晚熟品种。玉米所要求的活动积温，一般早熟品种为 1 800～2 300℃，中熟品种为 2 300～2 600℃，晚熟品种为 2 600～3 000℃。

玉米种子在 6～8℃开始发芽，但极缓慢，并易感染病菌而霉烂；10～12℃发芽正常。通常在土壤水分适宜的情况下，播种至出苗间隔天数随温度升高而缩短。10～12℃播后 18～20 天出苗；15～18℃播后 8～10 天出苗；大于 20℃播后 5～6 天出苗。最适宜发芽温度为 25～28℃，但播种至幼苗期，并非温度越高越好，超过 40℃幼苗停止发育。在适宜的温度范围内，温度稍低和相对干旱有利于玉米早期"蹲苗"，从而达到壮而不旺的苗情。抽雄开花期的适宜温度为 25～28℃，有利于有机物质合成和向果、穗、籽粒输送。当日平均气温 18～20℃时灌浆缓慢，当日平均气温小于等于 16℃时停止灌浆。籽粒灌浆过程中，籽粒增重与积温呈指数曲线关系。全生育期间平均温度在 20℃以下时，每降低 0.5℃，玉米达到成熟时生育期要延长 10～20 天。

春玉米烂种死苗气象指标：

(1)日平均气温在 8℃ 或以下，持续 3～4 天，为播种育苗轻级冷害指标。

(2)日平均气温在 8℃ 或以下，持续 5～7 天，为播种育苗中级冷害指标。

(3)日平均气温在 8℃ 或以下，持续 7 天以上，为播种玉米重级冷害指标。

2. 水分

玉米是水分利用效率较高的作物，需水量低于水稻等作物。不同发育期，玉米对水分的需求不同，播种时土壤田间持水量应保持在 60%～70%，才能全苗；苗期土壤水分应控制在田间持水量的 60% 左右；穗期和花粒期要求土壤保持田间持水量的 70%～80% 为宜；乳熟期以后则以保持 60%～70% 为宜。苗期应适当控水，需水约为全生育期的 22%。总耗水量，早熟品种为 300～400mm，中熟品种为 500～800mm。全生育期需水量因地域、品种、栽培条件不同而异，根系活动的耗水量以占田间持水量 60%～80% 为宜。适宜的年降水量为 500～1 000mm，生育期内最少要有 250mm，且分布均匀。

玉米苗期较耐旱，但拔节、抽雄、吐丝期对水分最为敏感，需水量也最多。如果此时期干旱少雨，则影响玉米正常拔节、抽雄、吐丝，习惯称"卡脖旱"。一般从拔节到灌浆期需水量约占全生育期需水量的 50%。抽雄前 10 天至吐丝授粉后 20 天是对水分敏感的临界期，特别是吐丝期和散粉期更为敏感。此期土壤水分不足会严重影响产量。苗期和成熟后期，缺水对产量影响较大。若抽雄、吐丝期降水量过大，持续时间长，则影响开花和散粉，易形成空苞或秃顶，造成果实减产。当水分不足、叶片卷曲时，应立即浇水或灌水。如果雨水多，田间积水，应及时排水，防止根系窒息死株。

3. 光照

玉米是喜光短日照作物，全生育期都要求强烈的光照。选用玉米品种时还必须同时考虑日照条件。平均每天有 7～11 小时的日照，玉米才能通过光照阶段。日照时间过长能延长玉米的正常发育和成熟。一般来说，早熟品种对光照不甚敏感，晚熟品种较为敏感。玉米的光饱和点较高，即使在盛夏中午强烈的光照下，也不表现光饱和状态。因此，玉米种植密度要适宜。

总之，根据青贮玉米的生长特性和各地区不同的自然环境特点选择品种，要考虑当地的光（日照时间）、温（有效积温）、水（降水量）、土（土壤肥力）等条件，选择适合本地生长、单位面积青饲产量高的玉米品种。

4. 土壤

(1)结构良好

玉米根系发达，需要良好的土壤通气条件。高产玉米要求土层深厚、疏松透气、结构良好，土层厚度在1m以上，活土层厚度在30cm以上，团粒结构应占30%～40%，总空隙度为55%左右，毛管孔隙度为35%～40%，土壤容重为1.0～1.2g/cm。

(2)有机质与矿物质营养丰富

高产玉米所需有机质含量，褐土1.2%以上，棕壤土1.5%以上；土壤全氮含量大于0.16%，速效氮60mg/kg以上，水解氮120mg/kg；土壤有效磷10mg/kg；土壤有效钾120～150mg/kg；土壤微量元素硼含量大于0.6mg/kg；钼、锌、锰、铁、铜等含量分别大于0.15mg/kg、0.6mg/kg、5.0mg/kg、2.5mg/kg、0.2mg/kg。

(3)水分适宜

玉米生育期间土壤水分状况是限制产量的重要因素之一。据测试，玉米苗期土壤含水量为田间持水量的70%～75%，出苗到拔节为60%左右，拔节至抽雄为70%～75%，抽雄至吐丝期为80%～85%，受精至乳熟期为75%～80%，乳熟末期至蜡熟期为70%～75%，蜡熟至成熟期为60%左右。当土壤含水量下降到田间持水量55%时，就需要灌溉。炎热的夏季，田间水分蒸发快，玉米耗水量大，一般连续10天左右不下透雨就要灌水补墒，否则就会影响玉米正常生长而降低产量。

(4)土壤质地

土壤质地对玉米生长有不同影响。尽管玉米对土壤条件要求并不严格，但以土层深厚、结构良好、肥力水平高、疏松通气、能蓄易排、近于中性的土壤种植为适宜。在瘠薄的土地上，即使施用大量的氮素化肥，当季也难以获得高产。因此，增施有机肥，培肥地力，合理追施化肥，玉米才能高产稳产。质地黏重的土壤结构紧密，通气不良，干时易板结，春季地温上升迟缓，玉米苗期生长缓慢。但随着夏季地温升高，土壤微生物活动加强，有效含量增多，使玉米生长旺盛。砂质土壤质地疏松，通气良好，早春地温上升快，出苗率高，玉米幼苗生长迅速，但土壤保水保肥性差，有效养分供应不足会影响玉米中后期生长。

（二）全国青贮玉米主要种植区

玉米在我国种植很广，主要集中在东北和华北、黄淮海、西北和西南地区，大致形成一个从东北到西南的斜长形玉米栽培带。从播种时间看，北方为春播玉米区，黄淮海为夏播玉米区，这两个区域为主要产区。另外，还有南方丘陵玉米区和西北灌溉玉米区。

北方春播玉米区包括黑龙江、吉林、辽宁和内蒙古的全部，山西、宁夏的大部，河北、陕西的北部和甘肃的部分地区，是我国最大的玉米产区。玉米种植面积约占全国玉米种植面积的 42%，总产量约占全国的 45%。本区玉米为一年一熟制，春季播种、秋季收获，种植方式以玉米单作为主。

黄淮海夏播玉米区包括黄河、淮河、海河流域中下游的山东、河南的全部，河北的大部，山西中南、陕西关中、江苏和安徽省北部的徐淮地区，是我国玉米第二大产区。本区玉米为两年三熟制，种植方式以混播等结合，玉米种植面积占全国玉米种植面积的 29%。

我国通过"粮改饲"等政策逐渐削减国内玉米产量，以削减国内庞大的玉米库存，而增加青贮玉米的种植面积。在华北和东北地区，种植青贮玉米将获得政府补贴。青贮玉米种植面积最大的省份是山东、吉林、河北、黑龙江、辽宁、河南和四川。

第二节　青贮玉米的生产与研究现状

一、世界青贮玉米生产现状

(一)广泛使用青贮饲料

在欧美等畜牧业发达国家,特别是奶牛、肉牛、奶羊和肉羊等生产发达的国家,都大量种植青贮玉米,广泛使用青贮饲料。如法国、加拿大、英国、荷兰等国家早在十几年前就培育出大量的青贮饲料专用玉米进行全株青饲,并进行大面积推广种植,特别是德国玉米总面积的 85% 是青贮玉米。目前奶业和肉蛋业发达的国家,大量推广应用玉米青贮饲料,同时相继培育出了许多优质高产的专用青贮玉米品种。

(二)青贮玉米的生产、加工和利用基本实现了全机械化生产

据统计,1997 年欧盟国家每年种植 400 多万 hm^2 的青贮玉米,约占玉米总种植面积的 80%。其中法国和德国种植的青贮玉米面积最大,分别达到 158 万 km^2 和 133 万 km^2,超过欧盟国家种植面积的一半。英国、丹麦、卢森堡和荷兰等国家种植的玉米几乎全部用于制作青贮饲料。目前国外种植青贮玉米的面积在不断扩大。

(三)青贮饲料需求量越来越大

近 30 年来,世界各国秸秆畜牧业已成为发展趋势,越来越多国家的肉牛、奶牛等草食家畜生产已经形成集约化、系列化经营。在饲料方面调制利用干草已不能适应需要,更重要的是当今世界上有 70 多个(31.7%)国家缺粮,谷物和蛋白质饲料的价格不断上涨,更增加了对青贮饲料的依赖性。尤其受到冬季舍饲期较长国家的普遍认可,其青贮饲料产量都在显著增加。目前,世界上大多数国家都把青贮饲料作为草食家畜日粮中的主要粗饲料。例

如，美国的青贮饲料产量增加了 40%，英国增加了 3.6 倍，荷兰调整了粗饲料结构，干草与青贮饲料的比例由 7∶3 调整到了 1∶1。同时，英国还增加了高生物产量青贮饲料玉米的播种面积。

二、我国青贮玉米生产现状

与欧美等乳畜业发达国家相比，我国青贮玉米产业起点更低、起步时间更晚，青贮玉米品种少，全国绝大多数地区均以普通玉米种植为主，在收获玉米果穗后对剩余秸秆部分进行青贮处理，仅少数靠近乳制品企业、大型家畜养殖场等需要大量青贮的地区种植有青贮玉米，因而我国青贮产业规模不够。2015 年农业部①会同财政部在北方农牧交错带、黄淮海地区等实施粮改饲政策以来，青贮玉米种植得到政府支持，《全国种植业结构调整规划（2016—2020 年）》《全国草食畜牧业发展规划（2016—2020 年）》《中共中央 国务院关于实施乡村振兴战略的意见》《关于促进畜牧业高质量发展的意见》《2020 年畜牧兽医工作要点》等相关政策的出台使全国的青贮玉米种植总面积不断扩大。统计数据表明，2017 年时我国的青贮总种植面积由 2016 年的 104 万 hm² 增至 146.67 万 hm²，其中包括 26.67 万 hm² 的粮改饲面积以及超过 40 万 hm² 青贮玉米。此后几年，青贮玉米种植面积不断增加，据中国种子协会青贮玉米分会数据显示，2022 年我国青贮玉米种植面积仅 2 200 万亩（1hm² ＝ 15 亩，全书同），占玉米种植面积 4%，远低于西方发达国家水平。对比各国人均占有青贮面积发现，我国青贮种植规模远小于欧美国家，仅占美国的 11.2%，德国的 3.5%，欧洲的 10.9%。以饲喂 1 头奶牛年需青贮玉米 3 亩、肉牛需 2 亩为标准，按照 2020 年我国奶/肉牛存栏数计算，则青贮玉米市场空间可达 2.28 亿亩。由此可见，我国青贮玉米行业市场前景广阔。

近年来，国家对"粮改饲"政策持续发布。2015 年中央一号文件首次提出"粮经饲统筹"以来，农业部已选择山西、内蒙古、黑龙江、甘肃等 10 个省区开展粮改饲和种养结合模式试点，促进了粮食、经济作物、饲草料三元种植

---

① 2018 年 3 月，机构改革，组建农业农村部，不再保留农业部。

结构协调发展。2016 年中央一号文件要求，扩大粮改饲试点，加快建设现代饲草料产业体系。粮改饲试点范围扩大到整个"镰刀弯"地区和黄淮海玉米主产区 17 个省区的 121 个县，补贴资金增加到 10 亿元，目标任务增加到 600 万亩。2017 年中央一号文件提出统筹调整粮经饲种植结构。农业部正式制定印发了《粮改饲工作实施方案》。中共中央、国务院在 2018 年印发的《乡村振兴战略规划（2018—2022 年）》提出，要合理利用退耕地、南方草山草坡和冬闲田，进而拓展饲草发展空间，对畜牧业生产结构进行优化，全面发展草食畜牧业。2019 年农业农村绿色发展工作要点：适当调减西南西北条锈病菌源区和江淮赤霉病易发区的小麦。合理调整粮经饲结构，发展青贮玉米、苜蓿等优质饲草料生产。以东北地区和北方农牧交错带为重点，继续扩大粮改饲政策覆盖面和实施规模，完成粮改饲面积 1 200 万亩以上。2020 年，国务院办公厅印发的《关于促进畜牧业高质量发展的意见》提出，粮改饲要因地制宜，同时扩大青贮玉米种植面积，提高紧缺饲草自给率，推动饲草专业规模化生产。2021 年中共中央、国务院发布的《关于全面推进乡村振兴加快农业农村现代化的意见》也明确指出，鼓励发展青贮玉米等优质饲草饲料，积极发展牛羊产业，每年落实"粮改饲"面积 1 500 万亩。农业农村部、财政部关于做好2022 年农业生产发展等项目实施工作的通知：实施粮改饲。以农牧交错带和黄淮海地区为重点，支持规模化草食家畜养殖场（户）、企业或农民专业合作社以及专业化饲草收储服务组织等主体，收储使用青贮玉米、苜蓿、饲用燕麦、黑麦草、饲用黑麦、饲用高粱等优质饲草，通过以养带种的方式加快推动种植结构调整和现代饲草产业发展。

粮改饲政策实施区域不断扩大，从 2015 年的 10 个项目省、30 个项目县，增加到 2022 年的 19 个项目省、906 个项目县。目前实施区域已基本涵盖我国牛羊养殖主产省份。

2023 年中央一号文件明确提出，大力发展青贮饲料。下一步，将启动实施增草节粮行动，继续实施粮改饲、振兴奶业苜蓿发展行动、奶业生产能力提升整县推进等政策，支持建设优质节水高产稳产饲草生产基地，大力发展青贮玉米和苜蓿等优质饲草。

这些国家利好政策无疑为推动青贮玉米产业的发展提供动力。

此外，我国不同地区的青贮产业规模各异，空间分布不均衡。青贮玉米是南北方均能种植的饲草作物，内蒙古、新疆、河北、黑龙江等地区奶牛养殖业起步早且发展基础好，对青贮饲料的需求量大，从而带动当地青贮玉米产业的发展，促使青贮玉米产业逐渐聚集在西北、华北和东北地区。《中国草业统计 2019》资料显示，2019 年，内蒙古青贮玉米种植面积最大，占全国种植面积的 24.5%，生产全国 22.9% 的青贮玉米商品草；其次是甘肃，占全国种植面积的 24.0%，产量占全国产量的 25.0%；河北位列第三，占全国种植面积的 7.6%，生产全国 6.0% 的青贮玉米商品草。

（一）西北地区青贮玉米种植分布情况

以陕西省为例，介绍其青贮玉米加工及品种利用情况。

1. 青贮玉米种植及分布

资料记载，陕西省至 2010 年青贮玉米加工产量可达 $7×10^9$ kg，可用于饲喂约 $9×10^5$ 头牛，节省近 $1×10^9$ kg 粮食，为养殖户降低生产成本。此外，陕西省各个地区的青贮玉米产量及饲料化率相差极大，北部地区的青贮玉米产量为 $2.14×10^9$ kg，其中有近 64.26% 的青贮玉米被加工成饲料，是陕西省饲料化比例最高的地区；而陕西省南部以及关中地区的饲料化率仅比全省均值高出 6.53%，各地不平衡的现象是由地区的不同产业结构决定的。

2. 适宜的青贮玉米品种

依据陕西省的气候及种植条件，适宜当地种植的青贮玉米品种大多植株较高且叶片较宽，在株间距较小时也可正常生长，茎秆粗壮且根系发达，不易倒伏。当地经多年试验挑选出诸如科多 4 号、科多 8 号、青饲 1 号、雅玉青贮 8、晋单青贮 42、新青 1 号等多个生产中表现优良的青贮玉米品种。

（二）华北地区青贮玉米种植分布情况

以河北省为例，对当地青贮玉米种植面积、适用品种等方面进行介绍。

1. 青贮玉米种植面积

河北省是我国重要的玉米产区，近几年，河北省玉米种植面积一直稳定在 300 万 hm² 以上，其中青贮玉米产业发展较快，但成熟度不高，不足 1/10 种植面积的青贮玉米全株青贮和加工，是当地奶牛牧场的基础原料。

2. 适宜的青贮玉米品种

冀北冷凉区一般一年一茬，当地生产中表现较好的品种大多具备较高的生物产量、高大粗壮的茎秆以及宽大的叶面，以下品种均具备此类特征：中单 9409、中北 410、农大 108 等饲用或粮饲兼用品种；而平原夏播区大多每年种两季，因我国专用型青贮玉米品种匮乏，当地主要种植普通玉米品种，收获后用于饲料加工。

（三）东北地区青贮玉米种植分布情况

1. 青贮玉米种植面积

东北地区利用其丰富的饲草饲料资源大力发展畜牧业，创造的产业价值已超过农业总产值的 50%。畜牧业的发展必定离不开青贮产业的支持，据统计，东北也是我国青贮玉米的产区之一，黑龙江省的青贮玉米年种植面积近 21.27 万 hm²，约为全省普通玉米种植面积的 7%。

近几年由于市场需求扩大，以及政府出台相应政策鼓励青贮玉米种植，黑龙江省畜牧业得到迅速发展。青贮玉米作为重要的饲料来源，其种植面积自 2016 年逐年递增。

2. 适宜种植的青贮玉米品种

东北地处高纬度地区，气温偏低，普通青贮品种无法在当地正常生长，应挑选更加耐寒、生长周期更短、生物产量高的品种例如东青 1 号、中东青 2 号、中北 410、中原单 32 等，此外，黑饲 1 号、龙辐单 208、阳光 1 号等品种具有高油、高蛋白含量、耐倒伏、耐密植等优点，也是东北地区较好的品种。

三、我国青贮玉米生产中存在的问题

（一）青贮玉米产业规模较小

1. 青贮玉米种植面积有限

《全国种植业结构调整规划》提出，到 2020 年饲草料面积发展到 9 500 万亩，青贮玉米面积要达到 2 500 万亩。调查显示，我国人均青贮玉米种植面积与法国、德国、美国等畜牧业发达国家相比存在极大差距，而有限的种植面积也会在一定程度上限制青贮玉米产业的发展。

2. 产业分布不均衡

我国青贮玉米产业在空间上一直处于不平衡的状态，总体表现为东北部地区显著高于其他地区的发展水平。造成这一局面的主要原因是内蒙古、新疆、河北、黑龙江等省区内奶牛养殖业起步较早且发展良好，市场对青贮饲料的巨大需求带动了青贮产业的发展，促使青贮玉米产业逐渐在中国东北、华北和西北地区集聚。其余省区的青贮玉米产业多为分散经营、单家独户的生产经营模式，难以形成稳定的商品饲草供应。

（二）品种资源有限，缺少优良的青贮玉米品种

与发达国家和地区相比，青贮玉米相关研究基础薄弱、起步较晚且发展缓慢。此外，我国从事青贮玉米品种选育的科研机构较少，导致现有青贮玉米品种大多为粮饲兼用型，专用型青贮玉米较少。我国现有的部分专用型青贮玉米品种在生产中表现较差，存在销路单一、生产成本高、技术含量高、不抗倒伏等问题。

（三）缺乏专业的品种推广及示范体系

种植户对不同青贮玉米品种的生长特性缺乏全面的了解，要想根据当地气候及环境条件成功挑选出适宜的青贮玉米品种是不容易的。我国因缺乏专业的体系用于青贮玉米的示范推广，使许多表现优良的品种无法得到充分利用。

（四）青贮玉米利用率低

青贮玉米产业分布不均衡，只有少数畜牧业发达地区对青贮的利用率较高，其余地区在玉米收获后往往将秸秆直接还田或用于焚烧，浪费现象严重，导致青贮玉米利用率较低。

（五）缺少专业的青贮机械，收获成本居高不下

专业青贮机械的售价一般较高，普通农户无法负担，只能在一些企业内部推广利用。此外，国家缺乏对秸秆青贮利用的长期扶持性政策，很难充分调动农民自觉利用秸秆的积极性。

（六）缺少专业技术支持

专用型青贮玉米品种大都缺少生产标准及技术规程，农户缺乏对青贮玉米种植技术的了解，在种植过程中大多选择普通玉米品种的栽培及管理办法来进行。

四、玉米生产对应的解决措施

（一）加大政策扶持力度

2022 年农业农村部印发了《"十四五"全国饲草产业发展规划》，明确到 2025 年全国优质饲草产量达到 9 800 万 t，牛羊饲草需求保障率达 80％以上，饲草种子总体自给率达 70％以上，饲料（草）生产与加工机械化率达 65％以上。政府还应出台相应政策，降低专业机械的贷款利率，鼓励农机专业合作社采购适应当地生产条件的机械装备，促进玉米青贮的机械化水平。

（二）进行合理的有效宣传

加大宣传力度，使农户充分了解青贮玉米的种植优势；产业分散地区可以设立一定数额的秸秆回收处置点，对积极利用秸秆的个人予以奖励，对非法焚烧秸秆给予适当处罚，最大程度地减少资源浪费。

（三）给予适当补贴

一方面，应适当为种植户发放补贴，鼓励农户扩大种植；另一方面，需要增加科研院所、高校的专项科研投入，鼓励研究人员对现有品种进行改良或研发新品种。

（四）降低销售风险

鼓励有实力的养殖企业与农业合作社、种植大户及分散农户签订购销合同，保证产销一体化和供需多元化道路畅通，保障种植户的经济利益不受损害，从而提高农户投身青贮玉米产业的积极性。

（五）开展技术培训

地方政府应定期开展专家下乡、企业品种宣传等助农活动，为种植户进行知识普及、技能培训，帮助农民掌握一定的专业种植技术，利用科学合理的方式提高青贮玉米产量，实现增产增收的良性循环。

第二章

青贮玉米
的生物学基础

与普通玉米相比，青贮玉米的独特之处在于它完全符合饲养业的要求，具有生物产量高、纤维品质好、持绿性好、生产容易、来源丰富、绿色体产量高、品质好、消化性强、干物质和水分含量适宜等优点。

第一节 青贮玉米的品种类型

青贮玉米是指将茎叶或者全株都用作家禽、家畜青贮饲料的玉米品种，主要包括青贮专用型和粮饲兼用型玉米 2 种类型。青贮专用型玉米是指以生产地上部绿色体为主，专用于青贮的饲料玉米，专用型青贮玉米一般不用作粮食，而主要作牲畜的饲料，可根据青贮玉米的干物质量、含水率及营养成分含量选择适宜收获日期青贮。粮饲兼用玉米是指在获得高产量玉米籽粒的同时，又可获得大量畜禽充分利用的玉米秸秆，在籽粒完全成熟时叶片仍很繁茂，茎叶绿色成分保持较高水平。

随着我国奶业的发展，青贮玉米种植面积在逐年增加，但主要以粮饲兼用玉米品种为主。专用型青贮玉米具有营养价值高、非结构性碳水化合物含量高、木质素含量低、单位面积产量高等优点，这就从根本上确立了专用型青贮玉米的重要地位，将成为我国最重要的栽培饲用作物之一。

青贮玉米以选择单位面积青贮产量高的品种为宜，应具有植株高大、茎叶繁茂、抗倒伏、抗病虫和不早衰等特点。青饲料产量春播要达到 6.75 万～12 万 kg/hm²，夏播要达到 4.5 万～6 万 kg/hm²。青贮玉米品种要求干物质含量为 30%～40%，干物质产量 2 500kg/hm²；粗蛋白含量大于 7.0%、淀粉含量大于 28%、中性洗涤纤维含量小于 45%、酸性洗涤纤维含量小于 22%、木质素含量小于 3.0%、离体消化率大于 78% 和细胞壁消化率大于 49%；果穗一般含有较高的营养物质，选用多果穗玉米可以有效地提高青贮玉米的质量和产量。青贮玉米品种选择还要求对牲畜适口性好、消化率高，即要求青饲料中淀粉、可溶性碳水化合物和蛋白质含量高，纤维素和木质素含量低。

青贮玉米产量与品种有很大关系，同时受气候、土壤、水利条件影响。

青贮玉米可分为青贮专用玉米和粮饲兼用玉米，以下是几种青贮玉米的特点，种植者根据实际情况选用。

（一）墨西哥玉米

墨西哥玉米为禾本科玉米属一年生草本植物，具有分蘖性、再生性和高产优质的特点，是草食畜、禽、鱼的极佳青饲料。

1. 品种特征

墨西哥玉米须根强大，茎秆直立、光滑，地面茎节上轮生几层气生根，株高 250～310cm。叶片长 60～130cm，宽 7～15cm，柔软下披。雌雄同株异花，雄花为圆锥花序，分主枝与侧枝；雌花为内穗花序，外有苞叶，果穗中心有穗轴。颖果，呈扁平或近圆形，颜色为黄、红、白、花斑，千粒重300～400g。

2. 栽培要点

墨西哥玉米播前耕翻整地，每亩施农家肥 3 000kg，或施复合肥 7.5～10kg。播前用 20℃水浸种 24 小时。春播时，在 6～7cm 地温稳定超过 15℃时为最佳播种期，每亩播种量为 5～6kg；夏季条播，行距 40～50cm，播深4～6cm，每亩播种量 4～5kg。墨西哥玉米全生育期每亩需施氮肥 10～20kg。根据土壤肥力、气候条件不同，灌水 3～4 次。苗高 40cm 可第一次刈割，留茬 5cm，以后每隔 15 天刈割 1 次，每次留茬比原留茬高 1～1.5cm，注意不能割掉生长点，以利再生。

墨西哥玉米是喜温、短日照作物，适宜温暖半干旱气候，整个生育期要求较高的湿度。墨西哥玉米需水、需肥量大，不抗严寒和干热，在温度为15～27℃时，生长最快，在排水良好的肥沃土地和有灌水条件下生长良好。墨西哥玉米柔嫩多汁，籽粒和茎叶营养丰富，适口性好，是各种家畜的优质饲料，适宜青饲、调制干草或青贮。不同品种生产能力差异较大，一般每亩地上生物量可达 6 000～10 000kg。其粗蛋白质含量为 13.68%，粗纤维含量22.73%，赖氨酸含量为 0.42%，达到高赖氨酸玉米粒含赖氨酸水平，因而它的消化率较高。投给 22kg 鲜墨西哥玉米，即可养成 1kg 鲜鱼；用其喂奶牛，日均产奶量也比喂普通青饲玉米提高 4.5%。

(二)墨白 1 号青贮青饲专用玉米

墨白 1 号青贮青饲专用玉米由中国农业科学院作物研究所于 1977 年从墨西哥国际玉米小麦改良中心引进,是一个适于亚热带种植的玉米综合种,可以连年种植,适宜在广西、云南、贵州等地种植。该品种分蘖性、再生性强,每丛分蘖 15～35 个,茎秆粗壮,枝叶繁茂,质地松脆,适口性好,抗病虫害,高产优质,是草食性畜、禽、鱼的极佳饲料。墨白 1 号玉米属一年生草本植物,种植密度为 6 000～7 000 株/亩,丛生、茎粗、直立,株高 280cm,穗位高 120cm,果穗长大,籽粒白色。喜温喜湿,耐热不耐寒,在 18～35℃时生长迅速,生长期 200～230 天,遇霜逐渐凋萎;在长江及黄淮海地区,由于日照变长,使该品种晚熟,植株变得高大,再生力强,1 年可刈割 4～6 次,每亩产茎叶产量 1 万～2 万 kg,适于做青饲、青贮玉米。在北方春玉米地区种植,则难以正常抽雄开花,乳熟期每亩地上部鲜重可达 6 000kg。

(三)京多 1 号青贮青饲专用玉米

京多 1 号青贮青饲专用玉米由中国科学院遗传研究所育成。属青饲专用晚熟品种,多秆多穗类型。北京地区春播生育期 130 天左右,用作青饲从种植到收割需 100 天左右。株高 300cm,穗位高 150cm,一般单株分蘖 2～3 个,每个茎秆结果穗 2～3 个,穗小粒小,籽粒黄色。根系发达,抗旱、抗倒伏性强。适宜在北京、内蒙古、东北地区、黄土高原及西藏春播种植,在河北、山东、河南的夏播区也可种植。

(四)科青 1 号青贮专用玉米

科青 1 号青贮专用玉米是中国科学院遗传研究所青饲玉米细胞工程实验室利用生物技术选育而成。

1. 品种特性

在北京地区春播若 4 月 25 日播种,5 月 7 日出苗,7 月 15 日抽雄,7 月 23 日吐丝,8 月 25 日左右达到乳熟。用作青饲或青贮需 120 天达到最佳收割期。主茎有 24 片叶,叶宽 13～14cm,叶子鲜重占全株鲜重的 19%。株高

300～350cm，单秆茎秆粗壮，秆粗 3.7cm。大果穗黄白粒，果穗鲜重占全株鲜重的 34％。持绿性强，抗倒伏及大小叶斑病。经测定，粗蛋白质含量超过 11％，适口性好，青贮质量高。

2. 产量性状

据北京市种子管理站在 4 个区县对科青 1 号青贮专用玉米进行生物产量测定结果显示：怀柔庙城平均每亩产量为 4 762kg；密云平均每亩产量为 5 084kg；延庆平均每亩产量为 5 704kg；房山平均每亩产量为 5 136kg。

（五）科多 4 号青贮专用玉米

科多 4 号青贮专用玉米由中国科学院遗传研究所育成，属青饲青贮玉米专用晚熟品种，多秆多穗类型。北京地区春播生育期 130 天。株高 300cm，穗小粒小，籽粒紫色。植株生长健壮，根系发达，抗倒伏性强。适宜在北京、天津、内蒙古、山西等地种植。属晚熟品种，在中等肥力条件下每亩青饲产量可达 5 000kg 以上，高产地块能达到 6 400kg。植株高大，一般株高 350cm，在宁夏银川株高超过 400cm。每个茎上有 2～3 个小果穗，增产幅度达 40％以上。品质分析（自然干物质中）结果显示：水分含量占 7.8％，粗蛋白质含量占 7.46％，粗脂肪含量占 0.82％，无氮浸出物含量占 42.2％，灰分含量占 8.65％，粗纤维含量占 33.07％，钙含量占 0.26％，磷含量占 0.21％。奶牛喂养试验表明，该品种具有适口性好、转化率高等特点。

（六）科多 8 号青贮专用玉米

科多 8 号青贮专用玉米由中国科学院遗传研究所育成。该品种是通过细胞工程技术选育出的自交系并组配成的新杂交组合。1993 年试种 200hm²，1994 年大面积试种 1 000hm²，1995 年试种 467hm²，1996 年试种 1 333hm²，累计试种 3 000hm²，产量超过 5 000kg/亩。在宁夏银川和新疆克拉玛依的产量超过 7 000kg/亩，在上海、天津和山东等地产量超过 7 500kg/亩。具有很好的丰产性和抗性。株高 350cm，平均分蘖 2～3 个，比科多 4 号青贮专用玉米早熟 10 天，属中晚熟品种。在上海，从播种到刈割 100 天，比科多 4 号早熟 10 天，主茎有 23 片叶，株高 260cm。具有多穗分枝性，茎叶繁茂，平均每株有

27

2~3 个有效茎，每个茎秆上结有 3~4 个果穗，果穗长 12cm，穗粗约 4cm，根系发达，抗倒性好，持绿性好。一般产量 6 000kg/亩。在多年改良的肥沃土壤上，青饲产量最高达 9 650kg/亩，平均产量为 9 000kg/亩左右。在改良的纯沙地产量能达到 6 000kg/亩。具有很好的丰产性和抗逆性，对土壤条件要求不高，各种耕地都能种植。

(七)饲宝 1 号青贮专用玉米

饲宝 1 号青贮专用玉米是北京宝丰种子有限公司培育的青饲玉米系列品种之一。夏播从种植到收割适期为 92 天，且吐丝期比对照科多系列早 7~8 天，生物产量高，分别比对照科多系列增产 47.4% 和 50%。主茎有 23 片叶，叶片宽厚，叶宽 14cm，叶子鲜重占全株鲜重的 20%。茎秆粗壮、多汁，茎粗 3.7cm，株高约 350cm，穗位高约 150cm。单株总重 1 190g。果秆比大，鲜果穗重 380g 左右，约占全株鲜重的 35%。出苗整齐，苗期长势旺，持绿性能好，抗早衰，高抗倒伏及大叶斑病、小叶斑病和青枯病。该品种粗蛋白质含量超过 10%，绿色体产量高，适口性好，家畜喜吃，采食量高，青贮质量高。

(八)饲宝 2 号青贮专用玉米

饲宝 2 号青贮专用玉米是北京宝丰种子有限公司培育的青饲新品种。在辽宁地区春播制作青贮，生长期需要 110~125 天。要适时早播。株高约 380cm，秆粗 3.9cm，主茎有 25 片叶，果穗黄粒。一般产量 7 000kg/亩，高产地块可达 10 000kg/亩。春播一般在地温达到 10℃ 左右时应立即播种。持绿性强，具有很强的抗旱性能，其耐瘠薄、耐涝的特性很突出，既可在西北干旱区广泛种植，也可在夏季高温多雨的南方各地种植。夏播一般在 7 月上中旬。中等肥力田块，每亩种植 3 600~4 000 株。

(九)青饲 1 号青贮专用玉米

青饲 1 号青贮专用玉米是北京宝丰种子有限公司培育的青饲新品种。在我国南方种植株高 260~280cm，在北方株高达 400cm，穗位高 120cm，茎粗

3.5cm 左右，出苗至收青 70～75 天，属早熟品种，适宜南方抢茬播种。株型结构合理，叶片宽厚，持绿性好。籽粒大而充实。经测定，茎叶含粗蛋白质 2.29%、粗纤维 6.6%、粗脂肪 0.59%、粗灰分 1.77%。茎秆粗壮，根系发达，抗倒伏性强。采收特点：长到 12 片叶时，即可收获青贮。一般单株总重 1 000～1 333g(干重 260g 左右)，每亩产鲜玉米 4 500～6 000kg。南方在 3 月底直播。采用大小行种植，大行距 80cm，小行距 50cm，株距 20cm，每亩收青 4 500 株。重施基肥和攻穗肥，每亩施农家肥 3 000kg，施硫酸铵 50kg。

（十）太穗枝 1 号青贮专用玉米

太穗枝 1 号青贮专用玉米由山西省农业科学院作物研究所育成。属青饲青贮专用玉米品种，多秆多穗类型。全生育期 120 天。株高 280cm，单株分蘖平均 2.4 个，主茎与分蘖高度相当。每株结穗平均 2.3 个，果穗长 18cm、锥形，籽粒黄白色、半马齿形。抗玉米大、小斑病和丝黑穗病。一般每亩种植密度为 2 500～3 000 株。适宜在山西、陕西等地种植。

（十一）辽青 85 青贮专用玉米

辽青 85 青贮玉米由辽宁省农业科学院玉米研究所以单交种辽原 1 号为母本、以桂群为父本杂交组成的专用青饲玉米顶交种。1994 年通过国家牧草品种审定委员会审定。生育期约 134 天。全株 26 片叶。株高约 307cm，穗位高 139cm 左右，茎粗约 3cm。果穗圆锥形，长 20.3cm，粗 4.5cm，穗行数 14～16 行，行粒数约 43 粒，双穗率 46%。千粒重 327g。出籽率 83.09%，青穗重比率为 20.7%。高抗倒伏，在一些地区抗盐碱性能突出，叶片深绿，持绿性好，生长势强。高抗丝黑穗病、青枯病、大斑病和小斑病。1990—1991 年在辽宁省区域试验中，每亩平均产青饲料 3 598.8kg，比对照种"白鹤"平均增产 25.4%。辽青 85 植株高大，生长繁茂，青饲料产量高，但籽粒产量较低于辽原 1 号，因此宜做青饲料的专用品种。种植密度 3 000～6 000 株/亩；对土壤肥力要求不高。栽培管理同其他品种。该品种生育期偏晚，可在辽宁省南部地区和海河以南地区大面积推广种植。

(十二)中农大青贮 67 专用玉米

由中国农业大学选育而成的新品种。母本为 1147，来源于美国 78 599 杂交种自交选育；父本为 SY10469，来源于 SynD. O. C4 高油群体。

1. 品种特征

在东北地区出苗至成熟 133 天。幼苗叶鞘浅紫色，叶片叶缘均绿色，株型半紧凑，株高 293～320cm，穗位 134～155cm，成株叶片数 23 片。花药、花丝和颖壳均为浅紫色，果穗筒形，穗长 21～25cm，穗行数 16 行，穗轴白色，籽粒黄色，粒型为硬粒型。经中国农业科学院作物品种资源研究所接种鉴定，高抗大斑病、小斑病和矮花叶病，中抗纹枯病，感丝黑穗病。经北京农学院测定，全株中性洗涤纤维含量 41.37%，酸性洗涤纤维含量 19.93%，粗蛋白质含量 8.92%。产量表现为平均每亩生物产量鲜重 4 516.31kg，比对照农大 108 增产 15.83%，平均每亩生物产量干重 1 256.66kg，比对照农大 108 增产 1.68%。

2. 栽培要点

①适宜密度为 3 000～3 300 株/亩。

②注意防治丝黑穗病、纹枯病。

③适宜在北京、天津、山西北部春玉米区及上海、福建中北部用作专用青贮玉米种植。丝黑穗病高发区慎用。

(十三)龙青 1 号青贮专用玉米

龙青 1 号青贮专用玉米又称龙青 202。由黑龙江省农业科学院玉米研究中心高产育种室选育的青贮玉米专用新品种。

1. 品种特征

龙青 1 号从出苗到青贮玉米采收期(蜡熟期)需有效积温 2 500～2 550℃，需生育期 115 天左右。叶片上部上冲，属半紧凑型品种。株高 290cm，穗位高 120cm，果穗圆柱形，黄色粒，穗长 28cm，穗粗 5cm，粒行数 16 行，行粒数 45～50 粒，千粒重 350g。植株茎粗 3.5cm 左右，叶片、茎秆比 65% 以上。植株全株风干样品品质分析结果：粗蛋白质 7.78%，粗脂肪 2.44%，粗纤维 18.43%，无氮浸出物 66.07%，灰分 5.28%，总糖 8.74%。抗病力强，对玉米大斑病、小斑病、丝黑穗病、青枯病有较强的抵抗力。在合理种植密度下植株茎秆强壮、不倒伏，适宜采收期植株全株叶片青绿，无黄叶，植株繁茂。适合黑龙江省第二积温带作为青贮玉米品种使用。

2. 产量性状

在种植密度 4 000 株/亩条件下，平均生物产量为 5 513.3kg/亩。2003 年参加黑龙江省生产试验，比对照品种中单 32 平均增产 21.33%。品质分析结果为粗蛋白质含量 7.99%，粗脂肪含量 2.44%，粗纤维含量 19.22%，总糖含量 10.41%。收获期全株含水量在 71.27% 左右，适宜青贮。经黑龙江省农业科学院植物保护研究所田间接种鉴定，其为中抗品种，丝黑穗病发病率 7.8%，大斑病 2 级。

（十四）高油青贮 1 号（青油 1 号）玉米

1. 品种特征

高油青贮 1 号玉米是中国农业大学、国家玉米改良中心选育的高油型青贮玉米新品种（审定编号：京审玉 2005021），籽粒及秸秆双优质。株型松散，株高 330cm 左右，穗位高 145cm 左右；果穗筒形，穗长 25cm 左右，穗粗 5cm 左右，穗行数 16～18 行；穗轴白色，籽粒黄色，硬粒型，千粒重 350g；籽粒品质好，粗蛋白质含量 8.1%，含油量 8.6%，达到国家高油玉米标准。青贮品质优良，中性洗涤纤维含量平均为 44.32%，达到国际纤维品质最高级——优良级标准。高抗大斑病、小斑病、弯孢叶斑病、茎腐病，持绿性强。春播生育期 130 天左右，夏播 100 天左右。一般生物产量 6 000kg/亩，高产可达 8 000kg/亩。

2. 栽培要点

①适宜密度密度应控制在 3 500～4 000 株/亩。

②种植方式行距 60cm，株距 28～32cm；或宽窄行种植，宽行 93cm，窄行 40cm，株距 25～29cm。

③田间管理增施农家肥，加强水肥管理。

④适期采收乳熟末期、蜡熟初期收获。

⑤适宜区域：全国各玉米生态类型区均可种植。

（十五）青油 2 号玉米

1. 品种特征

青油 2 号玉米是中国农业大学、国家玉米改良中心选育的高油青贮型玉米新品种（审定编号：晋审玉 2005016）。籽粒及秸秆双优质。株型平展，株高 300cm 左右，穗位高 140cm 左右；果穗筒形，穗长 25cm 左右，穗粗 5cm 左右，穗行数 16～18 行；籽粒黄色，半马齿形，籽粒品质好，粗蛋白质含量青油 2 号 8.2%，含油量 8.6% 左右，达到国家高油玉米标准，青贮品质优良。高抗大斑病、青枯病、矮花叶病、粗缩病、穗腐病、抗小斑病。叶色深绿，持绿性好，根系发达，高度抗倒。春播生育期 130 天左右，夏播 100 天左右。一般生物产量 6 000kg/亩，高者可达 8 000kg/亩，比对照中北 412 增产 14%。

2. 栽培要点

①适宜密度 4 000 株/亩。

②种植方式等行距种程：行距 60cm，株距 28cm；宽窄行种植：宽行 93cm，窄行 40cm，株距 25cm。

③田间管理增施农家肥，加强水肥管理。

④适期采收乳熟末期、熟初期收获

⑤适宜区域：全国各玉米生态类型区均可种植。

（十六）华农 1 号青饲玉米

1. 品种特征

华农 1 号青饲玉米由华南农业大学运用远缘杂交的方法，以超甜玉米自交系甜 111 号为母本，墨西哥类玉米自交系 A1 为父本杂交，经 10 年选育而成的单交种。系早熟品种，在生长中表现出较强的远缘杂种优势，根系发达，在 pH 值 4.4 的酸性土壤上生长良好、抗病力较强，耐 35℃ 以上的高温。该品种速生、高产、优质、适口性好、抗逆性强。每亩用种量仅为 0.6～0.75kg。平均每亩产量为 3 600kg，最高可达 5 000kg。

在华南地区大田生产的青饲玉米中，华农 1 号青饲玉米能在 32℃以上的高温条件下正常生长，不会出现早花减产的现象。在施肥量减少的条件下，夏植青料产量能随着生育期日平均气温的上升及日照时数的增加而升高。

华农 1 号青饲玉米根粗为大暑麦的 1.3 倍，单株根数是大暑麦的 2.3 倍。单株地下部风干重是大暑麦的 4 倍。出苗后 15 天开始分蘖。1～1.5kg 种子出苗数可达 3 000～4 500 株，间苗后苗数大约 2 800 株，分蘖茎数要达 10 000～12 000 条。抗倒伏能力强，遇 9.7m/s 的 5 级风仍不倒伏，适宜在南方种植。

华农 1 号青饲玉米粗蛋白质含量在干物质中占 9%～13%，并且容易消化。喂养试验表明，华农 1 号对奶牛、兔、鱼、猪均有良好的适口性。

2. 栽培要点

(1)种植方式

起平畦，畦高 10～20cm，宽 1.2m。畦面挖 3 行沟，播种深度 2～3cm。育苗移栽或直播均可，播种量 1.5～2kg/亩。行株距 50cm×40cm，每穴播种 3 粒，每亩植 2 800 株。移栽成活率高达 99%以上。

(2)播种和收获时间

5 月上旬夏植，8 月收获。应在移栽后 40 天或者出苗后 55 天开始收割。收割时留 1 个分蘖枝不割，其余枝条全部割掉，留茬 5cm。华农 1 号青饲玉米茎粗，与苏丹草相比，收割劳力可节约 4 倍左右。同等体积的情况下装载重量可为苜蓿草的 2.5 倍。青贮质量比苏丹草好，如按 1∶1 的比例与苜蓿草切碎混合青贮，一次性收获青贮备用可作为牛的越冬粗饲料。若逐步收割做青饲料，可用玉米揉碎机打烂后晒干打成青草粉喂猪用。

除上述介绍的品种之外，还有粮饲兼用玉米品种，如京早 13、高油 647、高油 115、辽原 1 号、辽阳白、中原单 32、龙单 24，这些兼用青贮玉米品种每亩产量为 3 500～4 000kg，具有很好的丰产性和抗逆性。

(十七)龙育 15 专用玉米

由黑龙江省农业科学院草业研究所选育而成的新品种。母本为 T08，来源于美国 78599 杂交种后代；父本为 T107，来源于丹 340×掖 107。

1. 品种特征

在适应区出苗至收获期(蜡熟初期)生育日数为 118 天左右,需≥10℃活动积温 2 350℃左右。该品种幼苗期第一叶鞘紫色,叶片绿色,茎绿色。株高 320cm,穗位高 125cm,成株可见 17 片叶。果穗柱型,穗轴红色,穗长 22.5cm,穗粗 5.5cm,穗行数 16~20 行,籽粒偏马齿型、黄色,百粒重 36.7g。经黑龙江省农业科学院植物保护研究所接种鉴定结果:中抗至中感大斑病,丝黑穗病发病率 8.4%~9.3%。

经农业农村部谷物及制品质量监督检验测试中心(哈尔滨)检测结果:粗蛋白 7.31%,粗纤维 21.07%,总糖 12.93%,水分 72.10%。产量表现为平均 km² 产量 87 018.1kg,比对照品种阳光 1 号增产 12.1%。

2. 栽培要点

适宜密度为 4 000 株/亩,适宜在黑龙江省≥10℃活动积温 2 400℃区域作为青贮玉米种植。

(十八)龙育 17 专用玉米

由黑龙江省农业科学院草业研究所选育而成的新品种。母本为 T08,来源于美国 78 599 杂交种后代;父本为 T09,来源于丹 340×掖 52 106。

1. 品种特征

在适应区出苗至收获期(蜡熟初期)生育日数为 122 天左右,需≥10℃活动积温 2 579℃左右。该品种幼苗期第一叶鞘紫色,叶片绿色,茎绿色。株高 325cm,穗位高 145cm,成株可见 20 片叶。果穗柱型,穗轴白色,穗长 23.0cm,穗粗 5.5cm,穗行数 18~20 行,籽粒偏马齿型、黄色,百粒重 37.6g。经黑龙江省农业科学院植物保护研究所接种鉴定,中抗至中感大斑病,丝黑穗病发病率 3.7%~13.0%,茎腐病发病率 3.8%~10.6%。经农业农村部谷物及制品质量监督检验测试中心(哈尔滨)检测龙育门专用玉米:粗蛋白含量 7.44%,粗淀粉含量 27.52%,中性洗涤纤维含量 44.44%,酸性洗涤纤维含量 24.7%。产量表现为平均 hm² 产量 89 005.9kg,比对照品种龙辐玉 5 号增产 7.0%。

2. 栽培要点

适宜密度为 4 000 株/亩,注意防治丝黑穗病、纹枯病。适宜在黑龙江省

≥10℃活动积温2 650℃区域种植青贮玉米。

第二节　青贮玉米的植物学特征

青贮玉米为喜温植物，世界玉米产区多数集中在7月等温线为21～27℃的范围内。青贮玉米为短日照植物，在短日照（8～10小时）条件下可以提前开花结实，其生长期最适降水量为410～640mm，干旱时影响产量及品质。

一、植物学特征

（一）种子

种子即玉米的果实，植物学上称为颖果，俗称籽粒。玉米种子由果皮、种皮、胚乳和胚构成，但果皮和种皮紧密相连，不易分开。胚乳分糊粉层和淀粉层。籽粒因品种不同有着不同的颜色，最外一层果皮通常是透明无色的，只有少数品种是紫红或条斑色，糊粉层有紫、红和白色等；淀粉层只有黄与白的差别，这些色泽都是遗传特性。胚位于籽粒基部一侧，占籽粒总重的10％～15％，胚乳占80％～85％，果皮和种皮占6％～8％。籽粒形状大小和颜色随品种类型而不同。如硬粒型玉米籽粒近圆形，顶部平滑，马齿型籽粒长扁形、顶部下陷，甜质型籽粒表面皱缩。种子大小差异大，千粒重一般200～400g，籽粒颜色有黄、白、紫、红、花斑等。果穗出籽率因品种而不同，一般为80％～90％；鲜果穗含水量因品种有异，一般为30％～50％（折干率50％～70％）。

（二）根

玉米根属须根系，由胚根和节根组成。发芽时，先后从种胚上长出一条主胚根和4～6条侧胚根。这些初生根系成为4～5叶幼苗生长的主要根系。节根长在植株基部的茎节上，每节环生一层节根。在地表下长的节根，称地下节根，也叫次生根系；近地面上长的节根，称气生根。一般地下节

35

根有 5～7 层，多者可达 8～9 层，因品种、土壤、水肥条件而异。下位节每节长 4～5 条节根，上位节每节根数随节位的升高而增多。气生根粗壮坚韧，表皮角质化，一般每株长 2～3 层气生根，湿度大时可达 4～5 层。有时高位节上生长的气生根离地面远，不能入土，能入土的气生根除具有支持植株、防止倒伏外，也能分枝，并具有吸收养分的功能。玉米根系发达，总面积约为地上绿色面积的 200 倍，干物质占生物产量的 12%～15%，入土深 140～150cm，横向 50～70cm，有 80% 的根量是分布在地表 0～30cm 的土层内，但少数根量入土最大深度可达 2m 以上。

研究表明，玉米根系是否发达决定玉米抗倒性的强弱，尤其是有效气生根（即扎入土中的气生根）的数量与深度，这与种植的品种、密度及田间管理水平有很大关系，如密度加大导致根系在不同层面上的分布有所改变，根系的伸展受到抑制，所以容易发生倒伏，建议根据品种特性采用合理的种植密度。

（三）茎

玉米的茎由胚轴分化发育而成，直径为 2～4cm。基部第 4～第 5 节的节间很短，一般很少伸长。拔节时，第 4～第 5 节以上各节间的伸长顺序是从下向上依次伸长。到雄穗开花时，茎节不再增长，此时株高达最大高度。株高因品种和栽培条件有差异，一般品种高 2～2.5m，高秆有 3～4m，矮秆在2m 以下。茎由节和节间构成，内部多汁，髓部疏松。节数随品种而异，通常有 14～25 个节位，每节着生一片叶。节间的长度从茎秆中部向两端逐渐变短，花序最长，各节的直径由下向上逐渐变细。茎秆除最上位的 4～6 节外，各节的叶腋中均着生一个腋芽，基部的腋芽可能发育为分蘖，中部的腋芽形成雌穗原基，其中多数停止发育，只有最上位的 1～2 个腋芽，继续发育形成雌穗，经受精结粒后长成果穗。玉米果穗多数长在植株从上向下数第 6～第 8节位上。实践经验表明：近地表的 1～2 个节间粗短、弯曲，根系就会发育良好，抗风力强，不易倒伏；反之，节间细长而直，组织疏松，根系发育差，则易于倒伏。

图 2-1　玉米的茎

(四)叶

叶长在茎节上，呈互生排列。叶分叶片、叶鞘和叶舌三部分。叶片由表皮、叶肉和维管束组成。单株叶片数因品种不同而异，多数情况是早熟品种14～17片，中熟品种18～20片，晚熟品种21～25片或更多。叶鞘肥厚坚韧，紧包茎秆，具有保护茎秆和贮藏养分的功能。叶片与叶鞘交界处紧贴茎秆的地方是叶舌。叶舌具有防止雨水、细菌侵入鞘内茎间，从而保护了幼嫩组织的发育。

研究表明，玉米果穗叶及其上下叶统称为棒三叶。棒三叶的叶面积最大，功能期最长，且与籽粒形成期相吻合，具有高光效的内在基础(如叶绿素含量较高)。因此，玉米棒三叶对雌穗的生长发育及产量起着重要作用。

(五)花

玉米是雌雄同株异花作物，其授粉方式为异花授粉，天然异交率在95％以上。少数会有同株同花的现象，称为返祖现象。

①雄穗玉米的雄花序为圆锥花序，生于茎的顶部，由顶端生长点发育而成。雄花序由主轴和侧枝组成。它们均着生数行成队排列的雄小穗，每对小穗一为有柄，位于上方，一为无柄，位于下方。每个雄小穗有两片护颖，内中长有两朵雄小花，每花由内颖、外颖和3枚雄蕊组成。雄蕊花丝顶端着生花药。花药成熟时，散出大量花粉粒，靠风力进行异花传粉。

②雌穗玉米的雌花序是肉穗状花序，由腋芽发育而成，是侧枝的变态，因此也具有侧枝的特征，一般除上部的4～6片叶以外，其他叶片腋间都能

37

形成腋芽，在良好的肥水条件下，植株有时有两个腋芽同时分化，有的品种在光照充足的条件下能形成两个或者更多的果穗。雌花穗由穗柄、苞叶、穗轴和雌性小花组成。穗柄顶部膨大形成果穗。穗柄有许多密集的节，每节长一片苞叶，整个雌穗由若干片苞叶包住。雌穗中心为穗轴，穗轴粗大、节密，每节着生成对排列着两个无柄小穗，每个小穗着生着两朵小花，一般下位花退化，上位花结实，由此籽粒着生为偶数排列，一般有 8~20 行。结实花有内、外颖和雌蕊。雌蕊由子房和花丝组成，花丝上长满茸毛并分泌黏液，有黏着花粉粒的作用。雌穗分化较雄穗晚 10~15 天。

二、生物学特征

（一）青贮玉米的生物学特性

1. 植株繁茂

青贮玉米的经济产量是全株青饲时期地上部的产量，即通常说的绿色体产量。不同类型青贮玉米生长特点不同，分枝型表现为分枝性强，每株多枝，茎叶繁茂，果穗小而多；而单秆型品种植株高大、粗壮，叶片大，叶面积大，果穗少而大。分枝型多穗玉米每茎结穗 1~3 个，全株结穗 3~6 个；单秆型品种一般每茎结穗 1~2 个。

2. 青枝绿叶

这是青贮玉米的又一重要特性，特别是粮饲兼用型品种，即使籽粒已达到完全成熟，植株仍然保持青枝绿叶，不黄脚，不早衰，具有典型的活秆成熟的外观特征。

3. 茎叶多汁

与普通玉米相比，青贮玉米不仅仅是活秆成熟，更重要的是茎内汁液丰富。因此，茎叶尤其是茎的表皮具有软、脆、新鲜及含糖丰富等特点。

4. 果穗产量相对较高

为了获得较高的营养价值，育种家们将较高的籽粒产量与茎叶产量结合起来，提高了营养价值。一般单秆型籽粒产量较高，有的既可用于专门生产青贮料，又可专门用来生产粮食，所以又称粮饲兼用玉米。如辽源一号单交种，青贮产量可达 75 000kg 以上，作为饲粮兼收，籽粒产量为 7 500kg/hm²，同时收获青贮料 6 0000kg/hm 左右。专用型品种多为分枝型玉米，多茎，果穗虽小但数量多，籽粒产量较高，而且品质好，一般多为硬粒型品种。

5. 品质好

青贮玉米的品质体现在两个方面，即营养价值和适口性。青贮品种适口性好，家畜爱吃，采食量高。另外，目前推广的粮饲兼用型品种大多具有青穗产量高、品质好的特点，适合在大中城市作为青穗上市或加工成速冻玉米。

(二)玉米生育时期及生育阶段

1. 生育期

玉米生育期是从播种到成熟的天数，生育期的长短因品种、播种期、温度等条件而有很大的不同。按生育期所需热量将玉米分为 7 种，见表 2-1。

表 2-1　不同熟期玉米生育期划分

熟期	热量/℃(≥10℃积温)	生育期/天
极早熟	<2 100	85 以下
早熟	2 100～2 300	85～95
中早熟	2 300～2 500	95～105
中熟	2 500～2 700	105～115
中晚熟	2 700～2 900	115～125
晚熟	≥2 900	125～135
极晚熟	≥2 900	135 以上

2. 生育时期

玉米生育时期是从播种到新种子成熟的整个生长发育过程中，因其本身量变和质变的结果以及环境变化的影响，使植株在外部形态和内部组织分化等方面发生阶段性的变化，由此划分为若干个时期称为生育时期。玉米的生育时期可分为出苗、拔节、抽雄、开花、吐丝和成熟六个时期。

①出苗播种后到种子发芽出土高 2cm 左右，称为出苗。

②拔节当雌穗分化到伸长期，靠地面伸长茎节长度达 2cm 左右，称为拔节。

③抽雄当玉米雄穗尖端从顶叶抽出时，称为抽雄。

④开花植株雄穗开花散粉，称为开花。

⑤吐丝雌穗花丝开始露出苞叶，称为吐丝。

⑥成熟玉米苞叶变黄而松散，籽粒经过灌浆后剥掉尖冠出现黑色层，经过干燥、脱水变硬，呈现典型的品种特点，称为成熟。

3. 生育阶段

玉米的生育阶段可分为苗期、穗期和花粒期。

(1)苗期

苗期是指从出苗到拔节的时期。该期以营养生长为主，以根系建成为中心。出苗是从播种到种子发芽，在大田中有50%的种子出苗，幼苗高2cm的时期。

(2)穗期

穗期是指从拔节到抽穗的时期。该期营养生长与生殖生长并进，是生长最为旺盛的时期。该期又可划分为拔节期和大喇叭口期。

拔节期是幼穗分化时，在靠近地面的地方用手可以摸得到有2～3cm的茎节的时期。

大喇叭口期是棒棒叶开始抽出，但尚未展开，形成新叶丛生，上平、中空，状如喇叭，雌穗进入小花分化期，在上部展开的叶片和尚未展开的叶片间可以摸得到富有弹性的小穗的时期。

(3)花粒期

花粒期是指从抽穗到结实的时期，是以生殖生长为中心，籽粒建成的阶段，包括了抽雄期、散粉期和结实期3个时期。

(二)玉米的类型和品种

1. 根据籽粒形状和结构分类

根据籽粒形状和结构分类是最通用的一种作物形态学上的分类。按照籽粒形状、胚乳性质与有无壳，可将玉米分为以下9个类型。

(1)马齿型

植株高大，果穗呈圆柱形，籽粒长大而扁平，粉质淀粉分布于籽粒顶部及中部，两侧为角质淀粉，成熟时粉质的顶部比角质的两侧干燥得快，因而凹陷成马齿状。籽粒产量高、品质差，成熟较迟。它是世界上及中国栽培最多的一种类型，适宜制造淀粉和酒精，或作饲料。

（2）半马齿型

植株、果穗的大小形态和籽粒胚乳的性质皆介于硬粒型与马齿型之间，最明显的特征是籽粒顶部凹陷深度比马齿型浅。

（3）硬粒型

果穗多呈圆锥形，籽粒圆形、坚硬饱满，透明而有光泽。籽粒顶部及四周的胚乳皆为角质淀粉，仅中部有少量粉质淀粉，品质优良。适应性强，产量稳定，较早熟。是中国长期以来栽培较多的类型，主要作食粮用。

（4）粉质型

果穗及籽粒形状与硬粒相似，胚乳几乎全为粉质淀粉，籽粒无光泽。

（5）甜质型

植株矮小，分蘖力强，果穗小，籽粒几乎全为角质胚乳，胚较大，成熟时表面皱缩，半透明，含糖量较高。多做蔬菜用，随着人民生活水平的提高，中国各地已广泛种植。

（6）糯质型

果穗较小，籽粒中的胚乳大部分为支链淀粉所组成，表面无光泽，呈蜡状，不透明，水解后形成糊精。

（7）爆裂型

叶挺拔，每株结穗较多，但果穗与籽粒都较小。籽粒几乎全为角质胚乳所组成，硬而透明，遇到高热时有较大的爆裂性。

（8）甜粉型

籽粒上部为甜质型角质胚乳，下部为粉质胚乳。

（9）有稃型

籽粒为较长的稃壳包住，稃壳顶端有时有芒状物，籽粒坚硬，脱粒极难，为原始类型。

2. 根据生育期长短分类

我国种植的玉米品种生育期一般为 70～150 天。所需积温在 1 800～

41

2 900℃，分为极早熟、早熟、中早熟、中熟、中晚熟、晚熟等类型。

3. 根据株型分类

株型是指地上部器官的总体体型和长相，一般可分为 3 种类型。

(1)平展型。植株高大，叶片宽大，穗叶以上的叶片平伸，叶尖下垂，叶片与茎秆的夹角≥45°，单株生产潜力大，但不耐密植。

(2)紧凑型。植株矮小，穗位以上叶片上举，叶片与茎秆的夹角<35°，单株生产潜力小，耐密植，群体产量高。

(3)半紧凑型。叶片与茎秆的夹角在 35°～45°，其他性状介于紧凑型和平展型之间。

4. 根据籽粒颜色及用途分类

玉米籽粒按颜色可分为黄粒、白粒、紫粒、红粒、黑粒和杂粒，按用途可分为粮用、饲用、粮饲兼用等。

5. 根据品质分类

(1)常规玉米

普通种植的玉米。

(2)特用玉米

比普通玉米具有更高的技术含量和更大的经济价值，又称"高值玉米"。

①甜玉米。通常分为普通甜玉米、加强甜玉米和超甜玉米。甜玉米对生产技术和采收期的要求比较严格，需要特殊的贮藏、加工条件。除鲜食外，还可制作罐头、饮料等。

②糯玉米。糯玉米对生产技术和采收期的要求也比较严格，需要特殊的贮藏、加工条件。糯玉米除鲜食及速冻加工外，还是淀粉加工、医药、化工等的重要原料。

③高油玉米。含油量较高，特别是其中亚油酸和油酸等不饱和脂肪酸的含量达到 80%，具有降低血清中的胆固醇、软化血管的作用。

④优质蛋白玉米(高赖氨酸玉米)。产量不低于普通玉米，而全籽粒赖氨酸含量比普通玉米高 80%～100%，在中国的一些地区，已经实现了高产优质的结合。

⑤紫玉米。是一种非常珍稀的玉米品种，因颗粒形似珍珠，有"黑珍珠"

之称。紫玉米的品质优良，但棒小，粒少，产量低。

（3）其他

包括高淀粉专用玉米、青贮玉米、转基因玉米等。

6. 根据遗传特性分类

根据玉米的遗传性可分为农家种和杂交种。杂交种包括单交种、三交种、双交种和综合种。

7. 根据播种季节分类

根据各地播种季节不同可分为春玉米、夏玉米、秋玉米和冬玉米。

第三节 青贮玉米的生长发育特性

一、种子萌发和幼苗生长

玉米一生分为苗期、穗期、花粒期。从出苗到拔节为苗期。苗期是玉米根、茎、叶营养器官分化和生长时期，基部第三节间伸长 1cm 时为拔节，一到拔节苗期结束。

（一）种子萌发的内在条件

种子的成熟度。成熟的种子发芽率高，未成熟的种子发芽率低。有人曾做过这样一个试验，在玉米籽粒乳熟期经过干燥处理后进行发芽，发芽率仅有 13％，随着种子成熟度提高，发芽率亦不断增加，在蜡熟期达 93％，完熟期为 96％。这说明发芽率与种子累积的有机物质有关，在蜡熟期后，种子内的蛋白质、淀粉、脂肪与纤维素等物质已累积完成，具备了种子萌发的基础，同时，种子内的器官也相应分化建成。

种子的寿命。玉米种子的寿命一般为 2～3 年，但在不同条件下贮藏，其寿命有很大差异。寿命长的种子，保持萌发能力长。

光敏色素。光敏色素有红光型和远红光型两种状态，且可相互转变。适当比例的光敏色素，可以改变细胞膜的结构，从而改变细胞膜的透性，促进酶的活化和酶的合成，触发种子萌发。所以说，光敏色素对种子萌发也很重要。

（二）种子萌发的外在条件

水分。种子吸水膨胀是种子萌发的开始，当种子吸足水分其生理功能逐渐启动，代谢加强，经过一系列酶的催化过程，胚乳内的营养物质转化为可溶性化合物，供器官生长之需。

氧气。种子在萌发过程的代谢活动中需要大量氧气，如营养物质的分解、运输、重新分配、合成都需要氧气。在缺氧条件下，无氧呼吸产生酒精，会使胚中毒，病菌快速繁殖。使种子感染病菌的机会加大，发霉腐烂。

温度。玉米种子萌发的最适温度是 32～35℃，最高温度是 40～44℃，最低温度是 8～10℃。

上述三个条件，水分是种子萌发的前提，温度是关键，氧气是保证。

（三）种子萌发的过程

玉米种子萌发要经过以下三个阶段。

吸水膨胀阶段。这是种子萌发首先经历的时期。干种子吸水能力很强，一遇到水就会吸收膨胀，水分进入种子，种皮变软，以利氧气入内，促使各种酶类活化，增强呼吸，加强代谢，为种子萌发奠定基础、创造条件。玉米种子吸水膨胀所需水分，为风干种子的 35％～37％。

萌动阶段。种子膨胀以后，体内代谢逐步活跃。此时，胚乳中的养分转化为可溶性物质，供胚利用，与此同时，胚开始复苏，加强生命活动，经过一系列物质代谢过程，细胞数目与体积相应增多变大，到达一定程度时，破种皮而出，形态明显变化，这就是种子萌动。

发芽阶段。种子经过萌动，胚根首先破皮而出，继而出芽。春玉米一般在播后 4 天左右主胚根破皮入土，垂直向下伸长，形成主根（初生根）。紧接着在下胚轴长出次生根，胚芽向上生长，以芽鞘破土而出。由芽鞘中长出第一片真叶就叫出苗。

（四）苗期生长发育特点

玉米苗期是指播种至拔节的一段时间，是以生根、分化茎叶为主的营养生长阶段。本阶段的生育特点是根系发育较快，但地上部茎、叶量的增长比较缓慢。田间管理的中心任务是促进根系发育、培育壮苗，达到苗早、苗足、苗齐、苗壮，为玉米丰产打好基础。幼苗期怕涝不怕旱，涝害轻则影响生长，重则造成死苗；轻度的干旱，有利于根系的发育和向下伸展。

（五）苗期对环境条件的要求

玉米虽然是热带喜温作物，但苗期能短时间忍受 $-2\sim3℃$ 的低温，如果 $-4℃$ 持续 1 小时，幼苗则会死亡。茎叶生长的适宜温度是 $21\sim26℃$，大于 $40℃$ 时生长就会受到抑制。根系生长最适宜的地温 $20\sim24℃$，低于 $4\sim5℃$ 时根系停止生长，所以春玉米苗期多中耕提高地温有利于根系生长。

玉米苗期比较耐旱，特别是大气干旱。30cm 土层内土壤含水量在 $13\%\sim14\%$，有利于根系生长，过干过湿对根系生长都不利。

玉米的生长发育对土壤通气性有较高的要求。土壤空气中的含氧量为 $10\%\sim15\%$ 时，最适宜玉米根系生长。含氧量 $<5\%$ 时，根系就会停止生长。因此，以根系生长为主的苗期田间管理，多中耕，既有利于提高地温，抗旱保墒，又有利于促进土壤通气，调节水肥营养，增强根系吸收水肥的能力，所以在一定条件下通气就有肥，通气就有水。

玉米苗期对养分的需求较少，通常苗期需肥量占总需肥量的 10% 左右。氮肥不足，苗瘦黄根少，生长缓慢；氮肥过多，地上部生长过旺，根系发育不良。缺磷时，根系生长差，苗色紫红，生长发育迟缓，尤其是 $3\sim4$ 叶期对磷反应敏感，需要量虽不大，但不能缺少，这个时期就叫磷的临界期。

所以，播种时施用氮磷做种肥，对壮苗发根的有重要作用。

二、植株生长和结实器官的形成

（一）穗期的生长发育特点

玉米从拔节至抽雄的一段时间，称为穗期。拔节是玉米一生的第二个转折点，这个阶段的生长发育特点是营养生长和生殖生长同时进行，就是叶片、茎节等营养器官旺盛生长和雌雄穗等生殖器官强烈分化与形成。这一时期是玉米一生中生长发育最旺盛的阶段，也是田间管理最关键的时期。这一阶段田间管理的中心任务是促进中上部叶片增大，形成茎秆敦实的丰产长相，以达到穗多、穗大的目的(图 2-2)。

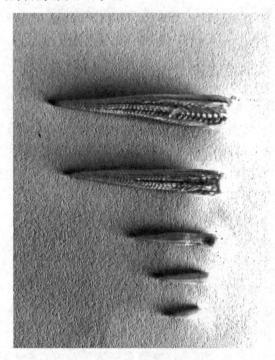

图 2-2　玉米生长发育特点

（二）玉米雄雌穗分化进程和外部形态指标

玉米雌雄穗分化过程有一定规律性，但不同品种对外界条件的反应不同，因而雌雄穗开始分化的时期及其分化进程，外部形态表现的指标，也因品种和地区有不同程度的差别。雄穗分化过程一般分为五个主要时期。

1. 玉米雄穗分化时期

（1）生长锥未伸长期

此时期主要特征是玉米生长锥表面光滑，长宽差别不大，为半球形，基部有叶原始体突起，植株尚未开始拔节。如图 2-3 所示。

图 2-3 生长锥未伸长期生长点形态（雄穗）

（2）生长锥伸长期

这一时期玉米生长锥显著伸长，长度大于宽度约一倍，上部光滑，中下部出现棱状突起，形成穗轴节片，以后分化成分枝和小穗裂片，此期延续时间一般 3～5 天。如图 2-4 所示。

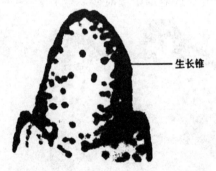

生长锥

图 2-4 生长锥伸长期生长点形态（雄穗）

（3）小穗分化期

这一时期生长锥继续伸长，基部出现比较明显的分枝突起，主轴中部形成小穗原基，随后每个小穗原基又迅速分裂为两个大小不等的小穗突起。其中大的在上，发育成有柄小穗，小的在下，成为无柄小穗。此时在小穗突起的基部可以看到颖片突起，同时，生长锥基部的分枝突起也将迅速发育成为雄穗分枝，再按上述过程分化成成对排列的小穗，这一时期延续时间一般为 5～7 天。如图 2-5 所示。

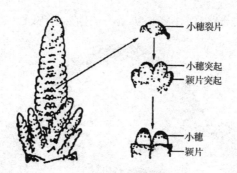

图 2-5　小穗分化期生长点形态(雄穗)

（4）小花分化期

这一时期每一个小穗突起又分化出两个大小不等的小花突起，随后在小花突起的基部外围，出现三角形排列的三个雄蕊原始体，中央为一个雌蕊原始体，但继续发育时雌蕊原始体渐渐退化。两个小花突起中，上部的发育较快，成为有柄小花，下部的发育成无柄小花。每朵小花除分化雄蕊和雌蕊外，还将分化内外颖和鳞片。此时期延续时间一般为 6～7 天。如图 2-6 所示。

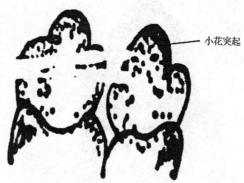

图 2-6　小花分化期生长点形态(雄穗)

（5）性器官成熟期

这一时期雄蕊原始体迅速生长并出现花药，花药内花粉母细胞进入"四分体"期，此期雌蕊原始体已经退化，接着进入花粉粒形成期，穗轴、颖片及内外颖等迅速生长，雄穗体积急剧增大，其长度较小花分化期增长 10 倍以上。此时期延续时间一般为 10～14 天。如图 2-7 所示。

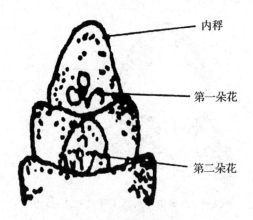

图 2-7　性器官成熟期生长点形态（雄穗）

2. 玉米雌穗分化时期

玉米雌穗分化要比雄穗晚 7 天左右，分化过程与雄穗基本相似，也分为五个主要时期。

(1)生长锥未伸长期

这一时期特征是生长锥表面光滑，为半球形，基部宽大。生长锥下方可见缩短的节和节间，将来发育成为穗柄。每节上有叶原始体，以后发育成为苞叶。此时期约在第六叶出现之前，植株尚未开始拔节。如图 2-8 所示。

图 2-8　生长锥未伸长期生长点形态（雌穗）

(2)生长锥伸长期

这一时期生长锥体积开始增大伸长，长大于宽。在伸长的生长锥基部出现叶突起，以后退化消失，相继从叶突起的基部分化出小穗原基。此时期延续 3～4 天。如图 2-9 所示。

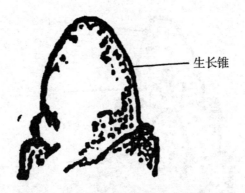

图 2-9　生长锥伸长期生长点形态（雌穗）

（3）小穗分化期

这一时期生长锥进一步伸长，每个小穗原基迅速分裂为两个小穗突起，形成两个并列的小穗。基部出现褶皱状突起，即将来的颖片。小穗原基的分化从雌穗的基部开始，渐次向上进行，属向顶式分化。此时期延续 4～5 天。如图 2-10 所示。

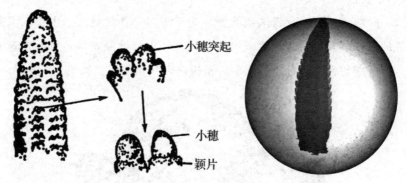

图 2-10　小穗分化期生长点形态（雌穗）

（4）小花分化期

这一时期生长锥继续增长，每个小穗突起又分化出两个大小不等的小花原基，每个小花原基中部隆起形成雌蕊原始体，外围出现三角形排列的雄蕊原始体，但继续发育时雄蕊原始体渐渐退化。每个小穗发育成大小不等的两个小花，大的继续发育为结实花，小的退化为不育花。此时期延续 5～6 天。如图 2-11 所示。

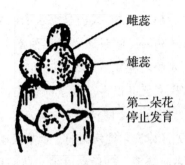

图 2-11　小花分化期生长点形态（雌穗）

（5）性器官发育形成期

这一时期雌蕊突起开始伸长，顶端形成凹面，开始出现二裂柱头，花柱迅速伸长成为花丝，子房增大，胚囊性细胞发育完成，花药突起已退化成单性的雌花。此时期一般延续 8～10 天。如图 2-12 所示。

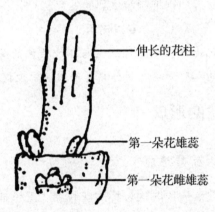

图 2-12　性器官发育形成期生长点形态（雌穗）

（三）穗期对环境条件的要求

玉米穗期要求温度 20～22℃，气温达到 18～20℃时开始拔节，此后在一定范围内，温度越高，生长越快，从出苗到抽雄的时间越短。如果温度过高，会使穗分化期相应缩短，分化的小穗和小花数目减少，果穗也小。低温对雌、雄穗的发育影响很大，在 17℃低温时，穗分化停滞，果穗尖端部位的花丝上出现枯焦现象。

玉米穗期需水量增大，占总需水量的 23%～29%，供水不足，将减产

4％～26％。特别是抽雄前后 20～30 天内是需水的临界期，要求土壤水分保持在田间持水量的 70％～80％。此时遇旱雄穗抽不出来，易形成所谓的"卡脖旱"。所以，穗期灌水是争取穗粒数的关键时期。

玉米穗期对养分的需要量也很多。氮素的吸收占全部吸收总量的 3/4，磷和钾占总量的 2/3 穗。期缺氮会使植株发育延迟、株矮、穗小、粒少，影响产量，氮素过多又会贪青徒长，抗病力弱。穗期缺磷吐丝晚，受精不完全，行粒不齐，缺粒减产。穗期缺钾会使叶脉变黄、节间缩短、植株矮小，受精和果穗发育不良，秃尖，千粒重低，根系发育弱，易感病倒伏。所以，在这个阶段应给予足够养分供雌雄穗发育的需要。

光照对雌雄穗发育也有关系。光照充足，光强条件好，叶片光合生产率高，有机物质累积多且分配合理，可以促进各个器官协调生长，有利于穗分化；若光照不足，植株纤弱则抑制雌雄穗的发育。

专家提示

了解玉米的穗分化进程、发育特点及与环境条件的关系，主要是为了对玉米进行科学、合理的水肥管理、耕作措施等田间管理提供依据。

三、玉米籽粒的形成

（一）花粒期生长发育特点

玉米从抽雄至成熟这一段时间，称为花粒期。玉米抽雄、散粉时，所有叶片均已展开，植株已经定长。这个阶段的生育特点是，营养体的增长基本停止，而进入以生殖生长为中心的阶段，出现了玉米一生的第三个转折点。这一阶段田间管理的中心任务是，保护叶片不损伤、不早衰，争取粒多、粒重，达到丰产。

（二）籽粒形成的四个时期

玉米从受精到完全成熟，大致分为四个时期。

1. 籽粒形成期

受精后 20 天左右，果穗和籽粒体积膨大，籽粒呈胶囊状，水分多干物质少，胚乳清水状，胚已形成，种子已具有发芽能力。

2. 灌浆期（或乳熟期）

灌浆期约 20 天，这时胚乳大量沉积淀粉，由清水状变成浆糊状，果穗、籽粒和胚的体积达到最大，茎叶养分迅速输送到籽粒，外部形态上花丝干枯呈褐色。

3. 蜡熟期

蜡熟期约 15 天，籽粒脱水，干重增加，胚乳由糊状变硬，呈蜡质状，籽粒出现黑层，颜色鲜亮、有光泽，苞叶变黄。

4. 完熟期

胚乳进一步硬化，指甲不易划破。籽粒表面有光泽，苞叶松散，茎秆支持力降低。

（三）花粒期对环境条件的要求

玉米开花的适宜温度为 25～26℃，低于 18℃ 或高于 38℃ 时都不开花。花粉在高温（32～35℃）和干燥（相对湿度 30％）条件下，1～2 小时丧失活力。同样在高温和干燥条件下，花丝也干枯，受精不良，造成缺粒。籽粒形成和灌浆的适宜温度是 22～24℃。抽穗开花是玉米需水量最多的时期。充足的水分条件既促进灌浆速度，又能延续灌浆时间，是提高粒重的重要因素。籽粒形成期缺水会使果穗上部籽粒发育不良，形成秃尖；如果水分过多，就会影响根系活力，易于早枯死亡。所以，灌浆期应浇湿不浇干，使土壤经常保持湿润状态。

玉米受精后，茎中贮藏的养分开始向籽粒运输。春玉米在籽粒形成期氮素吸收的比例占 40％～50％，若氮素缺乏，会使茎叶早衰，影响灌浆；磷的吸收比例占 30％～40％，且在籽粒的转化和累积中一直贯穿至完熟。

籽粒中积累的干物质的 90％都是植株在花粒期通过光合作用而成的，所以，光照对产量的影响非常重要。

四、影响青贮玉米生长发育的因素

青贮玉米的产量与品质除了受到本身的遗传因素影响外，生长环境因素

(光照、温度和降水等)也有其重要作用，此外，栽培因子是影响玉米产量的可控关键因素，通过优化栽培技术措施，可促进玉米的生长发育并提高其产量。栽培因子主要包括以下几个方面。

(一)玉米生长对水分的要求及灌溉

1. 玉米需水特点

(1)玉米植株含水量的变化

玉米植株的含水量因生育阶段而异。一般苗期含水量高，地上部植株含水率在90%左右；穗期植株含水率在80%左右；花粒期、乳熟期前稳定在80%左右，乳熟期后下降较快，至成熟期植株体含水率降至54%左右。不同器官间，茎秆含水率最高，其次是叶鞘、叶片。

(2)水分对生育进程的影响

在适宜的土壤水分范围内，植株营养器官和生殖器官发育进程协调，生育期稳定。而水分过多或干旱胁迫则会导致生育进程减慢，生育期延长。尤其干旱胁迫下营养器官生长缓慢，雌、雄穗发育失调，生育进程会明显推迟。玉米在不同生育时期严重水分胁迫(干旱10天)对玉米生长发育期的影响程度不同。拔节前及拔节期受旱，抽雄散粉期与对照(正常供水)相近，雌穗吐丝期比对照推迟3天，成熟期与对照相近。孕穗期受旱，雌穗吐丝期比对照推迟5~8天，成熟期推迟7天。抽雄期干旱，雌穗在复水后才能吐丝，吐丝期比对照推迟10天。

(3)水分对营养器官生长的影响

土壤水分状况对玉米植株营养体生长有明显影响。当土壤相对湿度维持在70%~80%时，根、茎、叶营养器官的生长量达到高值；土壤缺水干旱或过湿，都会抑制根、茎、叶等器官的生长，当土壤相对湿度下降到40%~50%时，根条数、株高、茎粗及单株叶面积与适宜土壤湿度相比，分别减少52.6%，47.9%，52.3%及59.9%；而土壤相对湿度达80%~100%时，根条数减少38.9%，株高下降23.3%，茎粗减少20.2%，单株叶面积减少30.3%。

(4)水分对生殖器官发育的影响

玉米生殖器官发育对水分的反应比营养器官更敏感。玉米生殖器官的发育与营养体生育状况具同步性，土壤水分亏缺或湿度过大均会导致营养体削弱，进而影响雌、雄穗发育延缓、体积减小、抽雄推迟；拔节前水分对雄穗影响较小，干旱胁迫雄穗轻度败育，对雌穗基本无影响；拔节期以后水分对雄穗影响增大，小喇叭口期至大喇叭口期对雄穗影响最大，干旱胁迫会使雄穗严重败育；抽雄期干旱雄穗提早散粉；水分对雌穗发育的影响在小喇叭口期增大，大喇叭口期明显增大，抽雄期影响最大，干旱胁迫明显影响果穗长度、粗度、结实小花数及穗粒数。

(5)水分对干物质积累量的影响

玉米干物质积累量取决于光合性能的高低。由于光合性能的诸因素均受土壤水分状况的影响，故玉米干物质积累量与土壤水分关系密切。

土壤相对湿度 80% 以下时，各处理拔节前单株干物质积累量无明显差异；拔节后干物质积累量随土壤水分的增加而增加；大喇叭口期以后更明显，以土壤相对湿度 70%～80% 时干物质增长最快，生物产量最高。这表明玉米在苗期耐旱性较强，耐涝性较弱；拔节后耐旱性减弱，耐涝性增加。适宜水分条件下，开花后的干物质积累量明显高于开花期前，有利于经济产量的提高；水分不足时，开花期前的干物质积累量高于开花期后，对经济产量不利。土壤含水量对干物质积累强度的影响与干物质积累动态基本一致，有利于干物质积累的土壤相对湿度，出苗至拔节期为 60%～70%，拔节至开花期为 70%～80%，开花至成熟期为 70%～80%。

(6)水分对产量的影响

水分对玉米产量的形成有重要的影响。生育期间的土壤水分状况直接或间接引起产量及产量因素的变化。适宜的土壤水分不仅促进干物质产量的提高，并能促进产量因素之间的协调发展，提高经济系数及经济产量。水分亏缺或土壤湿度过大则制约相关产量因素的发展，产量降低。据研究，玉米生育期间，土壤相对湿度 40%～50% 时，空秆率达 80% 以上，穗数和穗粒数大幅度减少，千粒重降低，经济系数小，产量极低；随着土壤含水量增加，产量因素明显改善，产量大幅度提高；当土壤相对湿度 70%～80% 时，产量构成因素协调，乘积最大，产量最高；当土壤相对湿度超过 80% 以上时，产量降低。

(7)土壤适宜水分指标

土壤适宜水分指标是田间水分管理的重要依据。由于不同生育阶段玉米的耗水量及耗水强度不同，对水分反应的敏感性亦不同，故各生育阶段有相应的适宜土壤水分指标。研究表明，玉米生长发育各阶段的土壤含水量一般为，播种—出苗 70%～75%；出苗—拔节 60%～70%；拔节—抽雄 70%～80%；抽雄—乳熟 80%，乳熟—成熟期 70%～75%。在玉米生育期内，只要土壤含水量降到田间最大持水量的 55% 以下时，就应及时灌水。

2. 玉米不同生育阶段对水分的反应

玉米不同生育阶段有不同的生育中心，处于生育中心的组织和器官对水分反应敏感，需求迫切。一旦该中心的生长发育完成，对水分的敏感性便明显减弱。同时，生长发育中心的组织或器官之间往往表现出对水分敏感程度的差异。通常在不同供水条件下，变化大的组织或器官对水分反应敏感。

苗期。玉米的生长中心以根系为主，根系生长对轻度缺水反应不敏感，对水分过多或涝害反应敏感。故苗期轻度控水有利于根系生长，增加根叶比，对产量有益。

穗期。营养体生长量很大，生长发育的中心器官，前半期以茎、叶为中心，对水分反应最敏感的是茎，其次是叶。拔节至孕穗期干旱缺水，株高比正常供水者低 21%～30%，单株叶面积减少 19%～24%，干物质重降低 28%～32%。孕穗至抽雄期，雌穗对水分反应最敏感，水分不足导致果穗发育受阻，穗长及穗粒数大幅度下降。穗期阶段干旱胁迫，果穗长将减少 23.1%，穗粒数降低 38.8%，产量下降 39.3%。

抽雄至吐丝期是玉米一生中对水分反应最敏感、要求最迫切的时期，称为需水临界期。在需水临界期，细胞原生质的黏度和弹性都剧烈下降，忍受和抵抗干旱的能力减弱，此时原生质必须有充足的水分，代谢活动才能顺利进行。

花粒期是玉米籽粒建成和增重时期，对水分反应的敏感性虽比前一时期有所降低，但仍需充足的水分才能维持叶片的正常功能期，促进粒重增加，干旱缺水将导致穗粒数及粒重降低。玉米在不同生育阶段对水分反应的敏感程度与耗水强度基本一致，两者均可作为田间灌水时期及灌水量管理的重要依据。

3. 合理灌溉

为获得玉米高产、稳产，通常生育过程中应重视播种期、抽雄开花期两次关键水，适时灌溉拔节水、大喇叭口水和灌浆水。

（1）播前灌水

播前灌水是保证苗全、苗齐、苗匀、苗壮，保证密度，提高群体整齐度，是获得高产的基础，称为玉米高产的关键水。玉米播种时耕层土壤适宜水分含量随土壤质地的差异而有所不同，通常土壤相对湿度70%～75%为宜，低于70%时应造墒播种。春玉米采用冬灌或早春灌，冬灌不仅可防止播种时降低土壤温度，又可避免各种作物春季争水的矛盾。

（2）拔节期灌水

玉米出苗至拔节前，在底墒充足、出苗齐全的情况下，一般不灌水，以利于植株根系向纵深发展，增强中、后期抵御水分胁迫和抗倒伏能力。拔节期后玉米植株耗水量增大，在降水不足情况下应适时灌溉，以提高对土壤养分的吸收，增强叶片的光合能力，促进干物质积累和茎秆发育，并为生殖器官发育奠定基础。

（3）大喇叭口期灌水

玉米大喇叭口期，茎叶生长旺盛，雌穗进入小花分化期，对水分反应敏感。适时灌水可促进气生根大量发生，减少雌穗小花退化，缩短雌、雄穗抽出间隔时间，提高结实率和穗粒数。

（4）抽穗开花期灌水

抽穗开花期，群体叶面积达一生中最高峰，耗水强度达一生的顶峰。该时期是玉米的需水临界期，缺水则导致花粉寿命缩短，有效花粉数量减少，雌穗吐丝延迟，花丝活力降低，籽粒败育，减产严重。该时期灌溉称为玉米的关键水。

（5）灌浆期灌水

灌浆期灌水可促进灌浆强度、延长灌浆时间、减少果穗秃尖长度、增加穗粒数及粒重。同时贮存在茎、叶中的光合产物和可溶性营养物质，需通过植株体内水分的运动，大量向穗部籽粒中输送。因此，灌浆水同粒重有着密切关系。该时期干旱可加速植株中下部叶片衰减，光合面积减少，造成灌浆源亏缺，并影响光合产物的充分转移。玉米灌浆期经历时间较长，可视墒情分次灌水。

（二）玉米生长对肥料的要求及施肥

1. 玉米的需肥规律

玉米在生长发育过程中，需要的营养元素很多，其中氮、磷、钾需要量最多，称为大量元素，钙、硫、镁为中量元素，锌、锰、铜、钼、铁等为微量元素。

各种矿质元素都存在土壤中，但含量有所不同。一般土壤中钙、硫、镁及微量元素并不十分缺乏，而氮、磷、钾需要量大，土壤中的自然供给量往往不能满足玉米生长的需要，所以必须通过施肥来弥补土壤天然肥力的不足。

（1）氮、磷、钾对玉米的生理作用

氮是玉米进行生命活动所必需的重要元素，对其生长发育影响最大。氮是组成蛋白质中氨基酸的主要成分，玉米植株营养器官的建成和生殖器官的发育是蛋白质代谢的结果，所以，没有氮玉米就不能进行正常的生命活动。氮也是构成酶的重要成分，酶参加许多生理生化反应。氮还是形成叶绿素的必要成分之一，是叶片制造"粮食"的工厂。所以氮的生理功能是多方面的，是玉米生长发育过程不可缺少的。

玉米对磷的需要量较氮、钾要少。磷是细胞的重要成分之一。磷进入根系后很快转化成磷脂、核酸和某些辅酶等，对根尖细胞的分裂生长和幼嫩细胞的增殖有显著的促进作用，有助于苗期根系的生长。同时，磷还可提高细胞原生质的黏滞性、耐热性和保水能力，降低玉米在高温下的蒸腾强度，从而可以增加玉米的抗旱能力。磷素直接参与糖、蛋白质和脂肪的代谢，对玉米生长发育和各种生理过程均有促进作用。因此，磷素充足不仅能促进幼苗生长，而且能增加后期的籽粒数，在玉米生长的中、后期，磷还能促进茎、叶中糖和淀粉的合成及糖向籽粒中的转移，从而增加千粒重，提高产量，改善品质。

　　玉米对钾的需要量仅次于氮。钾在玉米植株中呈离子状态，虽不参与任何有机化合物的组成，但它几乎在玉米的每一个重要生理过程中起作用。钾主要集中在玉米植株最活跃的部位，对多种酶起活化剂的作用。钾能促进玉米植株糖类的合成和转化。钾素充足时，有利于单糖合成更多的蔗糖、淀粉、纤维素和木质素，茎秆机械组织发育良好，厚角组织发达，增强植株的抗倒伏能力。钾能促进核酸和蛋白质的合成，调节细胞内的渗透压，促使胶体膨胀，使细胞质和细胞壁维持正常状态，保证新陈代谢和其他生理生化活动的顺利进行。钾可以调节气孔的开闭，减少水分散失，提高叶水势和叶片持水力，使细胞保水力增强，从而提高水分利用率，增强玉米的抗旱能力。

　　(2)玉米各生育阶段对氮、磷、钾的吸收

　　玉米不同生育时期吸收氮素的规律，受玉米自身生长发育特性所制约。从阶段吸收量来看，苗期较少，穗期最多，粒期其次，其中有两个重要阶段吸氮最多：拔节至大喇叭口期（占 37.27%）和抽丝至籽粒形成期（占 31.62%），从拔节至籽粒形成期占全生育期的 50%，吸氮量占总吸收量的 80% 以上。拔节以后每日氮的吸收强度逐日增多，从大喇叭口期到籽粒形成期，即抽雄前 10 天到抽雄后 20 天的 1 个月左右时间内最大，这就是高产玉米重施大喇叭口肥的科学依据。

　　玉米不同生育时期吸收磷素的规律与氮素类似，但也有差异。从阶段吸收量来看，与氮吸收相似，玉米一生中有两个重要阶段吸磷最多，拔节至大喇叭口期（占总吸收量的 26.07%）和灌浆中期（占总吸收量的 35.87%），显然磷的后期吸收高峰比氮吸收推迟。抽雄前磷吸收的累积量占总吸收量的 36.98%，抽雄后占 63.02%，表明玉米前期吸磷量较少，后期吸磷量较多。每日吸收强度，拔节以后逐日增多，大喇叭口期达第一个吸收高峰，从籽粒建成期到灌浆中期出现第二高峰，且日吸收量最大。因此，为满足后期磷素需要，生产上灌浆期进行根外追肥有利于产量的提高。

　　玉米不同生育时期吸收钾素的规律与氮、磷有差异。从阶段吸收量来看，玉米一生中从拔节至大喇叭口期吸钾最多，占植株总吸收量的 71.62%，显著高于氮和磷在此期的吸收比例。到抽雄期，已吸收了钾总量的 86.54%。若施肥量少，至抽雄期，几乎吸收积累全部的钾素。钾素主要是在抽雄期以前(尤其在大喇叭口期)吸收的,后期吸钾很少。每日吸收强度,拔节以后逐渐增多,到大喇叭口期达最高点,以后下降,至灌浆末期不再吸收。根据此吸收特点,钾肥作基肥及早期(拔节)追肥施用效果较好。

(3)氮磷钾的丰缺对玉米的影响

玉米缺氮,叶片反应最明显,先从叶尖开始变黄,然后沿主脉向叶片基部扩展,呈"V"形黄化。一般老叶首先表现症状,然后向较嫩的叶片上发展。在缺氮初期如果及时补充氮素,可以消除缺氮症状,减少产量损失。若长期缺氮,植株生长缓慢、矮小、黄瘦,叶片变黄直至枯死,推迟甚至不能抽雄,雌穗发育不良,空瘪粒增多,导致空秆率提高,果穗变小而减产。氮肥施用过多,会使营养体过于繁茂,生殖器官发育不良,茎秆纤细,机械组织不发达,易倒伏,抗逆力降低,易受病虫侵害,常常造成贪青晚熟。

玉米缺磷,则根系发育不良,植株生长缓慢,叶片不舒展,茎秆细小,茎和叶带有红紫的暗绿色,从老叶尖端部分开始沿着叶缘处变成深绿而带紫色,严重时叶片变黄枯死,而后逐渐向幼嫩叶片发展。幼苗对磷十分敏感,苗期缺磷,根系发育受阻,幼苗生长缓慢,叶色变为红紫色。穗期缺磷,幼穗发育不良,花丝抽出延迟,易产生秃顶、缺粒,果穗粒行不整齐,甚至出现空秆。后期缺磷将导致成熟期延迟,产量和品质均下降。因此,生产上施用磷肥,作基肥或种肥效果最好,最迟也应作为早期追肥施用,这样才能使玉米的生长发育良好。磷素过多往往会抑制茎叶生长,产量降低,易诱发玉米缺锌、铁、镁等症状,间接影响玉米的生长发育。

玉米缺钾,幼苗发育缓慢,叶色呈淡绿色且带黄色条纹,称之为"金镶边"。老叶中的钾转移到新生组织中,首先表现缺钾症状,叶尖端和边缘发黄、焦枯,严重时似灼烧状,进而变褐,但靠近叶中脉的两侧仍保持绿色。严重缺钾时,植株生长矮小,机械组织不发达,易感茎腐病、易倒伏,根系生长不良,节间缩短,易早衰;果穗发育不良,秃顶严重,籽粒淀粉含量减少,千粒重下降。

(4)微量元素对玉米的生理作用

锌。玉米是对锌最敏感的大田作物之一。锌是玉米体内多种酶的组成成分,参与一系列的生理过程。无氧呼吸中乙醇脱氢酶需要锌激活,因而充足的锌对玉米耐涝性有一定作用。锌参与玉米体内生长素的形成，缺锌则生长素含量低，细胞壁不能伸长，植株节间缩短，生长减慢，植株矮化，生长期延长。

锰。锰在酶系统中的作用是一个激活剂，直接参与水的光解，促进糖类的同化和叶绿素的形成，影响光合作用。锰还参与硝态氮还原氨的作用，与氮素代谢有密切关系。

铜。铜是作物体内多种酶的组成成分，参与许多主要的代谢过程。铜与叶绿素形成有关，叶绿体中含有较多的铜。缺铜时，叶易失绿变黄。铜还参与蛋白质和糖类代谢。

钼。钼主要以二价阴离子（MoO_4^{2-}）的形式被吸收。钼是硝酸还原酶的组成成分，能促进硝态氮的同化作用，使作物吸收的硝态氮还原成氨，缺钼时这一过程受到抑制。钼被认为是植株中过量铜、硼、镍、锰和锌的解毒剂。

铁。铁是叶绿体的组成成分，玉米叶子中95％的铁存在于叶绿体中。铁不是叶绿素的成分，却参与叶绿素的形成，因此，铁是光合作用不可缺少的元素。铁还是细胞色素氧化酶、过氧化物酶和过氧化氢酶的成分，所以，铁与呼吸作用有关。

（5）玉米生长过程中，微量元素含量的变化

锌。在玉米一生中，全株、叶片、叶鞘和茎秆中锌的含量呈前期高、中期下降、后期又高的变化趋势。各器官中，以雌穗含锌量最高，其次为叶片和叶鞘。

锰。全株锰含量呈前期高、后期低的下降趋势。其中，叶片的变化分别在小喇叭口期和成熟期出现两次高峰。叶片和叶鞘的锰含量大于茎秆和雌穗，苞叶和穗轴中锰的含量高于籽粒。

铜。全株铜的含量与锰类似，呈前期高、后期低的下降趋势。叶片和茎秆中的含量大于叶鞘和雌穗，苞叶和穗轴中的含量高于籽粒。

钼。全株、叶鞘、茎秆钼的含量呈前期高、后期低的变化趋势。叶片中钼的含量最高，其次为茎秆和叶鞘，雌穗中的含量最低。

（6）微量元素丰缺的症状

锌。玉米缺锌症状分早期和后期两个阶段。幼苗期缺锌（出苗后10天左右）新生叶的叶脉间失绿，呈淡黄色或白色，叶片基部2/3处尤为明显，故称

"白苗病"；叶鞘呈紫色，幼苗基部变粗，植株变矮。中后期缺锌，表现叶脉间失绿，形成淡黄色和淡绿色相间条纹，严重时叶上出现棕褐色坏死斑，使抽雄、吐丝延迟，果穗秃顶或缺粒。一般在土壤含有机质少，pH值≥6.5，碳酸钙含量高的土壤上，或土壤湿度太大，地温低时，锌素供应不足，易出现缺锌症状。若锌肥施用过多，玉米会出现锌中毒，症状为叶片失绿，幼叶黄化，进而产生赤褐色斑点，严重时完全枯死。

锰。锰在植株体内运转速度很慢，一旦输送到某一部位，就不可能再转送到新的生长中心。因此，缺锰时，缺素症状首先出现在新叶上。缺锰现象多发生在pH值≥6.5的石灰性土壤或施石灰过多的酸性土壤中。玉米缺锰，幼叶叶脉间组织逐渐变黄，叶脉及其附近部分叶肉组织仍保持绿色，因而形成黄绿相间的条纹，且叶片弯曲下披。严重时，叶子出现白色条纹，中央变成棕色，进而枯死脱落。

铜。铜在植株体内以络合态存在，不易移动，玉米缺铜时，最先出现在最嫩叶片上，叶片刚长出就黄化。严重缺铜，植株矮小，嫩叶缺绿，老叶像缺钾一样出现边缘坏死，茎秆易弯曲。

钼。玉米种子播在缺钼土壤上，种子萌发慢，有的幼苗扭曲，在生长早期就可能死亡。植株缺钼，生长缓慢且矮小，叶尖干枯，叶片上出现黄褐色斑纹，老叶片叶脉间肿大，并向下卷曲，失绿变黄，类似缺氮，边缘焦枯向内卷曲。

铁。玉米缺铁时，幼叶失绿黄化，中下部叶片出现黄绿相间的条纹。严重缺铁，叶脉变黄，叶片变白，植株严重矮化。玉米缺铁现象比较少见，只有在土壤紧实、潮湿、通气差、pH值高或气候较冷的条件下才可能出现。

2. 玉米的合理施肥技术

(1)合理施肥的原则

合理施肥应采用配方施肥，做到减少肥料损失，提高肥料利用率；保持土壤内部养分收支平衡，实现农业的可持续发展；并能使玉米连续不断地得到所需要的营养，获得最佳经济效果或最高产量。全国农业技术推广服务中心，针对玉米施肥存在的问题，提出当前玉米高产高效施肥原则：

一是增施有机肥料，推广秸秆还田，提高土壤肥力。玉米是高产作物，对土壤肥力的供应特性有特殊要求。有机肥亩投入量一般不应低于 3 000kg。大力积造秸秆肥，提高秸秆还田的数量，推广秸秆快速腐熟生物发酵技术，在干旱和冷凉地区，积极推广秸秆覆盖和畜禽粪便堆沤或过腹还田。

二是稳定氮肥用量，合理调整施肥时期和方法，提高氮肥利用效率。春玉米要施好底肥，一般占 1/5～1/3，调控追肥用量，追肥应注重拔节肥、孕穗肥和粒肥。积极采用化肥深施技术。干旱及浇灌条件差的地区，还要根据土壤墒情确定追施时期。

三是调控磷肥用量，确定合理氮、磷比例。高产田适宜的磷肥（P_2O_5）用量为每亩 4～6kg，中产田为 4～5kg，低产田 3～4kg，春玉米磷肥一般作基肥施用，并强调深施、早施、适量。

四是全面增施钾肥。玉米种植区土壤缺钾面积不断扩大，仅施用有机肥和秸秆还田，不能满足玉米生长对钾的需要。高产田适宜的钾肥（K_2O）用量为每亩 4～8kg，中产田为 4～6kg，低产田为 3～5kg。

五是补施中、微量元素肥料。由于玉米品种的改进、耕作制度的改革、施肥结构及施肥数量的变化，土壤养分状况也发生了较大变化，中、微量元素的缺乏症状越来越明显，玉米缺锌症状已经大面积出现。因此，要重视中、微量元素特别是锌肥的施用，在玉米浸种、包衣及追肥或叶面喷施时配施微肥。

六是推广平衡施肥技术，施用玉米专用肥，提高肥料利用率，保证玉米高产稳产，降低生产成本，提高玉米生产效益。

（2）施肥量

影响肥料效应的因素，均影响计划施肥量的确定。目标产量分为最高潜在产量和最佳经济产量。最高潜在产量根据品种类型、地力条件、生产力水平确定；最佳经济产量是考虑成本投入与产出的经济效益时的最高产量。因此，有最高潜在产量施肥量和经济最佳施肥量之分。经济最佳施肥量是指单位面积获得最高施肥利润的施肥量，也叫最大利润施肥量。计划施肥量的确定步骤如下。

第一步，确定肥料利用率。肥料利用率也称为肥料吸收率，是指当季玉米从所施肥料中吸收的养分数量占肥料中该养分总量的百分数。它可以通过田间试验和室内化学分析结果按下式求出：

肥料利用率＝(施肥区玉米地上部该元素的吸收量－无肥区玉米地上部该元素的吸收量)÷所施肥料中该元素的总量×100％

肥料利用率高低与玉米品种、肥料种类、土壤性质、气候条件、农业技术措施及施肥技术等有密切关系。一般为有机肥料利用率低于化学肥料，薄土壤上的利用率高于肥地，集中分层施高于表面撒施，营养临界期和最大效率期施肥高于一般时期，施肥量越高，当季利用率越低。

第二步，确定计划产量。计划产量应根据土壤肥力确定。玉米产量与土壤肥力之间的关系，需要预先在不同土壤肥力条件下，设置肥料不同用量的多点试验，通过各点无肥区产量和最高产量或最经济产量的成对数据，建立以无肥区产量为自变量、以最高或最经济产量为函数的经验公式。而后可根据计划种植玉米的无肥区产量，计算出计划产量。

第三步，玉米计划产量计算出所需养分总量。试验和生产实践证明，玉米形成 100kg 经济产量需要的氮（N）、磷（P_2O_5）、钾（K_2O）大致分别为 2.57kg、0.86kg、2.14kg。

第四步，确定土壤供肥量。有两种方法可以确定土壤供肥量：一是以该种土壤上无肥区全收获物中养分的总量来表示土壤能够供应各种养分的数量。二是测定土壤有效养分，计算每亩 20cm 耕层土壤中的有效养分贮量，但由于有效养分并不都能被根系吸收，也需要确定玉米实际吸收量与土壤有效养分贮量之间的吸收分数即校正系数。

土壤供肥量＝土壤有效养分测定值×0.15×校正系数

公式中土壤供肥量单位取"千克/亩"；土壤有效养分测定值单位取"毫克/千克"。

第五步，计算计划施肥。计划施用量＝需要通过施肥补充的养分数量＋(该肥料某种养分含量×该肥料的利用率)。

(3)施肥时期

基肥。玉米一生所需养分，70％～80％由基肥供应。基肥应以有机肥料为主，速效肥料配合施用。这样有助于改善土壤结构，熟化耕层，为玉米根系发育创造良好的条件，同时还有利于土壤微生物的繁殖，分解释放养分，在玉米整个生育期中源源不断供应氮磷钾全肥，以满足玉米对养分的需要。

施用有机肥作基肥时，先与磷肥堆沤，施用前再掺合氮肥。氮磷混合施用，既可减少对磷素的固定，又由于以磷固氮，可减少氮素的挥发损失。基肥充足时，最好结合秋耕撒施入土，如肥料不足，可集中条施或穴施，一般条施效果较好，使肥料靠近根系而利于吸收利用。

穗肥。穗肥是在大喇叭口期结合孕穗水追施的一次速效性肥料。从玉米生长发育进程来看，这时正是玉米生长发育最旺盛的阶段，即雌穗和雄穗分化小穗小花盛期，对于施肥特别敏感，如追肥 1 小时后，即合成氨基酸，28 小时后植株内糖含量激增。攻施穗肥是确定果穗大小、籽粒多少的关键。这时肥水齐攻，既能满足穗分化对肥水的需要，又能提高中上部叶片的光合生产率，使运入果穗的养分多、促进粒多粒重。

粒肥。粒肥是指玉米雌穗花丝开始抽出、授粉前后的一次追肥。玉米从抽雄到成熟，还要从土壤中吸收氮磷总量的 40% 左右的养分。同时籽粒产量的 80% 是靠后期叶片制造的光合产物直接积累的。施入一定数量的粒肥，保证无机营养的充分供给，延长绿叶功能期，提高光合效率，增加光合产物积累，促进粒多、粒重，以获高产。

（三）玉米生长对光照的要求及合理密植

玉米的生物学产量（包括根、茎、叶和种子等），只有 5%～10% 的物质来自根部从土壤中吸收的养分，而 90%～95% 的物质来自叶部的光合作用的产物。试验证明，玉米植株遮阴 1/3，就能减产 11%～45%。因此，提高作物对光能利用的效率，是提高玉米产量的一个重要途径。玉米每亩产量，由每亩有效穗数、平均每穗粒数和千粒重构成。当亩穗数增加，穗粒数和千粒重必然下降。因此，稀植虽然有较高的个体生产力，但是单位面积上没有足够的穗数是不能增产的。反之，如果仅追求单位面积上穗数的增加，穗长缩短、茎秆变细，空秆率和倒伏率增加，穗粒数、千粒重会随密度加大而下降，也不能获得高产。

1. 玉米群体结构的特点

玉米单位面积上有效穗数在一定密植范围内，每亩有效穗数随密度加大而增多，但超过一定密度范围空秆率会增加，有效穗数反而减少，所以要求密度要合理。

单株生产力比较强,大大超过其他禾谷类作物。一般玉米单穗重 200g 左右,大的达 400g。在高产栽培条件下,合理密植,肥水跟上,可达到 500g。

玉米的果穗是肉穗花序,小穗、小花数目多,加之异花授粉的特点,结实率比较高,保证了在一定单位面积内有一定数量的粒数和粒重。一般情况下玉米穗的穗粒数 400~500 粒,多的可达 600~800 粒,甚至 1 000 多粒。

玉米是低光呼吸植物,它具有较低的 CO_2 补偿点,在 CO_2 浓度较低($5 \times 10^{-6} \sim 10 \times 10^{-6}$)的条件下,即可进行光合作用积累光合产物,通常称为 C4 作物。因此,理论上,玉米是高光效的高产作物。

综上所述,玉米单位面积上的株数、有效穗数、每穗粒数和粒重的变化幅度是很大的。这充分说明,高产抗病的品种,通过合理密植,提高玉米群体光能利用率,采用适宜的栽培方式,配合水肥和其他田间管理措施,可进一步发挥玉米增产潜力的可能性很大。

2. 玉米群体和个体不同叶位(层次)叶片的光合强度

从玉米群体看来,不同叶位(层次)叶片的光合强度是有差别的,对籽粒产量有明显的影响。以中层叶片光合强度为高,在中层叶片中,又以果穗叶位叶片光合强度为高,每小时每平方厘米所同化的 CO_2 量,由上至下穗位叶第 6 叶为 0.088mg,第 5 叶和第 7 叶分别为 0.080mg 和 0.079mg,占穗位叶的 90.0% 和 89.8%。越远离果穗叶的叶片,其光合强度也越小,呈现有规律性的变化,由上至下,第 5 叶到顶部第 1 叶或由第 7 叶到基部第 12 叶,其光合强度依次下降。在产量上与光合强度的表现是一致的,如果以果穗叶最高,距离果穗越远产量降低越多。

从玉米个体来看,单株玉米不同叶位叶片的光合强度对其籽粒产量的影响与群体是有差别的。个体叶位的层次顺序为中部叶位>下部叶位>上部叶位。而群体叶位的层次,光合强度对其籽粒产量的影响顺序为中部叶位>上部叶位>下部叶位。由此说明,在群体中,果穗以下的叶片仍具有较高的光合效能,只是由于在密度较高的群体之中,光照不足使下部叶片光合强度显著下降,影响籽粒产量。

3. 提高玉米群体的光能利用率

所谓光能利用率,一般是在光合产物中贮存的能量占光合有效辐射或占太阳总辐射能的百分比。据研究，玉米光能利用率为 $0.97\%\sim1.33\%$，如果把呼吸消耗的有机物以占生物产量的 40% 计算，则光能利用率为 $1.36\%\sim1.86\%$。由此可知，玉米对光能利用率是很低的。提高光能利用率对增加玉米单位面积的产量是十分必要的。

玉米群体的光能利用率比单株个体要高得多，这是因为群体总叶面积大，上层叶片接收的光能，有一部分反射到其他层次叶片上后还可以被利用。玉米群体光能利用率的大小，与群体的结构有密切关系。合理的群体结构，要求有适宜的叶面积系数、合理的叶片空间分布和叶片的角度。据各地栽培经验总结，玉米的适宜叶面积系数为 3 左右(叶面积系数是指单位土地面积上植物叶片总面积占土地面积的倍数)。玉米叶面积系数从 $2.1\sim3.24$，其经济产量是直线上升的，系数达 3.24 时产量最高，4 以上产量下降，叶面积系数为 5.01 时，其经济产量较最高产量下降 28.7%。叶面积系数并非一个常数，它与品种、施肥、密度、灌溉等因素都有密切的关系。生产中应按具体条件，控制群体叶面积的动态，以达到提高光能利用率的目的。

4. **影响玉米光合作用的因素**

影响玉米光合作用的因素有以下几方面。

(1)光照

在一定范围内(光补偿点和光饱和点之间)，光照强度与光合强度成正比。如果光强在光补偿点以下，光合强度下降，甚至停止生长。光质与玉米光合作用也有关，一般红光光合强度高，蓝紫光光合强度低。

(2)CO_2 浓度

一般在 CO_2 浓度较低的情况下，CO_2 浓度提高，光合强度也随之增强。达到 CO_2 饱和点时，光合强度不再增强，但在相当长的一段时间内也不会降低。当 CO_2 浓度增加到 $0.4\%\sim0.7\%$，光合强度下降。如果 CO_2 浓度在补偿点以下，玉米由于呼吸的消耗，入不敷出，将会饥饿死亡。

(3)温度

据研究，最适于光合作用的温度为 $30℃$ 左右。温度过低光合作用弱，合成干物质少，生长停滞。温度过高将会破坏叶绿体和原生质结构，使光合作用强度下降，也不利于玉米生长。

(4)水分

光合作用的重要原料之一就是水。每生产 30g 糖，需要 18g 水。水分缺乏使光合强度降低，水分对光合强度并非是直接作用，而是间接影响。这是因为缺水引起气孔关闭，CO_2 进入叶内受到限制，使光合强度下降；缺水使叶片淀粉水解加速，可溶性糖在体内积累，抑制光合作用，缺水严重时会使叶片萎蔫，缩小光合面积。

(5)矿物元素

氮与光合作用最密切，一般光合强度随施氮而增强。镁是叶绿素重要组成部分，叶片缺镁，必然影响光合作用。钾的含量与光合作用关系也很密切，当玉米叶片钾含量在 0.3～2mg/g(鲜重)的范围之内时，玉米光合强度随着含钾量的增加而增强。其他矿物元素，如锌、铁、磷都与光合作用有一定的关系。

(6)土壤 pH 值

据研究，土壤酸度对玉米光合作用有很大的效应。pH 值 4.0 的土壤，其光合生产率为 pH 值 7.0 土壤的 39.9%～76.1%。pH 值影响光合作用的重要原因是抑制叶绿素的合成。玉米在 pH 值 4.0 的土壤中比 pH 值 6.0 的土壤中，叶片叶绿素含量下降 9.3%～16.3%。同时，土壤 pH 值对玉米叶绿体形态也有一定的影响。叶绿素含量的下降和叶绿体形态的异常变化，都会影响光合作用。

5. 合理密植和种植方式

合理密植就是按照自然条件、生产条件、品种特性，在单位面积上种植适当的株数，使群体发育和个体发展的矛盾相协调，妥善地解决穗多、穗大、粒重三个因素间的矛盾。同时合理密植也是单位面积上获得适当绿色光合面积和根系吸收面积，以充分利用光能、水分和矿质营养，更多地制造和积累营养物质，进一步提高玉米单位面积的产量。

根据各地农民的经验和科研单位的试验，不同密度采用不同的种植方式。玉米的种植方式主要有以下几种。

(1)单株等行距种植

这种方式行距大于株距，其行距和株距因土壤肥力、品种、播种期的不同而改变。一般春播玉米行距 70cm 左右，夏播玉米 60cm 左右，株距则随密度而异。这种方式，植株在田间均匀分布，单株得到较大的营养面积，生育前期对于光照、温度、CO_2 等自然因素利用比较充分。但是，在密度较大的情况下，生育后期叶面积达到最大程度后，植株相互遮蔽，通风透光不良，光合效率降低，产量也很难进一步提高，所以在低肥、低密的情况下，采用该种植方式较为合适。

(2)大小行种植

这种方式行距加大，阳光能够直接照射到植株中部的叶片，提高了群体光合效率，为提高产量创造了条件。一般大行 80cm 左右，小行 50cm 左右，株距随密度改变。这种方式，通风透光，便于机械作业，还有利于间作套种，增加总产量。但是，如果大行过宽或小行过窄，就会造成漏光、遮阴，玉米单株营养面积分布不匀，从而使产量降低。因此在地肥、高密的情况下，应该采用大小行方式种植。

第四节　青贮玉米的品质构成及特点

一、青贮玉米品质评定与特点

通过品质评定，可以检验青贮技术是否合适，判断青贮料营养价值的高低。一般情况下，在青贮饲料制作完成后，经过一段时间的乳酸发酵，即可开窖取用。饲用之前或使用之中，应当正确地评定其营养价值和发酵质量。青贮品质评定可分为感官评定、理化评定、微生物评定、霉菌毒素评定和消化率评定等。感官评定只能表面评定青贮饲料发酵的优劣；对量化评定青贮饲料的品质，必须借助于理化评定、微生物评定、霉菌毒素评定和消化率评定等。感官评定主要应用于生产现场，其他评定需要在实验室内进行。

(一)感官评定

感官评定，主要是指在青贮设施现场，根据青贮饲料的颜色、气味、口味、质地、结构等指标，通过感官评定其品质好坏，这种方法简便、迅速，常应用于生产实践中。现场评定主要从色泽、酸味、气味、质地和结构5个方面评定，评定标准分为优良、中等、劣等3个等级(表2-2)。

表2-2 青贮饲料感官评定标准

等级	色泽	酸度	气味	质地	结构
优良	黄绿色、绿色、近于原色	酸味较多	芳香味	柔软稍湿润	茎叶易分离
中等	黄褐色或暗绿色	酸味中等或较少	芳香稍带酒精味或醋酸味	柔软稍干或水分稍多	茎叶分离困难
劣等	黑色或褐色	酸味很少或无	臭味	干燥或黏结成团	茎叶黏结一起

要现场鉴定青贮玉米的品质，必须采取正确的采样方法，才能使样品的茎叶比例、发酵水平、水分含量等在结构和质地等方面都具有代表性。取样时，先将取样部位表面约30cm的饲料除去，然后用锐利的刀切取约20cm的青贮饲料样品，切忌随意掏取。采样后马上把料填好，以免空气进入导致腐败。最好的办法是在调制过程中，将拌匀的具有代表性的原料装入若干个尼龙网袋或小布袋中，按原先设计的取样部位，在装填原料时将样品袋放置于青贮饲料中。这样取样时，只需将样品袋刨出即可。

1. 色泽

优质的青贮饲料非常接近于作物原色。若青贮前作物为绿色，青贮后仍为绿色或黄绿色为最佳。青贮器内原料发酵的温度是影响青贮饲料色泽的主要因素，温度越低，青贮饲料就越接近原色。对禾本科牧草，温度高于30℃，颜色变成深黄色；当温度为45～60℃，颜色近于棕色；超过60℃，由于糖分焦化颜色近乎黑色。一般来说，品质优良的青贮饲料颜色呈黄绿色或青绿色，中等的为黄褐色或暗绿色，劣等的为褐色或黑色(图2-13)。

图 2-13　劣质全株玉米青贮饲料

2. 气味

品质优良的青贮饲料通常具有轻微的酸味和水果香味，这是因为有乳酸的存在。若有刺鼻的酸味，则醋酸较多，品质较次。若有腐臭味或令人作呕的气味，说明产生了丁酸，品质为劣等，不宜饲喂家畜。有霉味则说明压得不实，空气进入引起霉变。若出现类似猪粪尿的气味，则说明蛋白质已大量分解。总之，芳香而喜闻者为优良，刺鼻者为中等，臭而难闻者为劣等。

3. 质地

优良的青贮饲料，在窖内压得非常紧实，但拿起时松散柔软，略湿润，不黏手，茎叶花保持原状，容易分离（图 2-14）。中等青贮饲料茎叶分离困难，质地柔软，水分稍多。劣等青贮饲料黏结成团，腐烂发黏，分不清原有结构。全株玉米青贮饲料中的玉米籽粒应大部分破碎，未见完整籽粒。

图 2-14　优质青贮饲料

71

（二）理化评定

青贮饲料的理化评定需要在实验室进行，以化学分析为主，测定指标包括干物质、pH 值、淀粉、纤维、粗蛋白、有机酸（乙酸、丙酸、丁酸、乳酸）的总量和构成比例等，以判断发酵情况。评估蛋白质破坏程度还需测定游离氨（氨态氮与总氮的比值）。实验室评定尽管是很准确的方法，但在生产实践中，普通养殖户因条件所限，测定指标往往不全面。在生产实践中，建议至少测定青贮饲料中的干物质含量和 pH 值，因为干物质含量关系到日粮的精确配比、玉米籽粒淀粉含量及全混合日粮中水的适宜添加量，而 pH 值则是反映青贮饲料是否发酵良好和稳定的指标。

1. 样品的采集

因青贮容器结构的不同、青贮制作过程操作的差异，青贮饲料在不同部位的质量存在一定的差别，为了准确评定青贮饲料的质量，所取的样品必须要有代表性。

样品的采集对青贮饲料品质评定具有决定性的作用。正确的采样方法是准确评定青贮品质的必要前提，应根据青贮容器的类型选择合理的采样方法。

常规的青贮窖取样一般采用 9 点取样法（图 2-15）。首先排除青贮料堆表层 30～45cm 的料层，然后将青贮料上下左右边层 30～50cm 排除，以规则的 9 点取样法取样，取样量不少于 2kg，然后用四分法获得代表性样品（图 2-16）。

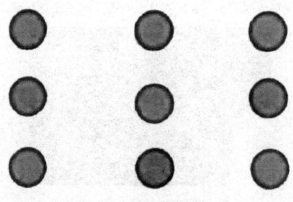

图 2-15　青贮窖 9 点取样法

图 2-16　青贮取样点

采样后应马上把青贮料填好并密封，以免空气混入导致青贮料腐败。采集的样品可立即进行质量评定，也可以置于塑料袋中密封，于冰箱中 4℃ 的温度下保存、待测。

2. 干物质

干物质是衡量青贮饲料品质最主要的指标，直接关系到青贮饲料中有效成分的含量，能够反映青贮饲料是否有养分损失，以及是否已在最适宜的时间收割和青贮等。全株玉米青贮饲料由干物质和水分组成。水分主要以游离水形式存在，有少量结合水和结晶水，结晶水一般很难除去。除去大部分游离水的饲料样本称为风干样本，除去全部游离水的饲料样本称为绝干物质样本。青贮饲料干物质测定方法有甲苯蒸馏法、直接干燥法和微波炉测定法等。以下重点介绍直接干燥法和微波炉测定法。直接干燥法适用于实验室测定，微波炉测定法适用于牧场或是缺少直接干燥法测定设备的农户或养殖企业。

(1)直接干燥法

①仪器设备。植物样品粉碎机、试验筛(孔径 0.42mm)、分析天平(感量 0.000 1g)、烘箱(温度可控制在 65～103℃，误差 ±2℃)、称量皿(玻璃质或铝质，直径 50mm，高 30mm)、干燥器(变色硅胶干燥剂)。

②样品制备。将采集的代表性样品用四分法缩减至约 300g(样品重量记为 W_1)，并盛放于天平托盘中称重(托盘重量记为 W_2)，置于 103℃ 烘箱中快

速烘干15分钟，而后立即放到65℃烘箱中，烘干5～6小时后取出，在室内空气中冷却1小时再称重（托盘和样品总重量记为W_3），即得风干样品。

风干样品干物质含量（%）＝$(W_3－W_1)/W_2×100\%$

将风干样品粉碎至40目，再用四分法缩减至100g，装入密封袋内，放在阴凉干燥处保存，以备测试。

③测定步骤。将称量皿洗净后在103℃烘箱中烘1小时后取出，在干燥器中冷却30分钟，称重并精确至0.000 2g，再烘干30分钟，冷却，称重，直至两次称重之差小于0.000 5g为恒重（此重量记为m_1）。

将已恒重的玻璃称量皿记录为m_1，称取两份平行试样，每份2g左右（此重量记为m_2，精确至0.000 2g）。在103℃烘箱中烘3小时（以温度达到103℃开始计时），取出放在干燥器中冷却至室温后称重。同样方法再烘干1小时，取出冷却后称重，直至两次称重之差小于0.002g（此重量记为m_3）。

④结果计算。原样品干物质含量（%）＝风干样品干物质含量（%）×$(m_3－m_1)/m_2×100\%$

（2）微波炉测定法

①仪器设备。微波炉（家用微波炉）、分析天平（精确至0.000 1g）。

②样品制备。将采集的代表性样品用四分法缩减至小于50g，即为试验样品。

③测定步骤。先称微波炉中玻璃托盘的重量，然后归零；再将样品均匀放置在玻璃托盘上称重（记为初始重量n_1）；接着将样品放置在微波炉中烘干，连续4次（表2-3）。

表2-3　微波炉干燥程序（秒）

烘干次数	第1次	第2次	第3次	第4次
时间	90	45	35	30

第4次烘干之后称重，然后将样品再次放置微波炉中烘干10～20秒，取出称重，如此重复一至多次，直至样品重量恒重（记为最终重量n_2）。

④结果计算。

干物质（%）＝$[1－(n_1－n_2)/n_1]×100\%$

⑤注意事项。一是样品重量少于 50g；二是微波炉使用最大火力；三是持续短时间间隔加热，间隔时间 10～20 秒，防止饲料自燃；四是样品应该均匀摊开，不能堆积，否则受热不均匀；五是每次取出称量时，不需要冷却；六是破碎玉米籽粒，以便能完全烘干；七是不要在微波炉中放置水，否则会降低测定样品的干物质含量；八是分析天平刻度精确至 0.000 1g。

（3）判定标准

如表 2-4 所示，全株玉米青贮原料干物质含量达到 35% 以上时，质量等级为一级；干物质含量在 28%～32% 为二级；干物质含量低于 28% 时为三级。

表 2-4　青贮原料干物质含量判定青贮质量标准（%）

等级	一级	二级	三级
干物质含量	>35	28～32	<28

3. pH 值

pH 值能够反映青贮饲料发酵的整体效果，是衡量青贮饲料品质好坏的重要指标之一，应对青贮饲料进行 pH 值测定（表 2-5）。低 pH 值反映青贮发酵效果好，高 pH 值可能由两个原因造成：一是原料干物质含量高于 35%。二是发酵不完全，如饲料原料碳水化合物含量过低、青贮时环境温度过低、密封不严及暴露于氧气环境下等。pH 值的测定方法主要有酸度计测定法和 pH 试纸比色测定法。实验室测定 pH 值，可用精密酸度计测定，生产现场可用精密石蕊试纸或广泛 pH 试纸测定。酸度计测定法测定结果较准确，但要求有仪器设备，而 pH 试纸法操作简单，成本低，但测定结果有一定偏差。

（1）测定方法

将采集的代表性样品用四分法缩减至约 20g，长度切碎至 5～10mm，置于组织捣碎机中，加入蒸馏水 180mL，捣碎、均质 1 分钟，用 4 层医用纱布包裹后用力榨取，得粗提液，再经定量滤纸过滤后得滤液，所得滤液供酸度计或 pH 试纸测定。

（2）判定标准

判定标准见表 2-5。

表 2-5 全株玉米青贮 pH 值判定青贮质量标准

等级	优等	良好	一般	劣等
pH 值	3.4～3.8	3.9～4.1	4.2～4.7	4.8 以上

4. 有机酸含量

有机酸总量及其构成可以反映青贮发酵过程的好坏及青贮品质的优劣，其中最重要的是乳酸、乙酸和丁酸，乳酸所占比例越大越好。优良的青贮饲料含有较多的乳酸和少量醋酸，而不含丁酸。品质差的青贮饲料含丁酸多而乳酸少。判定标准见表 2-6。

表 2-6 有机酸含量判定青贮质量标准（%）

等级	良好	中等	低劣
乳酸/DM	≥4.80	3.04～4.80	≤3.04
乙酸/DM	≤1.60	1.60～3.20	≥3.20
丙酸/DM	0.34～0.47	≥0.47	≤0.34
丁酸/DM	≤1.60	1.60～3.84	≥3.84

生产上经常测定的有机酸包括乳酸、乙酸、丙酸和丁酸等。发酵良好的青贮饲料中，乳酸含量应占总酸量的 60% 以上，并占青贮干物质的 3%～8%；乙酸含量占干物质的 1%～4%；丙酸含量 1.5%；丁酸含量应接近于 0。乳酸与乙酸的比例应高于 2∶1。

5. 氨态氮

氨态氮含量反映青贮饲料中蛋白质及氨基酸分解的程度，常用氨态氮与总氮的比值表示，比值越大，说明青贮饲料中蛋白质分解越多，青贮质量越不佳。氨态氮与总氮含量主要是采用凯式法测定。判定标准见表 2-7。

表 2-7 氨态氮与总氮比值判定青贮质量标准（%）

等级	良好	中等	低劣
氨态氮/总氮	≤10	10～18	≥18

发酵较好的青贮饲料，氨态氮与总氮的比值应在 5%～7%，但生产实践

中很难达到这个水平，生产上一般在 10％～15％。

6. 纤维

青贮饲料中的纤维包括半纤维素、纤维素、木质素，其中，半纤维素可部分被反刍动物消化利用，纤维素较难被消化利用，而木质素不能被消化利用。1967 年美国著名科学家 Van Soest 提出了洗涤纤维的概念，即通过中性洗涤剂和酸性洗涤剂将纤维分为中性洗涤纤维（含有半纤维素、纤维素、木质素及少量硅酸盐）、酸性洗涤纤维（含有纤维素、木质素及少量硅酸盐）、木质素和少量硅酸盐。良好的全株青贮玉米中中性洗涤纤维含量应为 36％～50％（DM 基础），酸性洗涤纤维含量为 18％～26％（DM 基础）。品质较好的青贮玉米中含有的中性洗涤纤维、酸性洗涤纤维应分别小于 45％和 20％（表 2-8）。

表 2-8　洗涤纤维含量判定青贮质量标准（％）

等级	一级	二级	三级	等外
中性洗涤纤维含量	≤45	45～50	50～55	＞55
酸性洗涤纤维含量	≤23	23～26	26～29	＞29

7. 淀粉

淀粉在瘤胃中被微生物发酵产生挥发性脂肪酸，并为微生物提供能量，吸收后的淀粉进入中间代谢过程；未被瘤胃发酵的淀粉则进入小肠被消化转变为葡萄糖为小肠吸收，而肠道后部的淀粉会被肠道微生物发酵产生少量挥发性脂肪酸。该复杂的消化代谢互作过程能明显影响反刍动物生产性能，饲料中淀粉含量的测定对研究反刍动物对碳水化合物营养代谢与调节具有重要意义。测定作物中淀粉含量的方法有国标法（GB/T 5009.9－2008，包括酸水解法和酶水解法）、还原糖法、比色法和旋光法等，而国标法最为常用。收贮较好的全株玉米青贮中淀粉含量在 25％以上，判定标准见表 2-9。由于全株青贮玉米中淀粉含量与植株上的玉米籽粒成熟度密切相关，因此淀粉含量也与青贮原料的干物质含量显著相关。

表 2-9　淀粉含量判定青贮质量标准（%）

等级	一级	二级	三级	等外
淀粉含量	≥25	20~25	15~20	<15

8. 粗蛋白

粗蛋白是青贮饲料的重要指标，粗蛋白含量越高，青贮饲料质量越好。粗蛋白测定方法采用凯氏法最为常见。判定标准见表 2-10。

表 2-10　粗蛋白含量判定青贮饲料质量标准（%）

等级	特级	一级	二级	三级
粗蛋白含量	8.2	7.0	6.2	5.4

（三）微生物毒素消化率及综合评定

影响青贮饲料品质除感官因素和理化因素外，还有青贮饲料中的微生物种类及其数量、有毒有害物质和青贮饲料的消化效率等因素，这些因素都是衡量青贮品质的关键因素，通过对这些因素的综合评定，能进一步对青贮饲料品质作更全面的评价。

1. 微生物评定

青贮饲料中的微生物种类及其数量是影响青贮品质的关键因素，在通过感官或其他简单评价方式无法判定青贮品质时，还可通过微生物法进行评定，微生物指标主要检测酵母菌、霉菌和芽孢杆菌等需氧菌的菌落数，通过其数量可以反映青贮的发酵稳定性(表 2-11)。检测方法有培养方式检测和非培养方式检测。培养方式检测指通过培养基分离培养及计数活菌的方法，这是传统的检测方法。非培养方式检测方法包括末端限制性片段长度多态性技术、变性梯度凝胶电泳、单链构象多态性和高通量测序等方法。

表 2-11　青贮饲料中微生物菌落的限量

菌种正常青贮中菌落数	限量值(cfu/g)
酵母菌	<100 000

续表

菌种正常青贮中菌落数	限量值(cfu/g)
霉菌	<100 000
芽孢杆菌	<100 000

2. 霉菌毒素评定

青贮过程中产生的有毒有害物质主要是霉菌毒素。研究发现，青贮饲料中霉菌毒素的主要种类为黄曲霉毒素、玉米赤霉烯酮和呕吐毒素。因此，青贮饲料中霉菌毒素评定的主要指标为黄曲霉毒素，其次为玉米赤霉烯酮和呕吐毒素(表 2-12)。

表 2-12　青贮饲料中霉菌毒素的限量

霉菌毒素种类	限量值(pg/L)
黄曲霉毒素	<20
玉米赤霉烯酮	<300
呕吐毒素	<6

3. 消化率评定

青贮玉米经过感官评定、理化评定、微生物评定和霉菌毒素评定后，还必须确定其消化率。青贮消化率的高低能够反映动物对青贮玉米养分的利用效率，能够很好地评价青贮的降解特性和营养价值。因此，全株玉米青贮的消化率评定，对青贮品质的判定及全株玉米青贮的推广都有重要指导意义。青贮饲料消化率评定方法主要有体内法、半体内法和体外法等。

4. 综合评定

对青贮饲料感官、发酵品质、营养成分、微生物数量和安全指标五个方面指标分别评分，规定总分 100 分，各指标评分占比：感官 15%、发酵品质30%、营养成分 45%、安全指标 10%。在对青贮饲料进行评价时，根据评估标准对五方面指标分别进行评分，再将各指标评分相结合进行综合评分，最后将综合评分按照评估等级划分标准判定质量等级，质量等级分别为优等、良好和劣质。

二、青贮玉米品质评定标准

一般的青贮只进行感官测定，如果在科研中进行更为详细精确的评定，需要在实验室进行。实验室评定以化学分析为主，包括测定 pH 值、有机酸（乙酸、丙酸、丁酸、乳酸）的总量和构成比例以判断发酵情况。评估蛋白质破坏程度还需测定游离氨(测定氨态氮与总氮的比值)。实验室评定尽管是很准确的方法，但在生产实践中因条件所限，普通养殖户一般不采用。因此，农业农村部制定了一个采用百分评分制综合评定青贮玉米秸秆的质量标准(表2-13)。

表 2-13　青贮玉米秸秆的质量评分等级

项目	pH 值	水分	气味	色泽	质地
总评分	25	20	25	20	10
优等	3.4(25), 3.5(23), 3.6(21), 3.7(21), 3.8(18)	70%(20), 71%(19), 72%(18), 73%(17), 74%(16), 75%(14)	甘酸香味 (18~25)	黄亮色 (14~20)	松散微软 不沾手
良好	3.9(17), 4.0(14), 4.1(10)	76%(13), 77%(12), 78%(11), 79%(10), 80%(8)	淡酸味 (7~9)	褐黄色 (8~13)	中间 (4~7)
一般	4.2(8), 4.3(7), 4.4(5), 4.5(4), 4.6(3), 4.7(1)	81%(7), 82%(6), 83%(5), 84%(3), 85%(1)	刺鼻酒酸味 (1~8)	中间 (1~7)	略带黏性 (1~3)
劣等	4.8(0)	85%以上(0)	腐败味 霉烂味(0)	暗褐色 (0)	发黏结块 (0)

注：括号内的数字为分值

优质青贮饲料颜色黄色、暗绿色、褐黄色，柔软多汁，表面无黏液，气味酸香，果酸或酒香味，适口性好。青贮饲料表层变质，如腐败、霉烂、发黏、结块的劣质青贮饲料，应及时取出废弃，以免引起家畜中毒。

第五节　青贮玉米的产量构成因素

产量和品质是评价青贮玉米品种的重要指标。肥料、水分和收获期管理等栽培措施对玉米产量和品质有着重要影响，对提高反刍动物的生产性能及改善农产品品质具有重要意义。法国等畜牧业发达国家在10多年前就充分利用玉米茎叶，培育出大批青贮饲料专用玉米品种，大规模推广和种植后取得了良好效果。目前，我国青贮玉米的产业化程度不是很高，在种植技术、机械化水平以及青贮玉米品种研发等方面也不完善。以下将从品种选择、环境条件和栽培措施等方面综述了影响青贮玉米产量的主要因素，以期为青贮玉米的生产提供参考。

一、品种选择对青贮玉米产量的影响

玉米品种不同其产量和营养价值也不同。因此，品种选择是提高玉米产量和品质的有效途径。由于青贮玉米种类多，要根据土壤气候条件选择适合当地播种的玉米品种。一是选择生物产量高的品种。何文铸等研究认为，可以通过株高、秸秆和籽粒产量进行直接选择，株型高大、叶片浓郁的品种具有单株优势，因而选择植株高大的品种更容易获得高产。通常来说，成熟期越长，产量越高。二是选择营养含量高的品种。水分含量65%～70%、干物质含量为30%～35%的青贮玉米有利于乳酸菌发酵，营养品质好。家畜可以很好地吸收干物质中的粗纤维并转化为自身营养物质，但当木质素增多时，不利于吸收利用。因此，应选择木质素含量低的品种，对提高青贮玉米产量和质量是有益的。三是选择抗倒伏能力强的品种。青贮玉米植株高大，在多风季节易倒伏，半纤维素含量低的青贮玉米品种更容易倒伏。青贮玉米倒伏情况在一定程度上影响产量，实际收获产量为收到青贮窖中的产量，玉米倒伏以后无法有效收割，导致青贮玉米产量下降。

二、环境条件对青贮玉米产量的影响

气候变化影响青贮玉米产量，因而青贮玉米的种植要根据当地气候条件来选择。全球气候变暖已成为当今世界重点关注的问题，受其影响导致降水量减少，无法满足青贮玉米生长发育过程中的水分需求。水分缺失给青贮玉米植株生长带来一定的影响，造成减产，因而要根据当地气候条件进行种植。

青贮玉米在生长发育过程中对温度要求也不一样，只有满足不同阶段所需温度，才能促进玉米的生长发育，从而获得较高的产量。玉米种子发芽最适温度为 25～35℃，苗期适温为 20～24℃，拔节至抽穗适温为 24～26℃，抽雄至授粉阶段日平均气温为 25～28℃，灌浆成熟时适宜温度为 22～24℃。低温会使玉米发生冻害，高温会抑制干物质的积累，均会降低青贮玉米产量。玉米是喜光短日照植物，在整个生育期内要求有强烈的光照，光照强度高有利于青贮玉米光合产物的积累，增加植株干物质产生，提高青贮玉米的产量。

三、栽培措施对青贮玉米产量的影响

(一)水肥管理

水分亏缺对牧草生态性状和生理活动的影响最终反映在产量影响上，其生长发育的不同时期发生水分胁迫时，对产量的影响机理是不同的。对不同灌溉水平条件下牧草的产量进行分析。青贮玉米生长发育的各个阶段，水分胁迫均会引起一系列的不良后果，其中最明显的影响是植株的大小、叶面积和作物产量下降。不同灌溉处理对青贮玉米产量的影响如图 2-17 所示。从图 2-17 中可知：Q1 对照处理产量最大为 4 332kg/亩，其次是苗期受旱(Q2)处理为 3 851kg/亩，减产率为 11.1%；苗期—拔节期受旱(Q5)处理产量最小为 2 547kg/亩，比对照处理减产 1 785kg/亩，减产率为 41.2%；拔节—抽雄期受旱(Q7)处理产量最小为 2 522kg/亩，比对照处理减产 1 809kg/亩，减产率为 41.7%；抽雄—收割受旱(Q8)处理产量为 3 070kg/亩，比对照处理减产 1 261kg/亩，减产率为 29.1%；不灌水(Q9)处理产量为 2 021kg/亩，比对照处理减产 2 311kg/亩，减产率最大为 53.4%。

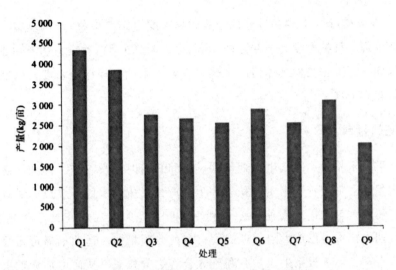

图 2-17　不同灌溉水平对青贮玉米产量的影响

通过以上分析可知：青贮玉米苗期受旱处理减产率最小为 11.1%，应进行灌溉补墒；进入拔节—抽雄期植株生长旺盛，是青贮玉米株体形成的重要时期，土壤水分供应充足，有利于植株健壮生长，积累更多的干物质，为后期的生殖生长奠定良好基础，该阶段受旱，减产率最大达到 41.7%，可见该阶段缺水对产量影响较大，为青贮玉米需水的关键期；抽雄—收割期，青贮玉米由营养生长向生殖生长过渡，叶面积指数和蒸腾均达到其一生中的最高值，生殖生长和体内新陈代谢旺盛，同时进入开花和授粉阶段，为青贮玉米生产效率最高期，该阶段受旱，减产率达到 29.1%。

水肥也是青贮玉米产量形成过程中不可或缺的关键性技术环节。梁志刚等研究发现，在高水高肥的情况下有利于提高穗长和穗粗，降低秃尖率，施用肥料可以提高水分利用率，满足青贮玉米在生育期内对水分的不同需求，从而提高青贮玉米的产量，为水肥一体化的丰产丰收提供技术支持。

（二）种植密度

适宜的种植密度是保障青贮玉米高产稳产的首要栽培技术。李永刚等研究发现，影响玉米单产的关键因素是种植密度。种植密度为 67 500 株/hm² 时，新饲玉 2 号的产量达到最高。路海东研究发现，陕单 310 的适宜种植密度为 55 500 株/hm²，科多 8 号的适宜种植密度为 67 500 株/hm² 左右。刘惠青研究发现，种植密度为 7.9 万株/hm² 时，吉饲 9 号鲜物质量和干物质量最高。因此，要根据当地具体情况来确定青贮玉米的合理种植密度，以确保可以获得较高产量。

（三）播种期

青贮玉米品种不同其生育期不同，田间栽培时间没有统一标准，播种期在一定程度上影响着干物质的积累和生物产量形成。因此，应选择适宜的播种期，使青贮玉米播种后能够充分利用温度、光照和水分资源等生态条件，在生育期内植株可以最大限度地提高自身的各项指标。适期早播可延缓青贮玉米生育期，促进根系生长，有利于光合产物的积累，从而增加青贮玉米的生物学产量。

（四）播种方式

与品种单播相比，品种混播优势明显。高洪雷等用东青 1 号玉米和中原单 32 玉米进行混播，其产量要高于单独种植 2 个品种，营养价值也有所提高。生产中常用大豆与青贮玉米进行间作套种，大豆的根瘤菌具有生物固氮作用，可以减少化学氮肥施用量，降低病虫害的发生概率，二者混播的技术简单，其产量和营养品质与单播相比都有所提高。

（五）施氮量

氮在青贮玉米的矿质元素中占有重要地位，单独施用钾肥和磷肥不能充分发挥肥效。氮、磷、钾肥配合施用可以明显提高青贮玉米的品质和产量，增加植株粗蛋白含量。在适当环境条件下，氮肥的施用有利于增加氮素利用率和养分积累，这将对作物营养器官的生长发育及自身代谢影响较大。合理施用氮素是实现青贮玉米高产稳产的关键。

（六）收获期

收获期是保障青贮玉米产量的关键时期。青贮玉米的最佳收获时间为乳熟期至蜡熟期，就是以干物质的含量和产量为依据来收获青贮玉米随着青贮玉米生育进程的加快，青贮玉米体内的营养成分不断地增加，在此期间收割的玉米积累了丰富的干物质，营养丰富，木质素含量低，易于被牲畜吸收和消化；而后植株及果穗的含水量会随青贮玉米的成熟而逐渐降低，青贮玉米全株鲜物质重下降。因此，适期收获可以获得营养丰富的绿色饲料，饲用价值较高。

第三章

青贮玉米遗传与
种质资源

第一节 青贮玉米性状的遗传性

在青贮玉米杂交育种工作中,准确地选择亲本自交系配制杂交组合,关系到育种效果和成败。当前,对青贮玉米的要求,不仅青物质产量要高,同时还要有一定的籽实产量,以提高其营养价值,这就给青贮玉米育种工作带来了一定的难度。

本节就 5 个青贮玉米 11 个性状的配合力及遗传力进行了研究分析,以便为青贮玉米育种提供理论依据。

选用性状上有明显差异的 5 个青贮玉米自交系:W_{22}、W_1、W_2、W_8、W_9。按 Griffing 完全双列杂交第 4 种方法配制成 10 个杂交组合。将各杂交组合按完全随机区组种植,单行区,重复 3 次,行长 8m,行株距 0.7m×0.2m。9 月初每小区除去边株随机取样 10 株,测青物质重、株高、茎粗、鲜穗重等 4 个性状。籽实成熟后,每小区随机取样 10 株进行室内考种,测单株重、穗长、穗粗、穗行数、行粒数、百粒重和粒深[(穗粗-轴粗)/2]等 7 个穗部性状。

所得数据按 Griffing 第 4 种设计方法处理。

一般配合力效应良 $\hat{g}i = \dfrac{1}{p(p-2)}(pxi - 2x\cdots)$

特殊配合力效应 $\hat{s}_{ij} = x_{ij} - \dfrac{1}{p-2}(x_1 \cdot + x_j \cdot) + \dfrac{2}{(p-1)(p-2)}x \cdot \cdot$

特殊配合力效应方差 $\hat{\delta}_{si}{}^2 = \dfrac{1}{p-1}\sum_{i\neq j}\hat{\delta}_{si}{}^2 - \dfrac{p-3}{p-2}\hat{\delta}^2$

广义遗传力 $\hat{h}_B{}^2(\%) = \hat{\delta}_G{}^2/\hat{\delta}_P{}^2$

狭义遗传力 $\hat{h}_N{}^2(\%) = \hat{\delta}_d{}^2/\hat{\delta}_P{}^2$

一、配合力分析

各性状的方差分析(表 3-1)表明,本试验模型Ⅰ的 F 值均达到极显著水准;模型Ⅱ的 F 值除茎粗不显著外,其余均达极显著水准,说明基因型间存在显著差异。配合力方差分析(表 3-2)进一步表明,各性状一般配合力均达到极显著水准。特殊配合力除茎粗达显著水准外,其他性状均达极显著水准,即具有明显的一般配合力和特殊配合力效应。

(一)一般配合力效应值分析

供试自交系各性状的一般配合力效应(表 3-3)估算结果表明,同一性状不同自交系间的一般配合力效应差异较大,而同一自交系不同性状的一般配合力效应也不同。

W_{22} 的两个产量性状(青物质重和单株粒重)都具有正向效应,除株高、穗长和百粒重为负向效应外,其他性状均为正向效应。以 W_{22} 作亲本培育青物质和籽实产量均高的青贮玉米组合,可能较为理想。

W_1 的青物质产量性状的一般配合力效应值最高(0.156 0),显著高于其他自交系,但其单株粒重的效应值却最低,株高、鲜穗重、穗行数、行粒数和穗粗为正向效应,其余为负向效应。因此,W_1 可作为选育提高青物质产量的理想亲本。

W_2 的青物质产量一般配合力效应虽为负效应,但很微弱,单株粒重的效应值却最高(15.302 0),极显著地高于其他自交系。株高、穗行数、穗粗和粒深等性状的一般配合力效应值均居参试自交系之首,其余 3 个性状为负向效应。

W_8 的青物质产量、株高、茎粗、穗长和百粒重的一般配合力为正向效应,其余均为负向效应。

W_9 只有株高、行粒数、穗长和百粒重 4 个性状的一般配合力为正向效应,其余均为负向效应。

以各性状一般配合力综合来看,W_{22}、W_1 和 W_2 可视为青贮玉米高产组合选育中较为理想的亲本自交系。

（二）特殊配合力效应值分析

特殊配合力是受非累加效应基因控制的，这些效应都是在一定环境条件下综合作用的表现，条件改变，基因效应也会相应地有所改变。分析结果表明（表 3-4），两亲本自交系一般配合力较好的组合，特殊配合力不一定强。例如，$W_2 \times W_{22}$ 组合亲本各性状一般配合力都较高，而多数性状的特殊配合力效应很低或负值。可以初步认为，双亲的非累加效应基因受到环境条件限制；有的两亲本自交系一般配合力都较低，而它们组合后的特殊配合力却较高，如 $W9 \times W8$。说明双亲的非累加效应在环境条件作用下得到了充分的体现。

就本试验而言，综合各性状特殊配合力比较高的组合分别是 $W_1 \times W_2$、$W_8 \times W_{22}$、$W_8 \times W_2$ 和 $W_1 \times W_{22}$；特殊配合力中等的组合有 $W_1 \times W_9$、$W_9 \times W_8$；特殊配合力较低的组合有 $W_1 \times W_8$、$W_9 \times W_{22}$、$W_9 \times W_2$ 和 $W_2 \times W_{22}$。总之，亲本性状的特殊配合力在不同组合间表现显著不同，这是在青贮玉米杂交育种时正确选择亲本的主要依据。

（三）特殊配合力效应方差

亲本自交系特殊配合力效应方差的大小，反映其在各杂交组合中性状遗传的整齐度。该值越大，性状表现出较大的不整齐性，由此选择具有突破性组合的概率越高。由表 3-5 看出，W_1、W_2 的青物质产量和籽实产量性状的特殊配合力效应方差都较大，用这两个自交系作为配制组合的亲本，有可能产生高产组合。W_{22} 的特殊配合力效应方差较低，说明该自交系在整齐地传递其高产能力、用它参与组配青贮玉米综合种是比较理想的。

表 3-1　各性状的方差分析

变异来源	性状											
	青物质重 (kg)	株高 (cm)	茎粗 (cm)	鲜穗重 (kg)	穗行数	行粒数	穗长 (cm)	穗粗 (cm)	粒深 (cm)	百粒重 (g)	单株粒重 (g)
组合	0.969 4	1 915.21	0.239 2	0.141 4	166.37	245.32	21.73	1.925 4	1.556 4	92.628 1	6 981.65
重复	0.004 1	271.75	0.153 4	0.005 9	2.25	43.06	6.81	0.127 2	0.166 2	2.950 1	1 206.77
重复×组合	0.204 9	346.79	0.150 3	0.036 4	2.53	39.14	4.17	0.152 7	0.167 6	4.712 3	1 443.4
机误	0.078 6	86.98	0.068 6	0.017 8	1.46	21.23	2.74	0.051 6	0.034 1	0.527 8	696.2
模型 I F	12.33**	22.02**	3.49**	7.94**	113.95**	11.56**	7.93**	37.31**	45.64**	175.5**	10.03**
模型 II F	4.73**	5.52**	1.59	3.88**	65.76**	6.27**	5.21**	12.61**	9.29**	19.66**	4.84**

注：* 达 0.05 显著水平，** 达 0.01 显著水平，下同。

表 3-2 各性状的配合力方差分析

变异来源	性状										
	青物质重(kg)	株高(cm)	茎粗(cm)	鲜穗重(kg)	穗行数	行粒数	穗长(cm)	穗粗(cm)	粒深(cm)	百粒重(g)	单株粒重(g)
一般配合力(gcca)	0.045 4	75.08	0.012 5	0.007 9	11.963 9	11.407 5	0.974 2	0.121 4	0.098 5	16.582 1	261.45
特殊配合力(sca)	0.027 5	67.66	0.006 1	0.003 0	0.416 0	5.593 1	0.667 0	0.018 2	0.013 8	5.251 7	209.64
机误 I	0.002 9	3.22	0.002 5	0.000 7	0.048 8	0.707 8	0.091 4	0.001 7	0.001 1	0.058 6	23.21
机误 II	0.007 6	12.84	0.005 6	0.001 3	0.084 5	1.304 6	0.139 0	0.005 1	0.005 6	0.523 6	48.11
模型 I F gca	15.66**	23.32**	5.00**	11.29**	245.16**	16.12**	8.69**	71.41**	89.55**	282.97**	11.26**
模型 I F sca	9.48**	21.01**	2.44*	4.29**	8.52**	7.90**	7.30**	10.71**	12.55**	89.62**	9.03**
模型 II F gca	5.97**	5.85*	2.23	6.08**	141.58**	8.74**	5.71**	23.80**	17.59**	31.67**	5.43**
模型 II F sca	3.62**	5.27**	1.09	2.31	4.92**	4.29**	4.80**	3.57*	2.46	10.03**	4.36**

表 3-3 各性状的一般配合力效应及差异显著性

亲本	性状											
	青物质重	株高	茎粗	鲜穗重	穗行数	行粒数	穗长	穗粗	粒深	百粒重	单株粒重
W₂₂	0.032 7	−8.342 0	0.100 7	0.055 3	0.642 7	0.904 7	−0.460 7	0.166 0	0.168 7	−1.276 7	0.778 7
W₁	0.156 0	0.018 0	−0.066 0	0.032 0	0.156 0	1.041 3	−0.257 3	0.036 0	−0.018 0	−2.756 7	−7.801 3
W₉	−0.187 93	3.684 7	−0.046 0	−0.078 0	−2.444 0	2.184 7	0.686 0	−0.237 3	−0.091 3	2.540 0	−1.081 3
W₈	0.006 0	0.561 3	0.007 3	−0.018 0	−1.200 7	−2.025 3	0.409 3	−0.177 3	−0.244 7	2.376 7	−7.198 0
W₂	−0.007 3	4.078 0	0.004 0	0.008 7	2.846 0	−2.105 3	−0.377 3	0.212 7	0.185 3	−0.883 3	15.302 0
LSD₀.₀₅	0.086 2	2.872 3	0.080 0	0.042 3	0.353 5	1.346 4	0.483 8	0.066 0	0.053 1	0.387 4	7.709 3
LSD₀.₀₁	0.113 4	3.780 9	0.105 3	0.055 7	0.465 4	1.772 3	0.636 9	0.086 9	0.069 9	0.509 9	10.148 0

93

表 3-4 各性状的特殊配合力效应及差异显著性

组合	青物质重	株高	茎粗	鲜穗重	穗行数	行粒数	穗长	穗粗	粒深	百粒重	单株粒重
W₁×W₂₂	0.068 3	6.735 0	0.04.33	0.021 7	−1.001 7	2.550 0	0.365 0	0.000 0	−0.051 7	1.548 3	3.601 7
W₁×W₂	0.158 3	5.615 0	0.040	0.583	0.335	−0.070 0	0.017	0.153 3	0.111 7	1.715 0	33.218 3
W₁×W₈	−0.245 0	−11.428 3	−0.123 3	−0.075 0	0.311 7	−2.320 0	−0.885 0	−0.176 7	−0.128 3	−3.465 0	−19.821 7
W₁×W₉	0.018 3	−0.921 7	0.040	−0.005 0	0.355 0	−0.160 0	0.518 3	0.022 3	0.068 3	0.201 7	5.501 7
W₉×W₂₂	−0.068 3	−5.301 7	−0.036 7	−0.018 3	0.468 3	−2.193 3	−0.848 3	0.003 3	−0.018 3	−0.638 3	−6.758 3
W₉×W₂	−0.083 3	−2.611 7	−0.040 0	−0.031 7	−0.465 0	1.946 7	0.458 3	−0.053 3	−0.145 0	−1.131 7	0.188 3
W₉×W₈	0.138 3	8.835 0	0.367	0.055 0	−0.358 3	0.406 7	−0.128 3	0.026 7	0.095	1.568 3	1.068 3
W₈×W₂₂	0.088 3	2.081 7	0.040 0	0.021 7	0.225 0	1.716 7	0.978 3	0.123 3	0.035 0	0.785 0	16.408 3
W₈×W₂	0.018 3	0.511 7	0.046 7	−0.001 7	−0.178 3	0.196 7	0.035	−0.026 7	−0.001 7	1.111 7	2.345 0
W₂×W₂₂	−0.888 3	−3.515 0	−0.046 7	−0.025 0	0.308 3	−2.073 3	−0.495 0	−0.126 7	0.035	−1.695 0	−13.218 3
LSD0.05 有共同亲本	0.121 9	4.062 1	0.113 2	0.059 9	0.500 0	1.904 1	0.684 2	0.093 3	0.075 1	0.547 9	10.902 7
LSD0.05 无共同亲本	0.086 2	2.872 3	0.080	0.042 3	0.353 5	1.346 4	0.483 8	0.066 0	0.053 1	0.387 4	7.709 3
LSD0.01 有共同亲本	0.160 4	5.347 0	0.149 0	0.078 8	0.658 1	2.506 4	0.900 7	0.122 8	0.098 8	0.721 2	14.351 4
LSD0.01 无共同亲本	0.113 4	3.780 9	0.105 3	0.055 7	0.465	1.772 9	0.636 9	0.086 9	0.069 9	0.059 9	10.148 0

表 3-5　特殊配合力效应方差

性状	亲本				
	W_{22}	W_1	W_9	W_8	W_2
青物质重	0.006 4	0.082 1	0.008 7	0.027 2	0.011 8
株高	27.904 7	67.300 4	35.797 7	68.938 6	14.841 2
茎粗	0.000 6	0.005 1	0.000 3	0.005 1	0.000 8
鲜穗重	0.000 1	0.002 7	0.001 0	0.002 5	0.001 2
穗行数	0.423 6	0.413 8	0.197 5	0.070 2	0.119 3
行粒数	5.714 3	3.499 9	2.458 5	2.372 6	2.238 7
穗长	0.624 1	0.334 1	0.099 1	0.525 1	0.091 2
穗粗	0.009 3	0.017 3	0.000 3	0.014 9	0.013 3
粒深	0.001 1	0.011 4	0.011 0	0.008 2	0.010 9
百粒重	2.058 9	5.756 0	1.357 0	5.400 2	2.737 9
单株粒重	152.063 1	497.727 6	10.235 6	207.453 0	412.433 4

二、遗传力分析

估算青贮玉米自交系 11 个性状的广义遗传力和狭义遗传力（表 3-6）。所得结果表明，百粒重、穗行数、粒深和穗粗的广义遗传力在 60% 以上，说明这些性状的遗传变异部分占主要地位。其他性状的遗传力均在 40% 以下，表明环境条件对它们的影响较大。狭义遗传力是加性遗传变异对表型总变异的比值。茎粗、粒深、穗粗、穗行数、鲜穗重和百粒重的狭义遗传力占广义遗传力的比值较大，即加性遗传变异对非加性遗传变异是主要的。其余性状则是非加性遗传变异占主要地位。从选择自交系的角度来讲，对穗行数、穗粗、粒深等性状通过表型选择较为有效。虽然茎粗性状的加性遗传变异占绝对主导地位，但受环境的影响非常大。

表 3-6　各性状的遗传力

性状	广义遗传力($h^2B\%$)	狭义遗传力($h^2N\%$)
青物质重	28.80	10.78
株高	40.73	3.37
茎粗	6.54	5.86
鲜穗重	21.93	14.47
穗行数	84.58	81.09
行粒数	27.77	13.19
穗长	18.27	2.53
穗粗	61.35	51.54
粒深	65.49	57.91
百粒重	95.88	58.97
单株粒重	21.97	3.87

$W_1 \times W_2$、$W_8 \times W_{22}$、$W_8 \times W_2$ 和 $W_1 \times W_{22}$ 的特殊配合力较高,同时青物质产量和籽实产量也高,是高产的青贮玉米杂交组合。

从两种配合力分析可以看出,同一性状不同亲本自交系间存在互补作用。如 $W_1 \times W_2$,母本 W_1 的青物质重和父本的单株粒重的一般配合力最高;而 W_1 的单株粒重和 W_2 的青物质重一般配合力较低。但它们组配杂交组合的这两个性状特殊配合力均居所有组合之首。

在选育高产青贮玉米杂交组合时,亲本自交系中至少有一个必须具有较高的一般配合力,才有可能获得较为理想的杂交组合。

W_{22} 的各性状一般配合力效应较高,说明以基因控制的加性效应为主,同时易于稳定地传递给后代。作为培育青贮玉米高产综合种的亲本自交系较为适宜。

W_1 的青物质性状的一般配合力最高,特殊配合力效应方差也最高,单株粒重的一般配合力最低,但特殊配合力方差最高。

W_2 的青物质性状一般配合力为负值,单株粒重一般配合力最高,但这两个性状的特殊配合力效应方差均较高。因此 W_1 和 W_2 这两个自交系都可以认为是能组配突出杂交组合的材料。

　　估算的 11 个性状广义遗传力的大小次序排列为：百粒重＞穗行数＞粒深＞穗粗＞穗高＞青物质重＞行粒数＞单株粒重＞鲜穗重＞穗长＞茎粗。狭义遗传力的大小次序为：穗行数＞百粒重＞粒深＞穗粗＞鲜穗重＞行数＞青物质重＞茎粗＞单株粒重＞株高＞穗长。

第二节　青贮玉米性状的相关性

　　优质高产青贮玉米新品种是供给畜牧业发展所需优质饲草料的核心和源头，随着畜牧业的快速发展，特别是牛羊养殖业的发展，优质青贮玉米需求量增大，优质青贮玉米品种已成为生产急需。选育优质专用青贮玉米品种，对提高青贮玉米产量，改善品质，促进畜牧业发展有重要意义。农艺性状与品质性状间存在着一定的相关关系，可通过对农艺性状的选择间接对品质性状进行选择。Hallauer 和王元东等研究表明，青贮玉米纤维素与木质素的含量通常与农艺性状密切相关。纤维素和木质素含量低的植物更容易受到虫害。青贮玉米籽粒与茎秆的比值对青贮玉米的干物质产量和营养品质有一定影响。在不同类型的青贮玉米研究方面，分蘖玉米比不分蘖玉米具有更高的整株干物质产量。这种优势在种植密度低的情况下更明显。加拿大学者认为分蘖型玉米杂交种，青贮饲料品种含有大量的可消化蛋白质。分蘖类型的玉米干物质生产潜力很大，每公顷能生产更多可消化的营养物质，具有较高的青贮饲料利用价值。本文以新疆农业科学院选育的青贮玉米品种为例加以说明，通过田间农艺性状调查，全株品质性状测定，分析青贮玉米品质性状与农艺性状的相关性。16 个不同类型青贮玉米品种品质性状与农艺性状进行相关性分析，探明各性状的相关程度，为优良青贮玉米产量与品质协调选育提供较可靠的理论依据。

一、试验设计

　　试验选用自育的 16 个不同类型青贮玉米品种为试验材料，对照为新饲玉

1号，列出参试品种名称(表3-7)。

表 3-7 参试青贮玉米品种名称和类型

品种名称	类型	品种	类型
GLDF2	单秆型	(CK)	单秆型
GLDF5	单秆型	XQ1	分蘖型
DF16	单秆型	XQ2	分蘖型
CD15	单秆型	XQ3	分蘖型
CD23	单秆型	XQ4	分蘖型
RD1	单秆型	XD3	分蘖型
RD2	单秆型	XD4	分蘖型
XQ5	单秆型	XD5	分蘖型

试验采取随机区组排列，5 行区，行长 5m，行距 0.6m，小区面积 15m²，重复 3 次，密度 4 444 株/亩，收获中间 3 行实测生物产量，收获面积 9m²。观察记录出苗—吐丝天数；测定株高、茎粗、分蘖高、分蘖茎粗、株数、穗数、分蘖数、绿叶数，随机取 10 株测全株生物产量、果穗重、苞叶重、茎秆重、叶片重等性状。测定干物质、粗蛋白、粗脂肪、粗淀粉、可溶性总糖、粗纤维、中性洗涤纤维、酸性洗涤纤维。

采用 DPS 数据分析软件进行试验数据处理与统计分析。

二、不同类型青贮玉米品质差异

为便于比较不同类型青贮玉米品种间的品质差异，将单秆和分蘖两种类型品种进行百分数比较，研究表明，分蘖型青贮玉米品种品质性状普遍优于单秆型品种，其中粗脂肪、粗淀粉含量显著高于单秆型，而粗纤维、中性洗涤纤维和酸性洗涤纤维含量低于单秆型。其中分蘖型青贮玉米粗脂肪含量 1.90%，较单秆型青贮玉米高 38.81%，粗淀粉含量 32.68%，较单秆型高 37.19%。中性洗涤纤维含量 49.29%，较单秆型青贮玉米低 4.62%，酸性洗涤纤维含量 30.99%，较单秆型青贮玉米低 4.75%(表3-8)。

表 3-8　单秆型青贮玉米与分蘖型青贮玉米品质差异比较

品种类型	干物质	粗蛋白	粗脂肪	粗淀粉	水分	可溶性总糖	粗纤维	中性洗涤纤维	酸性洗涤纤维
单秆型	31.04	9.25	1.37	23.82	8.81	8.79	25.07	51.67	32.53
分蘖型	31.96	9.33	1.90	32.68	8.53	6.07	24.97	49.29	30.99
分蘖型比单秆增减	2.97	0.82	38.81	37.19	−3.17	−30.96	−0.41	−4.62	−4.75

三、品质性状与主要农艺性状的相关性

对品质性状与主要农艺性状及产量进行相关分析，结果表明，粗脂肪含量与分蘖数呈极显著正相关（$r=0.7441^{**}$），与分蘖高、穗数呈显著正相关（$r=0.6785^{*}$、$r=0.5914^{*}$）；与分蘖茎粗、分蘖穗位高、主茎穗位高等性状均呈正相关；与果穗重呈极显著负相关（$r=-0.7355^{**}$），与苞叶重呈显著负相关（$r=-0.6011^{*}$）；粗蛋白含量与叶片重呈显著负相关（$r=-0.6373^{*}$）；粗淀粉含量与分蘖高、分蘖穗位高、穗数呈极显著正相关（$r=0.8605^{**}$、$r=0.8097^{**}$、$r=0.7213^{**}$）；与分蘖茎粗、分蘖数呈显著正相关（$r=0.6828^{*}$、$r=0.6449^{*}$）；与产量、茎粗呈极显著负相关（$r=-0.8434^{**}$、-0.7109^{**}）；淀粉与株数、茎秆重呈显著负相关（$r=-0.6039^{*}$、-0.5687^{*}）；与其他性状相关性不显著；粗纤维含量与茎秆重、叶片重呈极显著正相关（$r=0.6740^{**}$、$r=0.6009^{**}$）；中性洗涤纤维与茎秆重呈极显著正相关（$r=0.8358^{**}$），与叶片重、茎粗、出苗—吐丝天数呈显著正相关（$r=0.6624^{*}$、$r=0.6570^{*}$、$r=0.6407^{*}$）；酸性洗涤纤维与茎秆重呈极显著正相关（$r=0.8050^{**}$），与叶片重、茎粗呈显著正相关（$r=0.5954^{*}$、$r=0.5670^{*}$）。

通过对 16 个不同青贮玉米品种的 16 个农艺性状和 9 个品质性状的相关性分析，结果表明，分蘖型青贮玉米品质显著优于单秆型青贮玉米，其粗脂肪、粗淀粉含量显著高于单秆型青贮玉米，粗纤维、中性洗涤纤维和酸性洗涤纤维含量显著低于单秆型青贮玉米品种。因此，对品质性状进行间接选择

时,应重视分蘖多穗材料的选择,综合其他性状,协调产量和品质的关系。相对而言,分蘖型青贮玉米干物质含量较高,比单秆型高 2.97%。在青贮玉米育种中,如果只注重产量的提高,则会以牺牲品质为代价,因此,在进行青贮玉米品质育种时,必须协调产量与干物质含量的关系,注重对分蘖特性的选择(见表 3-9)。

分蘖型青贮玉米品种品质性状普遍优于单秆型品种,其中分蘖型青贮玉米平均粗脂肪含量为 1.90%,较单秆型青贮玉米高 38.81%,粗淀粉含量 32.68%,较单秆型高 37.19%,中性洗涤纤维含量 49.29%,较单秆型青贮玉米低 4.62%,酸性洗涤纤维含量 30.99%,较单秆型青贮玉米低 4.75%。

粗脂肪含量与分蘖数呈极显著正相关($r = 0.744\ 1^{**}$),与分蘖高、穗数呈显著正相关($r = 0.678\ 5^*$、$r = 0.591\ 4^*$);与果穗重呈极显著负相关($r = -0.735\ 5^{**}$),与苞叶重呈显著负相关($r = -0.601\ 1^*$)。

粗蛋白含量与叶片重呈显著负相关($r = -0.637\ 3^*$)。

粗淀粉含量与分蘖高、分蘖穗位高、穗数呈极显著正相关($r = 0.860\ 5^{**}$、$r = 0.809\ 7^{**}$、$r = 0.721\ 3^{**}$),与分蘖茎粗、分蘖数呈显著正相关($r = 0.682\ 8^*$、$r = 0.644\ 9^*$);与产量、茎粗呈极显著负相关($r = -0.843\ 4^{**}$、$-0.710\ 9^{**}$);与株数、茎秆重呈显著负相关($r = -0.603\ 9^*$、$-0.568\ 7^*$)。

粗纤维含量与茎秆重、叶片重呈极显著正相关($r = 0.674\ 0^{**}$、$r = 0.600\ 9^{**}$);中性洗涤纤维与茎秆重呈极显著正相关($r = 0.835\ 8^{**}$),与叶片重、茎粗、出苗-吐丝天数呈显著正相关($r = 0.662\ 4^*$、$r = 0.657\ 0^*$、$r = 0.640\ 7^*$);酸性洗涤纤维与茎秆重呈极显著正相关($r = 0.805\ 0^{**}$),与叶片重、茎粗呈显著正相关($r = 0.595\ 4^*$、$r = 0.567\ 0^*$)。

详见 3-9。

表 3-9　青贮玉米品质性状与主要农艺性状的相关性

项目	出苗-吐丝天数	株高	茎粗	分蘖高	分蘖茎粗	株数	分蘖数	穗数	果穗重	叶片重	茎秆重	苞叶重	产量
干物质	0.298 5	0.367 7	-0.115	0.222	0.316 3	0.021 2	0.523 3	0.102 6	-0.432	0.028	-0.167	-0.128	-0.05
粗蛋白	-0.449	-0.19	-0.001	-0.223	-0.384	-0.369	-0.317	-0.201	0.013 6	-0.637 3*	-0.344	-0.188	-0.092
粗脂肪	-0.079	-0.049	-0.395	0.678 5*	0.501 5	-0.248	0.744 1**	0.591 4*	-0.735 5**	-0.534	-0.5	-0.601 1*	-0.374
可溶性总糖	0.521 4	0.112 8	0.152 6	-0.201	0.279 2	0.400 9	0.283 9	-0.14	-0.049	0.504 5	0.344 7	0.532 8	0.285
粗淀粉	-0.369	-0.492	-0.710 9**	0.860 5*	0.682 8*	-0.603 9*	0.644 9*	0.721 3**	-0.314	-0.505	-0.568 7*	-0.277	-0.843 4**
粗纤维	0.338 8	-0.106	0.383 4	-0.148	-0.166	0.135 5	-0.401	-0.077	0.314 8	0.600 9*	0.674 0*	0.300 9	0.124
中性洗涤纤维	0.640 7*	0.370 7	0.657 0*	-0.383	-0.373	0.136 5	-0.358	-0.435	0.107 3	0.662 4*	0.835 8**	0.114 5	0.479 1
酸性洗涤纤维	0.479 1	0.249 7	0.567 0*	-0.363	-0.371	-0.008	-0.491	-0.374	0.181 9	0.595 4*	0.805 0**	0.105 5	0.270 7

注：$r(11,1,0.05)=0.552\ 94$，$r(11,1,0.01)=0.683\ 528$

第三节　青贮玉米种质资源

"强品质、增能量、降风险"是青贮玉米种、养、加协同发展的方向，也是品种选择的方向。

一、青贮玉米品种资源

（一）东青1号

品种来源：东北农业大学农学院。2004年由黑龙江省农作物品种审定委员会审定推广。

特征特性：青贮玉米品种。幼苗芽鞘紫色，叶色中绿，植株整齐度好，花药浅紫色，花丝绿色。成株株高320cm，穗位140cm。果穗锥形，穗长27cm，穗粗4cm。粒行数16行，茎粗2.7cm，籽粒黄色，百粒重36g。籽粒粗蛋白质含量9.69%～10.41%，可溶性总糖（干基）含量6.02%～7.95%，粗纤维（干基）含量16.83%～24.69%，水分含量70.8%～75.73%。出苗至青贮收获期为(乳熟末期至蜡熟初期120天左右，需活动积温2 500℃。在接种条件下，大斑病2级，丝黑穗发病率17.6%～19.8%。

产量表现：区域试验平均生物产量78 946.4kg/hm²，比对照品种中原单32号增产18.2%。2003年生产试验平均产量65214.5kg/hm²，比对照品种中原单32号增产13%。

栽培要点：4月中下旬播种，6～7片叶定苗，保苗5.7万株/hm²。中等以上肥力地块，秋翻秋起垄，基肥以有机肥为主，10～15t/hm²，同时施种肥磷酸二铵225kg/hm²，硫酸钾复合肥225kg/hm²，在拔节期追施尿素300kg/公顷。

适应区域：黑龙江省第二积温带。

（二）龙青1号

品种来源：黑龙江省农业科学院玉米研究中心。2004年由黑龙江省农作物品种审定委员会审定推广。

特征特性：青贮玉米品种。幼苗第一叶鞘紫色，抽丝后全株叶片共 18 片，深绿色，花丝绿色，雄穗一级侧枝数较多，茎为绿色。成株株高 325cm，穗位 145cm。果穗圆柱形，穗长 27.5cm，穗粗 5.2cm。粒行数 16 行，茎粗 3.0cm，籽粒黄色，百粒重 38g。籽粒粗蛋白质含量 7.78%～8.19%，可溶性总糖（干基）含量 8.74%～12.07%，粗纤维（干基）含量 18.43%～20.02%，水分含量 68.74%～73.8%。出苗至青贮收获期为（乳熟末期至蜡熟初期）116 天左右，需活动积温 2 550℃。在接种条件下，大斑病 2 级，丝黑穗病发病率 6.1%～9.6%。

产量表现：区域试验平均产量 75 625.1kg/km²，比对照品种中原单 32 号增产 18.9%。2003 年生产试验平均产量 69 279.4kg/hm²，比对照品种中原单 32 号增产 15.0%。

栽培要点：4 月中下旬播种，保苗 6 万株/hm²。中等以上肥力地块，秋翻秋起垄，基肥以有机肥为主，10～15t/hm²，同时施种肥磷酸二铵 300kg/hm²，硫酸钾复合肥 40kg/hm²，在拔节期追施尿素 300kg/hm²。

适应区域：黑龙江省第二积温带。

（三）黑饲 1 号

品种来源：黑龙江省农业科学院玉米研究中心。2004 年由黑龙江省农作物品种审定委员会审定推广。

特征特性：青贮玉米品种。苗期至拔节期生长快，叶色深绿，花丝红色，株形紧凑。成株株高 300～320cm，穗位 130cm。果穗锥形，穗长 26～28cm，穗粗 5.2cm。粒行数 18～20 行，叶色中绿，茎粗 2.8～3.2cm，百粒重 38g，籽粒黄色，马齿型，容重每升 735g。籽粒粗蛋白质含量 7.82%～11.11%，可溶性总糖（干基）含量 8.12%，粗纤维（干基）含量 18.62%，水分含量 69.1%。出苗至青贮收获期为（乳熟末期至蜡熟初期）110～120 天，需活动积温 2 400～2 500℃。在接种条件下，大斑病 2～3 级，丝黑穗病发病率 6.3%～25.7%。

产量表现：区域试验平均生物产量 89 487.1kg/hm²，比对照品种中原单

32 号增产 20.1％。2003 年生产试验平均生物产量 87 771.1kg/hm²，比对照品种中原单 32 号增产 22.3％。

栽培要点：4 月中下旬至 5 月初播种，保苗 5.0 万～6.0 万株/hm²。该品种喜肥水，中等以上肥力地块，秋翻秋起垄。基肥以有机肥为主，施 10～15t/hm²，同时施种肥磷酸二铵 300～375kg/hm²，硫酸钾复合肥 60～70kg/hm²，在拔节期追施尿素 300kg/hm²。

适应区域：黑龙江省第一积温带和第二积温带。

（四）阳光 1 号

品种来源：哈尔滨阳光农作物研究所。2004 年由黑龙江省农作物品种审定委员会审定推广。

特征特性：青贮玉米品种。幼苗出苗快，基部叶鞘边缘紫红色，叶色中绿，株形较紧凑。成株株高 310～350cm，穗位 120～140cm。果穗长筒形，穗长 22～25cm，穗粗 4.6～5.0cm。粒行数 12～14 行，叶色中绿，茎粗 2.7cm，百粒重 35～40g。籽粒黄色，马齿型，容重每升 690～740g。籽粒粗蛋白质含量 7.06％，可溶性总糖（干基）含量 8.23％，粗纤维（干基）含量 25.54％，水分含量 68.2％。出苗至青贮收获期为（乳熟末期至蜡熟初期）105～110 天，需活动积温 2 350～2 400℃。在接种条件下，大斑病 2 级，丝黑穗病发病率 3.2％～16％。

产量表现：区域试验平均生物产量 71 182.0kg/hm²，比对照品种中原单 32 号增产 10.7％。2003 年生产试验平均生物产量 78 512.7kg/hm²，比对照品种中原单 32 号增产 6.0％。

栽培要点：4 月下旬至 5 月上旬播种，6～7 片叶定苗，保苗 6 万株/hm²。中等以上肥力地块，秋翻秋起垄，基肥以有机肥为主，15～20t/hm²，同时施种肥磷酸二铵 250kg/hm²，硫酸钾复合肥 100kg/hm²，在拔节期追施尿素 300kg/hm²。

适应区域：黑龙江省第二积温带下限和第三积温带。

（五）中东青 1 号

品种来源：中国农业科学院作物育种研究所、东北农业大学农学院。

2005 年由黑龙江省农作物品种审定委员会审定推广。

特征特性：出苗能力较强，幼苗健壮，幼苗芽鞘紫色。叶色中绿，可见叶 16 片，绿叶数 14 片，株形繁茂。花药浅紫色，花丝紫色，雄穗发达。株高 345cm，穗位高 178cm 左右，茎粗 2.7cm。粒行数 16～18 行，穗轴粉色，果穗圆柱形，籽粒黄色，中硬粒型。籽粒蜡熟初期全株含水量 73.39%～77.17%，含糖量 29.71%～10.86%，粗蛋白质含量 5.74%～10.15%，粗纤维含量 21.40%～28.2%。在适宜地区出苗至成熟初期 126 天左右，需活动积温 2 750℃左右。在接种条件下，大斑病 2～3 级，丝黑穗病发病率 19.8%～20.0%。耐茎腐和瘤黑粉病，抗逆性较强，不倒伏。

产量表现：区域试验平均生物产量 94 836.8kg/hm²，比对照品种中原单 32 号增产 61.3%。2003 年生产试验平均生物产量 92 375.4kg/hm²，比对照品种辽源 1 号增产 28.4%。

栽培要点：播种期为 4 月 20 日至 5 月 5 日，保苗 5.7 万株/hm² 左右。应选用中等以上肥力地块，穴播或机械点播，基肥以有机肥为主，10～15t/hm²，同时施入磷酸二铵 225kg/hm²，尿素 150kg/hm²，钾肥 225kg/hm²，拔节期追施尿素 300kg/hm²。最佳采收获期为乳熟末期至蜡熟初期。

适应区域：黑龙江省第一积温带上限。

（六）金玉 7 号

品种来源：黑龙江省久龙种业有限公司。2005 年由黑龙江省农作物品种审定委员会审定推广。

特征特性：幼苗早发性好，幼苗深绿色，叶鞘紫色，叶深绿色，成株叶片 22 片，株形紧凑。雄穗分枝中等，花丝绿色，花药浅紫色，果穗苞叶长度适中，有剑叶。株高 340cm，穗位高 140cm。果穗长锥形，穗粗 5cm，穗轴粉色，穗长 28cm。粒行数 14 行，行粒数 46 粒，籽粒黄色，中齿型，百粒重 43g，容重每升 690g。籽粒粗蛋白质含量 7.14%～9.22%，粗脂肪含量 3.75%～3.80%，淀粉含量 73.69%～76.92%，赖氨酸含量 0.25%～0.29%。在适宜种植区从出苗到成熟生育日数 127 天，需活动积温 2 750℃。在接种条件下，玉米大斑病 2～3 级，丝黑穗病发病率 14.8%～18.1%。

产量表现：区域试验区平均生物产量119 410kg/hm²，比对照品种辽原1号增产17.2％。2004年继续区域试验平均生物产量73 618kg/hm²，比对照品种黑饲1号增产4.4％，两年平均生物产量96 514kg/hm²，平均经对照增产10.8％。2004年生产试验平均产量73 492.7kg/hm²，比对照品种黑饲1号增产6.3％。

栽培要点：4月下旬播种，保苗6万株/hm²。施足底肥，中等肥力地块，施种肥复合肥300kg/hm²，追施尿素300kg/hm²。

适应区域：黑龙江省第一积温带上限。

（七）东陵白

品种来源：北京市德农种业。

特征特性：东陵白为专用青贮玉米品种。株高350～400cm。该品种株形平展，叶片宽厚，富含叶绿素。蛋白质含量较高，粗纤维含量低，适口性好等。生育期135天，活动积温3 000℃以上。

产量表现：生物产量较高，生物产量9.0万～9.5万 kg/hm²。

栽培要点：种植密度保苗10万～12万株/hm²，干鲜比例为1∶3。

适应区域：黑龙江省第一积温带。

（八）富铁青贮王

品种来源：黑龙江省鑫鑫种业。

特征特性：紫秆，饲料玉米，全株含铁120mg，是普通饲料玉米的12倍，对于克服牲畜贫血病、死胎流产及提高其免疫力有很好的作用，增加出奶量。株高3.7m，生育期124天。

产量表现：生物学产量105t/hm²，比白鹤、辽源1号增产30％。

栽培要点：保苗6万～9万株/hm²。

适应区域：黑龙江省第一、第二积温带。

二、青贮玉米产业发展现状、存在问题及发展趋势

(一)产业发展现状

1. 国外现状

玉米是世界三大粮食作物之一。发达国家畜牧业非常重视青贮玉米生产，青贮玉米在玉米生产中占据了重要的位置。近年来，美国青贮玉米年播种面积约 460 万 hm^2，占玉米播种总面积的 12%；欧洲青贮玉米种植面积约 400 万 hm^2，多数国家青贮玉米种植面积占玉米种植总面积的 30%~80%，其中法国种植面积约 157.8 万 hm^2，占玉米种植总面积的 48%。

2. 国内现状

2013 年，中国青贮玉米种植面积达 69.8 万 hm^2，约占玉米种植总面积的 2%(玉米种植总面积约为 3 632 万 hm^2)，产量约 3 504 万 t。2016 年，全国青贮玉米种植面积为 1 390 万亩，占玉米种植总面积 56 530 万亩(其中粮食玉米 55 140 万亩)的 2.46%，同比增长 40.97%。从总产量来看，2014—2016 年基本呈逐年上升的趋势；2016 年青贮玉米总产量为 5 977 万 t，同比增长 47.83%；2016 年青贮玉米单产量为 4.3t/亩，同比增长达 7.5%。2017 年，我国全株青贮玉米面积约 100 万 hm^2，约占玉米总面积的 5%。

尽管在之后几年，青贮玉米种植面积逐年递增，但其占玉米总面积还是较小。到 2020 年，青贮玉米种植面积已经达到 200 万 hm^2。2022 年青贮玉米种植面积 281 万 hm^2，青贮玉米占玉米面积的 6.5%。经农业农村部初步测算，要确保牛羊肉和奶源自给率的目标，我国对优质饲草的需求尚有 5 000 万 t 的缺口。

3. 中国青贮玉米分布

中国青贮玉米在各省(区、市)均有不同程度的发展，但优势区主要位于黑龙江、内蒙古、新疆、辽宁、河北、北京、山西、宁夏、甘肃、天津、四川、江苏等地。

(二)存在问题

中国虽是农业大国，但与欧美发达国家相比，中国畜牧业发展相对落后，

青贮玉米产业也相对落后。青贮玉米遗传育种、种植制度、栽培技术、贮藏技术及饲喂技术等方面均未得到深入系统的研究，还有很多亟待解决的问题。主要表现为以下几方面。

1. 品种少、种植普及率低

由于受传统粮食观念和饲养方式等因素的影响，人们仍习惯种植粮食型品种或其他玉米作青贮饲料，以籽实高产作为品种选育推广的主要目标。20世纪80年代之前，中国还没有专门化的青贮玉米品种。20世纪60年代中国开始了饲料玉米的育种研究工作，直到1985年第一个青贮玉米专用品种"京多1号"才通过审定。21世纪以来，虽然中国青贮玉米生产和加工利用产业发展较快，但是与玉米主产区条件相适应的青贮玉米专用品种还不够多，尤其适应中国南方的品种少，青贮玉米种植普及率很低。据有关资料统计，2011年中国约1 500万头奶牛中，只有2％的奶牛能吃上青贮玉米饲料。

2. 品质不高

一是由于国产青贮料的加工机械不够精密。加工出来的青贮料长度大于2cm，则影响压实密度；籽粒不破碎或者破碎不够细，则影响发酵质量和消化率。二是现行的青贮玉米质量标准要求低。中国青贮玉米审定标准主要包括丰产性、稳产性、抗倒性、品质和抗病性等方面。要求丰产性指标生物产量平均比普通玉米品种增产5％以上，水分含量为60％～80％，品质指标规定青贮玉米整株中性洗涤纤维（NDF）含量不能高于55％、酸性洗涤纤维（ADF）含量不能高于29％、粗蛋白（CP）含量不能低于7％、淀粉含量不能低于15％。依据这个标准，截至目前，中国审定的专用青贮玉米品种已有100多个，但却遭到业内专家不少的质疑，他们认为育种标准低，突出表现在干物质产量和淀粉含量过低，而中性洗涤纤维含量过高。前者制造高产假象，最终被企业拒绝；后者虽有利于提高品种的抗倒伏能力，但牺牲了饲料品质。由于质量标准要求低，种植推广的青贮玉米品种品质普遍较差、能量较低，青贮玉米品质分级及指标(国标)、中国与美国青贮技术水平的差距分别见表3-10、表3-11。

表 3-10 青贮玉米品质分级及指标（国标）（%）

等级	NDF	ADF	淀粉	CP
一级	≤45	≤23	≥25	≥7
二级	≤50	≤26	≥20	≥7
三级	≤55	≤29	≥15	≥7

注：CP、淀粉、NDF 和 ADF 为干物质（60℃下烘干）中的含量。

表 3-11 中国与美国青贮技术水平的差距

指标名称	中国	美国
收获时期乳线位置	1/3	1/2
铡切长度	>2cm	<1cm
籽粒	大部分未破碎	基本破碎
干物质	20%～27%	30%～35%
淀粉	10%～25%	25%～33%
NDF	55%～60%	45%～53%
ADF	30%～40%	25%～30%
CP	7%～9%	8%～9%

3. 种植技术缺乏

普遍的观念认为，只有玉米种子播种量大才能保证高产，而实际上由于种植密度大，导致幼苗之间对营养、水分需求的竞争而不能满足生长需要，因此直接影响植株的高度和粗壮度，产量不但没有上升反而下降。再者，由于近几年家畜饲养数量的减少，造成作底肥的家畜粪便施用量不足，再加上田间管理跟不上，丛生的杂草与青贮玉米竞争水肥等问题，也成为导致玉米低产的一个重要原因。

4. 青贮设施陈旧

一些养牛户多数使用青贮壕、青贮窖等，虽然能达到不透气的要求，但是由于多数都不是砖和水泥的结构，在青贮过程中，靠近窖壁处的青贮料质量较差，或由于透水造成青贮料全部腐烂，发出难闻的臭味。这样的青贮料不但感官品质差，营养成分损失也很大，有毒有害物质反而增加，导致家畜不愿采食，青贮利用率显著降低。

5. 青贮机械设备价格高

自走式青贮收获机虽然生产率高，但售价高，农民难以承受。另外，自走式收获机一年只能作业 1～2 个月，最多 3 个月，大部分时间处于闲置状态，不能充分利用其功能。牵引或侧悬式青贮收获机售价虽然比自走式的低，但与当前农民收入水平相比还是偏高。另外这些机型要求配套的拖拉机功率大，一般需要 40～60kW，甚至更大，而当前农户使用的大多是 10～20kW 小型四轮拖拉机，无法满足青贮机的配套要求。此外还存在农户青贮玉米种植地块小且分散，影响机具功能的发挥，以及技术培训跟不上影响新机具的使用等问题。

6. 相应的配套技术普及率低

青贮品质控制、饲喂和评价方法不完善等相应的配套技术普及率低，导致青贮玉米产业发展尚有很长的道路要走。

（三）发展趋势

近几年，全株青贮玉米利用率逐年提高，但还远不能满足实际需求。当务之急是快速发展青贮玉米产业，提高生产力。

1. 青贮玉米品种专门化

优良青贮玉米品种必须兼顾产量与营养成分两个方面，最理想的品种必须具有"生物产量高、采食量高、消化率高、营养物质含量高和保绿性强、抗性强"的"四高二强"特点。在育种技术路线与育种方法上，要充分利用各种资源，通过常规育种与先进实验室分析技术相结合的方式，选育出适合各个地区生长的专门化青贮玉米品种。

2. 青贮收贮过程专业化

针对中国青贮收贮机械技术基础差、生产效率低、机械成本高、配套动力不足等问题，要通过政府主导、企业投资、科研院所与企业紧密合作，开发出拥有自主知识产权，适合中国国情的青贮玉米收贮机械产品。另外，要加强青贮收贮机关键零部件基础性技术研究工作，主要包括切割喂入装置、切碎动刀、切碎定刀等，使得全株青贮玉米收贮过程向规模化、快速化方向发展。

3. 配套饲喂技术科学化

由于青贮玉米具有营养价值高、非结构性碳水化合物含量高、木质素含量低、单位面积产量高等优点，青贮玉米将成为中国最重要的栽培饲草之一，得到大面积的推广。为充分利用青贮饲料，中国应制定一套科学化的饲喂技术，以防止在饲喂过程中出现二次发酵、霉变及动物厌食和酸中毒等问题。

4. 青贮制作技术普及化

中国畜牧业发展要借鉴发达国家的成功经验，大力发展牛、羊等反刍动物养殖，走"节粮型"畜牧业发展道路。目前，中国每年需种植约 3 000 万亩的青贮玉米才能满足草食家畜的需要。预计今后 10 年内，中国每年对青贮玉米种植的需求将达到 6 000 万亩。随着中国经济的快速发展，人们收入和生活水平日益提高，为满足人们对高营养、高品质、多样化的需求，养殖业将实行规模化、现代化的生产模式，所有这些都需要将青贮制作技术普及到亿万农户。

三、青贮玉米种质发展对策

（一）提高青贮玉米产量和品质

我国青贮玉米应该大力提高其整株产量，同时品质有待于进一步改善，如降低中性洗涤纤维、酸性洗涤纤维含量等。分蘖玉米比不分蘖玉米具有更高的整株干物质产量，这种优势在种植密度低的情况下更明显。研究表明，不同类型的分蘖玉米在营养成分、干物质消化率、能量、粗蛋白含量上没有显著的区别。此外，分蘖型玉米秆物质产量潜力很大，每公顷能生产更多的可消化营养物质，具有更高的青贮饲料利用价值回。因此，分蘖型青贮玉米将成为青贮玉米品种选育的重要方向之一。

研究认为，籽粒产量与整株产量和干物质的积累相关性没有达到显著，因此在选育青贮玉米品种时，要考虑整株而不单单考虑籽实高产，此外，叶面积、叶片数目以及收获指数等的改良能有效提高青贮玉米产量。无论是生物学产量，还是根和茎秆的倒伏性均与饲用玉米的饲用价值特点无关，所以通过选育可以使青贮饲用玉米的生产力、抗倒性以及饲用价值同时得到改善。

此外，通过改善栽培技术等进一步提高青贮玉米产量和品质。

(二)加快专用青贮玉米育种进程，扩大品种资源

在玉米种质资源中甜玉米农艺性状较差，产量较低，与普通玉米比较，甜玉米的整株干物质产量降低大约40%，粗蛋白和可消化干物质至少降低50%。此外，籽粒水分散失速度非常低。糯玉米和甜玉米一样，不宜做青贮饲料。研究表明，与普通玉米比较，优质蛋白玉米不存在代谢上的优势，优质蛋白玉米的青贮饲料价值没有显著差异，在饲料吸收率、饲料效率、产奶量和牛奶成分上均没有差别。Bm3褐色中脉玉米，木质素含量低，做青贮饲料的营养价值很高，但是导入 bm 基因的杂交种生长速度低、早期生长势弱、易倒伏、开花延迟、籽粒产量低、抗性差。分蘖型玉米具有较低的籽粒/秸秆比值，在收获时整株的含水量在不同基因型间差异很大。高含水量对贮存有一定影响，进而会影响体外消化率。高油玉米的含油量高，具有较高的能量。用高油玉米籽粒饲喂家禽、猪和奶牛，可以提高日增重，但是作为青贮玉米，高油玉米与普通玉米在营养品之上并无显著差异。综上所述，普通玉米是选育青贮玉米杂交种的基础，应充分利用遗传变异广泛的普通玉米，加速选育青贮玉米杂交种。同时应加强基础研究，特别是群体合成和改良工作。通过轮回选择，得到遗传变异广泛、产量潜力大、品质优良、配合力高的优良青贮玉米群体。

(三)加强青贮玉米耕作栽培体系研究

以肥、水调控为主要内容的栽培技术，导致了肥水施用过量，严重恶化生态环境，增加了玉米生产成本。今后应进一步研究玉米优质高效轻型栽培技术，提高玉米单产和改善玉米品质，同时也应加强栽培技术的研究与推广。

我国的畜牧业主要在农区，而大部分农区都可以进行多熟种植，并且部

分农区有大量的冬闲田可供利用，因此为了充分利用资源扩大饲料来源向畜牧业提供充足的优质粗饲料，应大力开展青贮玉米与其他作物的复种轮作耕作技术体系研究。

（四）开展专用青贮玉米的加工利用研究

随着畜牧业发展，到目前为止专用青贮玉米品种得到了较大发展，但是相应的加工利用研究滞后于这种发展。玉米秸秆与整株青贮玉米的营养品质、干物质含量等方面存在着很大的不同。今后，应该对整株青贮玉米加工利用加大研究力度，加快研究进程，而不是仅仅停留在对玉米秸秆的加工利用研究上，但是，玉米秸秆研究的成果和方法等为整株玉米的加工利用研究提供了很好的基础。

第四节　青贮玉米良种繁育技术

一、玉米的杂种优势

（一）杂交玉米的类别

杂交玉米按亲本组成的不同，一般可分品种间杂交种、品种与自交系间杂交种、自交系间杂交种和综合品种四类。而以自交系间杂交种应用较为普遍。

品种间杂交种用两个不同优良品种杂交产生的，为品种间杂交种。配制品种间杂交种简而易行，制种田也不减产，但由于亲本不纯，杂交种植株高低不一，参差不齐，增产效果较差。这类杂交种目前生产上已很少采用。

品种与自交系间杂交种又称为测交种或顶交种。用一个优良品种和一个自交系杂交产生的，顶交种常以一个优良品种作母本，自交系作父本配制。配制顶交种也较简便，一般有 2～3 个隔离区便可制种。通常以一个优良品种作母本制种，配成的杂交种产量较高。顶交种一般比普通品种增产10%～20%。但因顶交种有一个品种参加杂交，植株整齐度较差，产量也不及自交系间杂交种。

自交系间杂交种以玉米自交系为亲本进行杂交，产生的杂种叫自交系间杂交种。这类杂交种优势强，产量高。因组成自交间杂交种的自交系数目不同，可分单交种、三交种和双交种三种。

1. 单交种（单系杂交种）

用两个优良自交系交配，如自交系甲×自交系乙，由此产生的杂种叫单交种（图3-1）。单交种植株整齐，优势最强，增产潜力大，比一般普通品种增产30%以上。假单交种的种子由自交系产生，产量较低，生产成本较高。因此，培育单交种应注意选育高产自交系，并采用密植等栽培措施，以提高自交系产量。

图 3-1　玉米品种间杂交种产生示意图

1. 父本　2. 母本　3. 第一代植株

2. 三交种（三系杂交种）

用一个单交种与一个自交系交配，如单交种（甲×乙）×自交系丙，由此产生的杂种，叫三交种（图3-2）。三交种植株整齐度好，一般比普通品种增产20%～30%。配制三交种需用3～5块隔离区，制种手续比单交种麻烦，但较双交种简便。

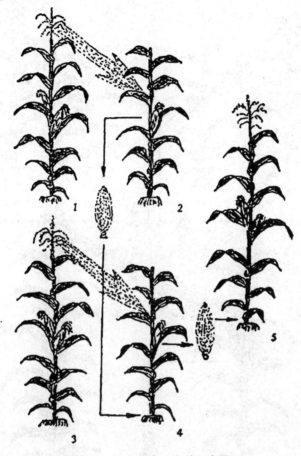

图 3-2　配制玉米三交种示意图

1. 自交系乙；2. 自交系甲；3. 自交系丙；4. 单交种甲×乙；5. 三交种(甲×乙)×丙

3. 双交种(双杂交种)

用四个自交系分别配成两个单交种，再用两个单交种交配。如(甲×乙)×
(丙×丁)，由此产生的杂种，叫双交种。双交种植株生长整齐，增产潜力大。
一般比普通品种增产 30% 左右。但双交种制种手续较烦，一般需用 5～7 个
隔离区。双交种配制方法可参考图 3-3。

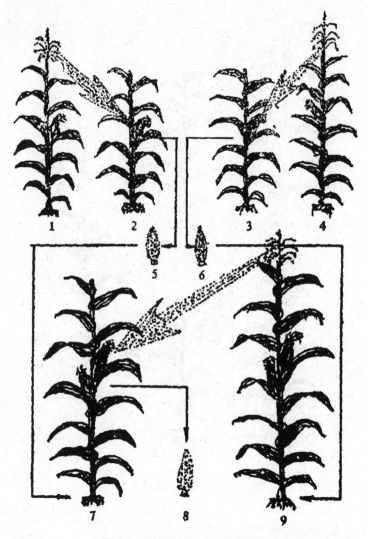

图 3-3　配制玉米双交种示意图

1. 自交系乙　2. 自交系甲　3. 自交系丙　4. 自交系丁　5.7. 单交种(甲×乙)

6.9. 单交种(丙×丁)　8. 双交种(甲×乙)×(丙×丁)

综合杂交种在一个隔离区内，用若干优良自交系(或单交种)任其自由授粉而得到的杂交种，叫综合品种。综合品种的遗传基础比较复杂，杂种优势衰退缓慢，可在生产上连续种植若干年。但综合品种植株整齐度较差，增产效果不及自交系间杂交种，一般比普通品种增产 10％～15％。

（二）玉米杂种优势的表现

优良的杂种玉米，在肥水条件良好的情况下，出苗一致，茎秆粗壮，叶绿色深，植株整齐。在果穗性状上，穗位一致，穗大粒饱，显示出强大的杂种优势。

植株粗壮，生长势旺杂交玉米从出苗到成熟阶段都显示出强大的生长优势。播种后出苗快而一致，出苗率高，苗期茎秆粗状，叶绿色深，光合作用效能较高。抽穗后叶色浓绿，植株健壮、整齐一致。所以杂交玉米适于合理密植，为杂交种增产提供有利的条件。

穗大粒多，结穗力强一般品种在同一品种内，植株高度、穗位高低、果穗大小差异较大，这是由于长年种植同一个品种，植株之间相互串花授粉造成的。虽经年年选大穗留种，因为玉米是异花授粉作物，选留的大穗植株上也接受了来源不明的其他劣株花粉，这样选留大穗的后代，结出的果穗仍是大小不一。而杂交玉米是在控制授粉条件下配制的，各株的种性相似，所结的果穗必然大小整齐一致，从而保证了杂交玉米每个植株长势的平衡。

抗逆性强，适应性广杂交玉米根系发达，具有抗旱、抗涝、抗倒、抗病等优良特性。在旱、涝的条件下，杂交玉米较之地方品种具有较强的抵抗力。

二、玉米开花习性与自交、杂交方法

一个优良玉米杂交种在生产上应用，首先要配制杂交组合，通过鉴定，选出最优的杂交种，再经大面积制种，应用于生产。

（一）开花和授精的生物学特点

玉米与其他自花授粉作物（小麦、大豆等）的花序构造不同，它具有雌雄同株而异花的单性花。雌雄花分别着生在植株的不同部位。一般天然杂交百分率在95％以上，故称异花授粉作物。

玉米雄穗的构造和开花习性。雄穗又称雄花，雄穗上有主轴与侧枝，主穗叫雄穗轴，与植株顶端相连，主轴与侧枝上着生许多成对的小穗。侧枝的数目因品种而有不同，侧枝越多，散出的花粉也越多。成对的小穗一个有柄，一个无柄。每个小穗中有二朵花，外边有二片护颖包住。每朵花有内外颖各一片，中间有三个雄蕊，雄蕊顶端着生三枚花药。

就一个植株来看，雄穗抽出的时间比雌穗早4～5天。雄穗开花一般从顶叶鞘中抽出后的3～4天开始。开花顺序，先是靠近雄穗主轴顶部的小花开放，然后各分枝外缘的小花先开。开花盛期是在开花后的第2～5天，但80%～90%的花朵开放集中在开花后的3～4天以内。在此期间套袋收集花粉是最有利的时间。一株玉米雄穗自始花期到全株小花开毕，需3～8天。由于株间开花时间参差不齐，整个群体散粉时间较长，一般可达15～25天。一天内开花最盛时间在上午8—11时，散粉最盛是9—10时，午后开花较少。玉米开花最适温度25～32℃、相对湿度50%～70%。

玉米雌穗构造和抽丝习性。雌穗又称雌花，它发育于茎秆中部的叶腋内，着生在穗柄的上端。穗柄上有若干短壮的节间，每节着生一片苞叶，由于穗柄节间紧密，众多相互重叠的包叶紧包雌穗。在包叶腋内长有幼芽，有的多果穗品种即由此幼芽发育成雌穗。雌穗中心比较粗大，叫穗轴，周围着生许多纵行排列的成对小穗，每个小穗内有二朵花，一朵结实，一朵退化。所以每行成对的小穗只结二粒籽粒(即二行籽粒)。因此，玉米果穗上的籽粒行数常为偶数。每一株玉米通常可以发育1～2个雌穗。每个雄穗一般有800～1 000个小穗，小穗无柄，基部有二片护颖，每小穗有二朵花，一朵是可孕花，由内、外颖、子房、花柱(花丝)和柱头组成；一朵是不孕花，仅残留内、外颖各一片。可孕花中的花丝着生在子房的顶端，花丝顶端二裂、花丝成熟时便成束伸出苞叶外边，在分丝的任何部位都具有接受花粉受精的能力。

雌穗开花是指花丝抽出苞叶。抽丝顺序，首先是雌穗中下部的小穗花丝开始伸长，渐次为下部小穗，而后是上部小穗开始抽丝，顶部小穗花丝最后伸出。一般花丝全部抽出苞叶外面的时间约为2～5天。花丝一经抽出即有受粉能力。多数玉米品种在雄穗开花后1～5天便大量抽丝。

玉米花粉受精的特点玉米花粉生命力较长，在田间保存条件下，一般可维持8～12小时，24小时以后，花粉已丧失生命力。玉米花丝受精能力一般可保持7天左右，以抽丝后第2～5天生命力最强。抽丝后7～9天，花丝生命力开始衰退，至第11天几乎丧失受精能力。

玉米的花粉是靠风力传播，花粉散布的远近，依风力大小而定。通常在无风或微风的情况下，花粉只能散播在数尺的范围内。刮大风时，可以把花粉吹到 500m 以外的地方。当花粉落到花丝上时，约经 6 小时，花粉开始发芽，并抽出花粉受精。从授粉到完成受精过程需 18～24 小时，在完成受精后 15～20 小时，受精卵开始分裂，再经 8～10 天发育成原胚，在授粉后 30～40 天，胚的发育已健全，达到正常的大小。

（二）玉米的自交和杂交方法

玉米是异花授粉作物，天然自交率很低，在 1％～5％。要想得到玉米自交系或将自交系配成杂交种必须采用人工强制授粉的方法。一般在获得少量自交或杂交种子时，可用套袋授粉法。大量繁育自交系或配制杂交种，则用隔离区繁殖法。

1. 套袋授粉法

在进行自交工作以前应准备好雄花纸袋（用质量较好的牛皮纸或羊皮纸制成长 30cm，宽、高 10cm 的长方形纸袋）。雌花纸袋（用透明纸或羊皮纸制成长 20cm，宽 10cm 的长方形纸袋）以及 75％的酒精棉花、剪子、回形针－小纸牌、工作袋和铅笔等。

玉米自交工作的方法如下。

套雌花：在田间选择优良健壮的植株，当花丝尚未抽出苞叶以前，将雌花袋套在幼嫩的雌穗上，在纸袋开口处用回形针夹牢，以免被风吹掉。花丝已突出苞叶的雌穗决不可选用。

套雄花：当已套雌花的植株，花丝露出苞叶的，是套雄花的最适时期，应及时套上雄花袋，纸袋开口处用回形针夹牢。雄花最好在上午套袋。

授粉：一般在上午进行授粉工作。授粉时将雄穗弯下，用手轻拍雄花袋，使花粉散落在袋中，取下雄花袋把花粉集中一角，置于一旁。然后摘下已套的雌花纸袋，在抽出的花丝上剪留 3～5cm 花丝，再把雄花袋内的花粉，均匀地拍撒在花丝上，立即套上雄花袋。接着把套在雌穗袋下口用回形针夹牢，并在授粉的果穗上一节，扣上一个纸牌，用铅笔在纸牌上写下自交系名称及授粉日期，并登记在工作簿上，方便收获时核对。做完一株自交以后，要用酒精棉团擦擦双手和剪刀，再进行第二株授粉。

用套袋法配制单交种，套雌花、套雄花和授粉的方法大致与自交相似。方法要点为：当用作母本的自交系未抽丝前、套上雌花袋，以后在用作父本的自交系上取下已套雄花袋内的花粉，授于母本自交系的花丝上，在果穗上仍套上原用的雌花袋。由母本自交系植株上收下的果穗即为单交种。

2. 隔离繁殖法

这是一种在人工控制的授粉条件下，采用隔离区大量繁殖自交系或配制杂交种的种子。由于玉米是天然异花授粉作物，花粉传播范围较广，为避免周围外来花粉的串杂，保证自交系的纯度和杂交种的质量，自交系的繁殖区，杂交种的制种区，都需种在隔离区内。隔离的方法通常有空间隔离、时间隔离、屏障隔离、作物隔离四种。

空间隔离：选择一片田块，四周和其他玉米保持一定的距离。自交系繁殖区、隔离区四周在 500m 的范围内不能种植其他玉米，以保证种子的纯度和质量。配制杂交种的隔离区，要求稍低一些，四周隔离的距离至少在 400m 以上。

时间隔离：是利用不同播种期使其玉米开花期错开来达到隔离的一种方法。不论繁育自交系或配制杂交种都可采用。一般来说，隔离区的播种期与其他玉米的播种相差应在 40～50 天以上，才可避免串粉。

屏障隔离：利用自然条件，如山沟、建筑物、树林、村庄等天然屏障物达到隔离的目的。

作物隔离：就是在隔离区的四周或某一方位，种植高秆作物，防止其他玉米花粉串杂。一般以高秆的高粱较为适宜。但高秆作物必须在玉米抽雄花以前长到应有的高度，才能达到隔离作用。这种隔离方法只能作为一个辅助性的措施采用。

三、青贮玉米的选育

（一）选育自交系

自交系就是玉米品种或杂交种经过若干世代（通常在五代以上）的连续自

交之后，所得到性状整齐一致的后代。同一个自交系的不同植株，在高度、株型、穗型等方面都十分相似。自交系的选育任务，一是通过自交，获得大量的、彼此性状不同的自交系；二是经过测交，在大量不同的自交系中，选出优良的自交系。

1. 自交系的获得

当地品种、引进品种或杂交种，都可作为选育自交系的基本材料。基本材料的数目，可按实际情况而定。把作为基本材料的品种或杂交种，分别种在小区内。开始自交时，每品种或杂交种至少播 100 株以上，以利增加选择优良植株的机会。开花时，在每一品种或杂交种内选择数十株生长健壮、性状优良的植株，进行单株自交。成熟后收下果穗，复选不必过严，中选的自交系编号保存。第二年，把每一自交果穗播种一行，可播 30～50 株，淘汰不良的穗行；在生长良好的穗行中，选择 3～5 棵优良植株进行自交。以后数年都与上年一样，进行株选自交和淘汰工作。这样，每一穗行都代表着一个基本植株的后代。如此连续选择和自交 5～6 代以后，便可得到性状相当整齐一致的自交系。

由品种中选得的自交系称为第一环系。由于以原始品种为基础，常常分离出本品种内原始群体的遗传特性。但也可获得遗传特性不同的自交系。把品种间、自交系间杂交的后代当作基本材料进行自交，由此得到的自交系，称第二环系(也叫二环系)。二环系来源于杂种后代，可以分离出较多优良性状的后代，易于获得遗传特性好、生活力高的自交系。在连续玉米自交过程中，一般可看到下述几种情况：①随着自交代数的增加，自交后代的植株逐代变矮，果穗逐代变小，产量逐代下降。这种变矮、变小、下降的趋势，在自交早代表现特别明显，到了自交 5 代以后，又逐渐稳定下来，看不到世代间的显著差异。②随着自交代数的增加，每一自交果穗的各个植株，越来越整齐一致，在自交早代，同一自交果穗产生的植株，会得到性状不同的后代。但是，经过 5 代以上的自交，同一自交果穗产生的植株就基本上是一个模样。在株高、穗位高、株型、叶型、雄穗形状、果穗大小等性状方面显得十分整齐。③在连续自交过程中，常常出现畸形植株。通常见到的是白化苗，还有黄叶、卷叶、窄叶和矮生等植株。这些现象在自交一代、二代容易表现，但在三、四代中也可能出现。这些畸形植株一般被自然淘汰或人工淘汰，不可能保存下来。④在连续自交过程中，可以分离出多种多样的类型，由一个基本植株自交产生的后代，开花期可以相差一星期以上，也有雌穗抽丝迟，以致同株的雄花期不能相遇。果穗形状也可分离出长短、粗细相差极大的自交系。粒型可以分离出马齿、硬粒和中间型。此外，也会发生雄穗上抽出花丝并可结实，雌穗上长出雄花亦能散粉。雄穗分枝极少，甚至没有分枝的单枝雄穗。

2. 选育优良自交系

获得大量自交系后，基本任务就是从中选出优良的自交系。获得自交系只是一种手段，目的在于从中选出优良的自交系，配成杂交种应用于生产，提高产量。不同自交系间产生的杂种优势很不相同。只有优良的自交系，才能配得优势强的杂交种。自交系外表长势好、产量高、不是唯一衡量自交系优势的标准。因为由高产的自交系配成的单交种，其产量并不一定显出较高的水平。而自交系的配合力才是衡量一个自交系优势的标准。配合力是指以自交系间或自交系与品种间杂交所得到的杂交种产量高低为指标的。杂交种表现高产的为高配合力，表现低产的为低配合力。自交系的配合力有两种，一种叫一般配合力，另一种叫特殊配合力。一般配合力是指一个自交系和品种或自交系杂交后产量表现的能力。特殊配合力是指一个被测验的自交系和另一个自交系杂交后产量表现的能力。如自交系 1 和自交系 2、自交系 3、自交系 4……等杂交，所得的单交种，仅仅某一组合如 1×3 产量很高，其他组合产量表现一般或很低，则这种高产组合 1×3 表现的能力为特殊配合力。在测定自交系一般配合力过程中，对于和某些自交系杂交所用的品种、自交系或杂交种，称为测验种。这种杂交方式叫测交，用这样杂交所产生的杂种叫测交种。

在选育优良自交系工作中，不仅要注意自交系间的配合力，对自交系本身的性状亦应注意。常有具备良好配合力的杂交种，由于自交系某一性状不良，影响生产上的利用。

（二）选配杂交种的技术

选育出一批配合力高的自交系以后，就要把这些自交系配成优势强大的杂交种，提供生产上应用。这就要考虑到如何选配杂交组合的亲本与配制杂交种的方法。

1. 杂交亲本的选择

在确定育种目标以后，一般选择杂交亲本应掌握以下几点：①自交系间亲缘关系：自交系的亲缘远近，对产生杂种优势的大小有密切的关系。一般来说，亲缘关系较远的，产生的优势较大。同一品种性状相似的自交系，优势往往不及来自不同品种配制的单交种。从地理相隔距离来看，选用不同地理起源的自交系作亲本，杂种优势表现较强。②选用配合力高的亲本自交系：一般选用配合力高的两个自交系，比用一个配合力高的，一个配合力低的自交系或用两个配合力低的自交系作亲本选配出优良单交种的机会要多，这是由于配合力高的自交系，往往具有某些有益性状遗传传递力强的特点，可把有益的性状传递给后代。③粒型的选择：采用同一马齿或硬粒的自交系或由不同粒型的亲本自交系，所配成的杂交种，其产量高低是不同的。配制双交种一般可采用 1～2 个硬粒型的自交系参与双交种的组合，既可提高亲本不同类型间的异质性，增强杂种优势，又可改进品质，提高产量。④自交系生育期的长短：作为亲本自交系的生育期大体应是相近的，特别是开花期的差期不能太长。组成杂交种的自交系，如果开花期相距时间较长，不仅要增加分期播种的麻烦，而且在碰到不良的气候，或因分期播种不能按时进行，造成花期不遇。一般来说，作为母本的自交系或单交种的开花期比父本提早 4～6 天为宜，这样，就可使父母本花期配合良好，达到充分授粉和结实饱满。⑤自交系的抗病力：有的自交系配合力表现良好，由于抗病力日益衰退，而不能选用。因此，选用抗病力强的自交系作为亲本，则有助于增强杂交种的抗病力。⑥自交系的花粉数量：自交系间雄穗分枝的数量差异较大，有的自交系雄穗分枝多、散粉量大，有的自交系雄穗分枝少，散粉量少。为保证父本持有足够数量的花粉供给母本授粉之用，一般应选择散粉量较多，持续时间较长的自交系作父本。

2. 选配杂交种的方法

①单交种：由两个自交系组成，优良的单交种具有强大的杂种优势，一般比双交种的产量还高一些。单交种只需三个隔离区制种（繁育两个自交系，

配制一个单交种），方法比较简便。单交种的选育除上面介绍杂交组合亲本选择的原则外，要通过大量配制单交组合，经过产量比较，挑选优势最大、产量最高的组合，应用于生产。但单交种直接由自交系种子配成，制种产量较低。提高自交系的产量是一个重要的问题。选育高产自交系，可利用杂交种后代分离出的二环系，容易获得稳定快、配合好且为高产的自交系。还可以选用粒小，配合高的自交系作母本，以利扩大繁殖系数。另外，采用密植加强栽培管理等措施来提高自交系的产量。②双交种：由四个自交系分别组成两个单交种，再由两个单交种配成双交种。优良的双交种增产潜力较大，比一般品种增产30%以上。但双交种制种比较麻烦，一般需要七个隔离区（繁育四个自交系，配制两个单交种和一个双交种），往往由于隔离区数目需要较多，安排不当，隔离条件不好，造成自交系混杂，失去了在生产上应用的价值。双交种的选育考虑选用杂交组合亲本的原则以外，就是要使最大的杂种优势集中到双交组合中去。如在配成的一系列单交种中，（1×3）和（2×4）产量最高，应把自交系1和3、2和4拆开另配单交种，组成（1×2）×（3×4）或（1×4）×（2×3）的双交组合，这样的双交种可以得到相当于单交种（1×3）或（2×4）的产量。

四、选用良种的原则

（一）适合当地自然条件

玉米杂种优势的大小受环境条件的影响较大，因此在选用良种时必须考虑到当地的土壤、肥水、旱涝、病虫等发生情况，做到因地制宜，良种配以良法。并根据当地的气候条件、茬口安排选择适合本地的早、中、晚熟品种。要注意的问题是：在推广种植某个杂交种之前，必须在当地试种示范，在没有掌握其生育特性时，切忌盲目大面积推广，而造成损失。

（二）适合栽培目的

作为青贮玉米在选用品种上除其他原则外，应注意选用植株高大、叶多、地上部分生物产量高、营养价值大、成熟时仍青枝绿叶的品种。这就要求所选用的良种既要符合栽培目的，又能高产稳产。

（三）选用抗病品种

要根据当地玉米的发病种类及其程度，选用相应的抗病品种。尤其要注意玉米叶斑病、病毒病和青枯病的发生。因此在选用良种时，要注意对上述病害抗性的选择。

第四章

青贮玉米育种

第一节 青贮玉米的育种目标及程序

青贮饲料是指在厌氧条件下经过乳酸菌发酵保存的青绿多汁饲料，其营养价值完善，适口性好，易于消化，满足反刍动物冬春季节的营养需要，使家畜终年保持高水平的营养状态和生产水平。从青贮特性上看，玉米是一种理想的青贮作物，其原因：一是产量高，在我国北方地区中等肥力、灌溉、正常生产条件下可产新鲜茎叶 75～90t/hm²，为很多作物所不及。二是干物质含量高，超过 200g/kg，可消化的有机质含量高，富含水溶性碳水化合物，很容易为乳酸菌发酵而生产乳酸。三是玉米的植物缓冲能力较低。四是玉米的营养价值在较长收获期内保持稳定，而牧草则不同，在植物成熟收获期内，营养价值急剧下降。

一、青贮玉米的育种目标

青贮玉米品种选育要明确主要育种目标：一是高产。这是粮农的首选指标，产量不高农户不愿种植，在茎秆可承受的范围内，植株尽可能粗壮高大，这样才能达到高产水平。二是优质。这是养殖企业最关注的指标，干物质含量、淀粉含量要求高，洗涤纤维含量要求低，不同牲畜对淀粉含量要求不一样，可针对不同畜类培育相应品种。三是抗倒伏。青贮玉米种植最关键是要抗倒、防倒，机械收获时应当全部是挺立的，否则无法用青贮收割机进行收获。四是抗病。玉米斑病会使青贮玉米叶绿素减少、持绿期变短，甚至严重影响青贮品质；玉米丝黑穗、穗腐、粒腐、茎腐，不但导致减产，还会产生毒素，直接影响饲喂效果。五是持绿期长。青贮玉米在生育后期保绿能保证产量高、牲畜适口性好，玉米籽粒在脱水速度上与籽粒直收品种相反，脱水速度要稍慢，以维持较长的收获期。

2010 年，《青贮玉米品质分级》(GB/T 25882－2010) 国家标准出台，2014 年国家农作物品种审定委员会公布了青贮玉米品种审定标准，明确了青贮玉米的品质、产量、抗倒性、抗病性、适应性等一系列指标，这些指标进一步较科学、全面、详细地规定了青贮玉米的审定要求。一是丰产性。每年区域试验生物产量平均比对照增产不低于5%。二是稳产性。每年区域试验增产点比率高于70%，每年平均倒伏和倒折率之和小于10%。三是品质。整株粗蛋白含量不能低于7%，中性洗涤纤维含量不能高于55%，淀粉含量不能低于15%。四是抗病性。中国北方地区的黑穗病单点田间自然发病株率不能高于8%，平均田间自然发病株率不能高于3%，丝黑穗病田间人工接种发病株率不能高于20%，大斑病为非高感；黄淮海的茎腐病和小斑病非高感；中国南方地区的茎腐病和纹枯病非高感。

现阶段青贮玉米国家审定标准对品质的要求与规模化养殖场对品质的要求有差距。规模化养殖场对品质要求较高，其中对干物质含量一般要求高于28%，淀粉含量不低于25%，中性洗涤纤维不超过50%，对单位干物质的饲喂能量和饲料利用率、消化率、产出率也有一定要求。因此，在青贮玉米品种的选育过程中，应当走市场化、商业化、实用适用和用户导向的道路。

二、我国青贮玉米育种的策略

（一）研究与选择青贮玉米整株产量性状

与收获粮食产量为目的的普通玉米相比，青贮玉米收获的是整株生物学产量，因而，整株产量是青贮玉米育种的首要性状。研究发现，籽粒产量与整株产量的相关系数 r 值在0.48～0.51，籽粒高产类型的普通玉米品种并非一定是最好的青贮玉米品种，籽粒产量最高的普通玉米品种其整株产量比专用型青贮玉米品种低约10%。

（二）选择青贮玉米主要品质性状

对畜牧养殖者来说，除要求青贮玉米具有较高整株产量外，对其营养品质要求也较高。主要表现为对牲畜适口性好、消化率高。满足上述两个要求，青贮玉米品种须具备：纤维素和木质素含量低，可溶性碳水化合物、粗蛋白和粗脂肪含量高等品质性状。

玉米粗纤维品质性状遗传差异范围大，可以从遗传上改变纤维素的含量，应当在吐丝期对茎秆成分和消化率进行选择。提高青贮玉米的整株消化率应从两方面下手：一是提高植株的成穗率。高成穗率一方面提高了消化率，另一方面使整株的营养价值大大提高。二是降低茎秆和叶中粗纤维的含量。茎秆纤维素与木质素的含量通常与农艺性状密切相关。在纤维素和木质素含量较低的玉米中，倒伏现象严重，病虫害增加。这在育种上要求解决高产、优质和抗倒、抗病虫害之间的矛盾。

（三）研究青贮玉米品种的茎秆率、密度、成熟度对整株产量与饲料品质的影响

在育种中，尽管减少空秆率、提高成穗率是提高青贮玉米产量和品质的一种有效方法，但不宜过分强调消除或减少空秆率，在北方冷凉地区更应如此。在一定密度范围内，种植密度的提高在提高籽粒产量的同时，整株产量也增加，但密度过高，会导致干物质含量降低，含水量增加，影响了发酵质量，最终影响畜禽对青贮饲料的消化和吸收。选用耐密植及成穗率高的品种是提高青贮玉米产量和品质的途径之一。收获时的成熟度对青贮玉米的整株干物质产量和营养品质都具有较大影响，获取整株干物质最大产量时期是籽粒乳线下移至籽粒的 3/4 处，此时损失的营养物质较少。

三、青贮玉米在育种、应用中存在的问题和前景

（一）存在的问题

全株青贮玉米在全国的发展还很不均衡，全株青贮玉米占青贮饲料的比例还很低。除了在几个奶牛主产省全株青贮玉米的种植、应用达到一定规模外，其他地区只有一些零散种植。即便是在全株青贮玉米发展相对较好的地区，全株青贮玉米在青贮饲料中的比例还比较低。造成这一问题的原因，一方面是对全株青贮玉米在奶牛饲养中的增产效果认识不足，另一方面也存在技术推广部门推广力度不够的问题。

青贮玉米品种不全，相关品种标准制定滞后。目前，国内大面积种植的青贮玉米多为粮饲兼用型品种，专用青贮玉米品种的筛选及其制繁种技术研

究有待加强。

青贮玉米增产潜力还未充分挖掘。同一品种在同一地区，相同的水肥条件，产量差异很大，说明专用青贮玉米的综合配套高产栽培技术研究应当加强。

饲料地相对缺乏，制约青贮玉米的发展。有些地方，奶牛饲养场、户有种植青贮玉米的需求，但其掌握的耕地资源有限，饲料地如不能解决，则严重制约青贮玉米的发展。

青贮玉米的收贮费工费力。由于缺乏大型收贮机械，小型草机效率不高，制作青贮往往要耗费大量人力和工时。一座容积 1.2 万 m^3、贮量超过 8 000t 的青贮窖，需动用 100 人、8 台切碎机，20 天的时间才能贮完。

（二）发展前景

全株青贮玉米将呈快速增长的趋势。首先，青贮玉米是一种重要的饲料作物，为牲畜生产者提供了高产、相对稳定的饲料来源，并为动物提供了易于消化和美味的饲料。玉米青贮每亩产生的能量比种植任何其他作物都多。比较效益高是拉动全株青贮玉米快速增长的主要动力。随着近两年我国奶业的高速增长，饲养奶牛已成为农民增收最有效的途径之一。黑龙江省农民养一头年产 4.5t 奶的奶牛，平均收入可达 3 000 元，相当于种 30 亩旱田，所以农民养奶牛积极性很高。玉米青贮饲料是奶牛的高能量饲料。这对于高产畜群和在生产或购买高质量干草作物饲料方面遇到问题的农场来说是最重要的。玉米青贮，由于其能量相对含量较高，很适合用于低成本的口粮饲养牲畜。每吨玉米青贮所需的劳动力比许多其他饲料作物要少。它可以延长整个玉米种植面积的收获期，并为修复受压或受损的玉米地提供了机会。此外，玉米青贮可以有效回收植物营养物质，特别是大量的氮（N）和钾（K）。有关专家研究表明：在土地和耕作条件相当的情况下，青贮玉米比籽实玉米收入多 539 元/hm^2，多生产可消化蛋白 53kg，奶牛饲喂青贮玉米比不喂的日产奶可增加 3.64kg。其次，从畜牧业发达国家的经验看，青贮玉米必将在整个种植业中占到相当比例。在欧美许多农牧业发达国家，青贮玉米种植面积占到整个玉米面积的 30%～40%，美国青贮玉米播种面积已达 5 325 万亩，法国每年种植青贮玉米 2 270 万亩，占玉米种植面积的 80％以上。根据我国奶业发展的实际需要，即使我国人均用奶量仅达到发达国家的一半，也需要至少种植青贮玉米 6 000 万亩。最后，国家政策的支持对青贮玉米的发展起到积极的推动作用。当前，种植业结构调整的主要内容就是三元种植业结构的确立，其中，饲料作物中青贮玉米又占到相当大的比例。黑龙江省实施"奶业振兴计划"，已将落实青贮玉米种植面积作为一项主要任务。

青贮玉米品种进一步丰富，青贮品质不断提高。除现有的高油类、粮饲兼用型品种外，专用青贮玉米品种将得以推广。青贮玉米的品种以选择单位面积青饲产量高的品种为宜，还要求适口性好、消化率高。评价青贮玉米品种的优劣，产量和品质是两个不可或缺的标准。青贮玉米的品质，目前国内通常采用粗蛋白含量、粗脂肪含量、粗纤维含量、无氮浸出物和灰分含量等指标判断饲料的营养品质。这种划分方法相对比较落后，也不够准确。目前国际上通常采用洗涤剂的方法对纤维的营养价值进行评价。通过选用不同类型的洗涤剂可以得到半纤维素含量、纤维素含量和木质素含量。衡量青贮玉米品质的标准应建立在营养成分、纤维素的类型和动物离体实验的基础上进行。其中的粗蛋白含量、淀粉含量、中性洗涤纤维含量、酸性洗涤纤维含量、木质素含量、离体消化力和细胞壁消化力应作为主要的评价标准。

商品青贮方兴未艾、专业化的青贮服务初露端倪。鉴于青贮饲料已被广大养牛户重视，并给养牛户带来可观的效益，又由于饲养比较分散，单个农户搞青贮费时费力，挤占庭院，规模小、成本高、质量差。同时，部分地区土地资源有限，养牛场户缺少饲料地。为商品青贮的发展提供了良好的机遇。山东、河北一些地方已有发展商品青贮的成功经验。黑龙江正着手组建青贮饲料公司，商品青贮逐步发展起来。然而，玉米青贮也有一些缺点。它很难销售和运输很远。如果不采取土壤保护措施，玉米青贮也会增加土壤侵蚀的可能性，从而导致土壤生产力的损失。

在平原区进行青贮饲料生产具有容易实现机械化操作的优点。近年来，北京西郊牛场利用已有青贮收割机成立独立的青贮服务组，在大兴、通州、顺义等区县进行收割服务，受到群众欢迎。这种专业化的青贮服务，既节省了大型收贮机械的投入，又提高了青贮工作的效率，同时还能提高青贮玉米品质，在青贮玉米大面积种植区域将是一种鼓励发展的模式。

第二节 青贮玉米的育种途径

青贮玉米是一类生物产量高、品质好、持绿性好、干物质和水分含量丰富的玉米，是饲喂牛、羊等草食性家畜的优良饲草类饲料。青贮玉米的种植可为畜禽养殖提供丰富的饲料资源，调整种植业结构，也是生态建设的重要手段，具有重大的意义。要想青贮玉米获得较高的产量和质量，需要掌握青贮玉米种植技术要点。现对青贮玉米育种进行介绍。

一、我国青贮玉米育种生产现状

（一）青贮玉米是重要的饲草作物

青贮玉米是指专门用于饲养家禽、家畜的一种玉米，其果穗、茎叶都可用作饲料。世界上畜牧业发达的国家，如法国、加拿大等国就大量培育饲草玉米进行全株青贮。据统计，欧洲种植青贮玉米的面积达 330 万 hm²，美国青贮玉米价值总额超过 15 亿美元。青贮玉米产量高、营养丰富，是奶、肉等畜产品生产的最重要的饲料来源。且畜牧业发达的国家几乎都与发展青贮玉米密切相关。在这里值得一提的是印度，印度人口大约是我国的 3/4，但粮食产量还不到我国的 1/2，人均动物性蛋白摄取量却与我国相差无几。其主要原因是印度采取节粮型的畜牧业结构，牛的饲养量是我国的 3 倍，牛奶产量是我国的 12 倍，而猪的饲养量却只有我国的 1/35，鸡的饲养量只有我国的 1/11。因此，借鉴发达国家和印度的成功经验，今后我国畜牧业的发展趋势应大力发展牛、羊等草食家畜，适度减少猪、鸡的饲养比例，逐步形成一个节粮型的畜牧业结构。

（二）我国青贮玉米育种发展现状

我国的青贮玉米研究较晚，20 世纪 60 年代才开始有饲料玉米的育种研究，1977 年中国农业科学院作物研究所引进了墨白 1 号，1985 年首次审定青贮玉米专用种京多 1 号。"七五"期间，我国将青贮玉米育种列入国家科技攻关计划。特别是近几年来，随着人们生活水平的提高，畜牧业的发展出现了迅猛的势头，靠长期人畜共粮、粮饲共享已不能满足畜牧业的要求。因此，青贮玉米育种研究是我国解决畜牧业迅猛发展与饲料短缺矛盾的主要途径，引起玉米育种界的广泛重视。

目前，我国主要有中国科学院遗传研究所、辽宁省农业科学院、黑龙江省畜牧研究所、上海市农业科学院作物研究所、新疆农业科学院作物研究所、新疆农业科学院草原研究所、山西省农业科学院高粱研究所等单位开展青贮玉米种质资源创新和杂交育种方面的研究，育成的品种有科多 4 号、科多 8 号、辽原 1 号、龙牧 1 号、辽青 1 号、雅玉 8 号、中北 410、瑞德 1 号、瑞德 2 号等，但远远不能满足生产需求。随着我国农业结构调整的进一步深化和畜牧业的发展，青贮玉米已成为我国今后玉米新品种选育的一个重要方向。

二、青贮玉米育种在畜牧业生产中的地位

（一）发展青贮玉米是我国解决畜牧业迅速发展的重要途径

我国的天然草原近 4 亿 hm^2，占国土总面积的 41.7%。近几年来，草原退化严重，90% 可利用的草原有不同程度退化，饲草资源远远不能满足需求，青饲料成为制约我国畜牧业发展的瓶颈。虽然各地种植有青饲作物，如豆科作物、麦类作物、饲草高粱等，但普遍存在产量低、营养不全等问题，因而青贮玉米就成为解决畜牧业发展与青饲料不足的重要途径。

（二）发展青贮玉米可以缓解环境污染

目前，普通玉米营养价值不全面、品质差加之茎秆不能很好地被利用，在许多地区被大量焚烧，造成巨大的浪费和环境污染。所以，尽快选育出适合我国种植的青贮玉米品种，提高玉米单产、品质和秸秆的利用率，用相同或较少数量的玉米生产出更多的肉、蛋、奶等畜牧产品，促进农牧业的持续

发展，已成为玉米育种中亟待解决的问题，也是推进农业结构调整、提高农民收入的客观要求。

三、青贮玉米的种类、特点以及评价指标

(一)种类

青贮玉米可分为青贮专用型、粮饲兼用型与粮饲通用型 3 种类型。粮饲兼用型与粮饲通用型在普通玉米育种中已得到很好解决，而青贮专用型品种研究在我国目前还处于初级阶段。

(二)特点

青贮玉米与一般饲料相比具有以下特点：①生长速度快，茎叶繁茂，生物产量高，一般生物产量不低于 60t/hm²，干物质产量高于 200g/kg。②营养丰富，非结构性碳水化合物含量高，木质素和纤维素含量低，适口性好，易于消化和吸收。③茎秆粗壮，抗倒伏能力强，耐密性好。

(三)评价指标

育种目标的评价指标，同时要考虑产量和品质。产量的高低一般采用 3 个指标：单位面积鲜质量、含水量(或干物质含量)和单位面积干质量。品质常用指标：粗蛋白含量、淀粉含量、中性洗涤纤维含量、酸性洗涤纤维含量、木质素含量、离体消化力和细胞壁消化力。

玉米果穗对青贮玉米产量和品质具有重要作用，以干质量计算，果穗质量占整个植株的 40%～60%，并且果穗所占比重越大，青贮玉米的青贮品质越好。因此，应以提高玉米生物产量与品质的生物潜力为目标，加强外来种质的引进与利用研究，改进育种方法，利用现代生物技术与常规育种相结合的方法，选育适应市场需求的青贮玉米品种；同时要选择果穗大，叶片繁茂，茎秆多汁，保绿性好，生育期适中，品质好，抗性强的品种。

四、青贮玉米选育的技术路线与方法

(一)生物产量与营养成分是青贮玉米育种中的主要选择对象

优良的青贮玉米品种,必须兼顾产量与营养成分两个方面,最理想的品种必须具备"生物产量高,摄入量高,消化率高,营养物质含量高及保绿性强、抗性强"的四高二强方针。鉴于以上情况,应在选育青贮玉米杂交种的过程中,既考虑产量高,又兼顾品质好的品种,这样才能达到很好的预期效果。

(二)青贮专用型玉米育种技术路线与育种方法

青贮专用型玉米根据其器官不同可分为高大单秆型(也可称为粮饲兼用型)、分蘖多穗型2种类型,其育种在我国目前还处于初级阶段。分蘖多穗型品种一般是利用普通玉米自交系作母本,大刍草或爆裂型玉米作父本而育成,还有一部分是利用热带资源作为亲本材料选育的。因此,在育种技术路线与育种方法上,要充分利用各种资源,通过常规育种与先进实验室分析测试技术有机地把种质资源结合起来。一般采取玉米自交种选育—测配杂交种—杂交种鉴定—杂交种品比—区域试验—审定,选育出适合各个地区生长发育的杂交种,以供生产上大量使用。

(三)杂交种的品比试验及评价

2006—2007年连续2年的品比试验,材料类型主要有高大单秆型中北410、中北412、广西青贮玉米,分蘖多穗型瑞德2号,分蘖常绿型(北方地区不抽穗)SAUMZ1。从2年产量的结果看,生物产量最高的是SAUMZ1,单产可达94 671.0kg/hm²,比对照中北410、中北412分别增产105.8%102.9%;其次是分蘖多穗型瑞德2号,生物产量为92 671.5kg/hm²,比对照中北410、中北412分别增产101.5%,98.6%;生物产量较低的是中北410、中北412,其生物产量分别为46 002.0kg/hm²,46 674.0kg/hm²;广西青贮玉米因异地种植,生物产量也仅为50 002.5kg/hm²。总体上看,分蘖常绿型生物产量最高,但因其不抽穗没有籽粒,营养成分含量相对贫乏;分蘖多穗型品种，单株果穗多，生物产量高，又有籽粒产量，营养成分含量也高；高大单秆型品种生物产量相对较低，有籽粒产量，营养成分含量也高。这3种类型各有优点，因而在生产应用中可根据各自的不同条件选择不同品种种植，充分发挥其作用。

第五章

青贮玉米栽培技术

青贮玉米是目前最优质的饲料类粮食作物，因具有适口性好、消化率高、易贮存、可净化饲料等多种优势，成为了国内畜牧业最受关注的畜牧粮食作物。为了能够更好地发挥出青贮玉米的优势与特点，做好对栽培技术要点的分析至关重要。

第一节　青贮玉米优质高产栽培技术

由于青贮玉米种植年限短，目前在生产上依然存在着产量低、品质差等问题。现结合自然条件，总结出了青贮玉米的高产优质栽培技术。

一、播前准备

1. 耕地选择

河北省坝上及接坝地区的耕地多为坡地或丘陵地块，青贮玉米一般选择在坡度 25°以下的耕地种植。平原农区地势平坦，青贮玉米多种植在交通便利、土地肥力好的地块，一般要求土壤 pH 值 6.3～7.8，土层深厚、具有较好的排灌设施。

2. 精细整地

青贮玉米播前需精细整地，减少明暗坷垃，当耕层(0～20cm)土壤含水量达到田间最大持水量的 60％～70％时，可采用"深松＋旋耕"的方式整地，深松要求每 2～3 年一次即可，深度 40cm 以上，旋耕要求一般耕深 15cm，达到土壤细碎，地面平整即可。麦茬地夏播青贮玉米可采用免耕播种技术，要求麦茬高度不超过 20cm，选用带有麦秸清垄装置的玉米精量播种机播种即可。

3. 施足底肥

结合旋耕，底肥施有机肥每亩 1 000～1 500kg；同时施用具有缓释性能的复合肥料每亩 40kg(其中 N、P、K 含量分别为 26％、10％、12％)。冬小麦收获后免耕播种青贮玉米，结合播种施肥，每亩施用玉米复合肥 40kg(其中 N、P、K 含量分别为 22％、15％、8％)。

二、播种技术

1. 播种时期

春播青贮玉米一般在土壤 5～10cm 的温度稳定在 10℃时可播种，适宜播种温度下，要力争早播。若覆膜播种种植，可提早 10 天左右。夏播青贮玉米则季节性较强，既要保证前茬作物的充分成熟，又要不影响下茬作物的播种，所以要抢时播种，以争取更多光热资源，同时还能利用前茬作物的水分、养分资源。有条件的要争取麦收后当天完成播种工作。注意根据冬小麦播种时间和玉米生育期控制最晚播种时间。

2. 土壤墒情

一般当耕层(0～20cm)土壤含水量达到田间最大持水量的 60%～70%时即可播种。

3. 种子质量

青贮玉米种子要求大小均匀，籽粒饱满，纯度不低于 97%，发芽率不低于 93%，这样播种后不容易出现缺苗断垄。

4. 种植模式

北方地区一般采用等行距种植或宽窄行种植模式。坝上地区是农牧业生产结合区，无霜期短、有效积温低，生长季短，降水量少，传统种植青贮玉米难以达到全株收获，且生物量低。在选用生育期较短的适宜品种的基础上，结合相应的种植模式，可以实现全株青贮玉米的增产提质。在有灌溉条件的地块可采用全膜(半膜)一垄双沟膜下滴灌水肥一体化种植模式，可在 4 月中下旬开始播种；在无灌溉的旱作种植区，可采用起垄覆膜旱作种植模式，起到集雨、保墒、增温、早播、增产、提质的作用。结合播种每亩底施缓释性复合专用肥 40kg，中后期结合降雨及时追肥。根据品种特性，密度一般掌握在 5 000～6 000 株/亩(图 5-1、图 5-2)。

图 5-1　坝上地区一垄双沟膜下滴灌种植模式

图 5-2　坝上地区青贮玉米起垄覆膜种植模式

　　在低平原雨养旱作区建议采用河北省草业创新团队研发的春玉米起垄覆膜宽窄行种植模式。宽行 70cm，窄行 40cm。宽行起垄覆膜，窄行膜侧播种。利用该技术，可有效地起到集雨保墒、通风透光的作用，变春季无效降雨为有效降雨，克服"卡脖旱"，显著提高了对自然降雨的利用率，增产稳产效果明显。以上不同种植模式均需配套的多功能联合作业播种机一次性完成全部播种作业(图 5-3)。

图 5-3　春播青贮玉米起垄覆膜种植模式

5. 种植密度

全株青贮玉米种植密度一般根据种植土壤地力水平、品种特性、气候条件和管理水平合理密植。株型紧凑品种，种植密度大一些，植株高大、叶片平展的品种种植密度不宜过高。土壤地力较差的地块，种植密度不宜过高。同时高密度种植有益于提高青贮玉米的生物产量，但同时会导致青贮玉米的品质下降。综合考虑，青贮玉米种植密度以 5 000 株/亩为宜，耐密品种可增至 5 500 株/亩（表 5-1）。

表 5-1　全株青贮玉米等行距播种株距计算

种植密度	平均株距（cm）					
（株/亩）	45	50	55	60	65	70
4 500～5 000	30～33	27～30	24～27	22～25	21～23	19～21
4 000～4 500	33～37	30～33	27～30	25～28	23～26	21～24
3 500～4 000	37～42	33～38	30～35	28～32	26～29	24～27

6. 机械化播种

常用玉米播种机按照排种器原理分为机械式和气力式播种机。

机械式精量播种机。多采用勺轮式精量播种机，配套动力 12～30 马力（1

马力≈735W)，作业速度不高于 3km/h(图 5-4)。

图 5-4　机械式精量播种机

　　气力式精量播种机。分为气吸式播种机和气吹式播种机。播种机单体采用仿形机构，开沟、播种、覆土、镇压效果好，田间作业通过性好，各行播深一致(图 5-5)。

图 5-5　气力式精量播种机

7. 机械播种技术

全株青贮玉米机械化播种一播全苗是实现青贮玉米高产稳产的关键。播种作业时考虑的主要因素有播种机械作业状态、播种量、种子均匀度、播种深度和镇压程度。

播种机播前检查。播前需要对播种机进行仔细检查和调试，防止在播种过程中出现卡种、籽粒破碎或者下种量不匀等现象，避免出现缺苗断垄。

播种质量要求。单粒播种对土壤水分、整地水平、气温、土壤病虫害以及草害等环境条件要求严格。播种时种子落土位置过深或过浅、镇压不实、悬空以及漏播等情况会影响播种质量。播种前一定要精细整地，耕深一致，地表平整，表土土壤细碎。

播种深度。根据土壤墒情确定播种深度，以播种镇压后计算播种深度。做到播深一致，种子要播入湿土中。生产中一般播种深度在 3～5cm，砂性土稍深、黏质土稍浅；墒情差稍深、墒情好稍浅，但是不能低于 3cm。

田间作业要求。播行要直，行距一致。地头整齐，不重播、不漏播。联合播种时一次性做到施肥、播种、喷洒除草剂作业。

三、田间管理技术

青贮玉米生长阶段分为营养生长和生殖生长阶段。营养生长阶段分为苗期、拔节期(叶片期)。生殖生长阶段分为抽穗期、吐丝期、乳熟期、蜡熟期、完熟期。根据青贮玉米的不同生长时期，进行合理田间管理，采取不同的水肥管理和调控措施，确保青贮玉米正常生长并取得较高的产量。

在青贮玉米生长的关键时期，即大喇叭口期到抽穗期，玉米植株快速生长，田间管理方面不能缺水。抽穗期的青贮玉米，需要充足的水分和养分，该生育阶段决定玉米果穗大小及籽粒数量。此时生长环境的胁迫对玉米生长极其敏感，尤其是水分、营养和气温等因素。

1. 施肥管理

施肥管理的主要目的是促进叶片、茎秆和玉米果穗快速地生长，保证玉米叶大、色深、植株粗壮，能够在玉米生育期内促进玉米茎叶的快速生长，不断提高青贮玉米的干物质产量和质量。

在对青贮玉米田测土基础上建议进行配方施肥。施肥技术要保证养分充足、平衡、合理。生产中可以根据青贮玉米的目标产量、全生育期生长需肥量、土壤基础肥量、肥料利用率和该批次肥料的养分含量计算出施肥量，然后将现有的肥料进行科学配比，用于青贮玉米生产（表5-2）。

表 5-2　收获 1t 青贮玉米（30％干物质）所需要的养分（kg）

植株养分	每吨青贮玉米需要的养分量
氮（纯 N）	4
磷（P_2O_5）	1.5
钾（K_2O）	3.5
硫（S）	0.5
锌（Zn）	0.009

施肥方法：开沟追肥或在有效降雨前地表撒施，有条件的要采取分阶段施肥，分层施肥。底肥或者苗期追肥一般施入全部磷肥、钾肥和 40％的氮肥，如果后期不追肥，可以使用长效或缓释尿素。拔节—大喇叭口期追肥主要追施速效氮肥，追肥量根据地力、玉米长势等确定，一般施入总氮量的60％。施肥一般在玉米行侧 10cm 左右深施，施肥深度 10cm。可采用中耕施肥机进行施肥作业。

2. 水分管理

玉米苗期植株对水分需求量不大，需水量占一生需水量的 15％，可忍受轻度干旱胁迫，在播前墒情好或者播种后浇水的地块不需要补充灌溉。遇涝要及时排水。玉米生长进入抽穗期后，植株对水分的需求量增大，平均每日每亩需水量在 $3m^3$ 左右。特别是抽雄期需水最多，是需水的临界期，占全部需水量的 45％～50％，干旱造成果穗有效花丝数量和粒数减少，还会造成抽雄困难，形成"卡脖子"，因此，根据天气情况和土壤墒情进行灌溉管理，在抽穗期结合追肥浇水，使土壤含水量保持最大持水量的 70％左右，可以促使玉米形成较大的叶面积，增强光合势，降低呼吸强度，有利于干物质的积累；

抽穗期浇水，不仅能满足玉米对水分的迫切需要，而且能改善株间小气候，提高花粉的生活力，缩短雌、雄穗抽出间隔期，使授粉良好，减少玉米秃顶现象。

3. 化控措施

化控可以调节玉米生长发育进程，降低植株高度，提高抗倒伏能力，但对生物产量和秸秆品质会产生一定影响，在青贮玉米种植区，一般不使用化控手段。在一些特殊地区，如经常发生倒伏的风道地段区，可适当使用化控。

第二节　青贮玉米收获

青贮专用玉米全株利用，不用摘果穗；粮饲兼用玉米摘穗后应尽快收割茎秆和叶进行青贮；粮饲通用玉米要看具体收获对象确定。不论哪种类型，适时收割、快速进行加工都很重要。

一、青贮玉米的收获

（一）适时收获

青贮玉米在水分少、干物质多且所含的淀粉较高时进行收获。此时收获，能量值最高。选择最佳的收获期对于保持青贮玉米高营养价值非常重要。最佳收获期是植株的含水量为 61%～68%。一般选择在青贮玉米乳熟期至蜡熟期收获，如果收获期过晚，则青贮玉米的粗纤维含量增加，适口性降低。青贮玉米在收获后要立即调制青贮或者饲喂，不宜长期保存。如果全株含水量高于 68%，则含水量高、干物质低，能量不足；如果含水量在 61% 以下收获，则青贮产量下降，酸性洗涤纤维增高、消化吸收率降低，同时因水分降低不易压紧，导致青贮发霉变质、品质下降等问题。

要选择晴朗天气收割，避免阴雨天，不要带泥土进入青贮设备。

（二）收获期指标

当青贮玉米籽粒乳线下移到 1/2 左右时（籽粒乳熟初、中期）或初霜前，即可采用青贮收割机进行收获（图 5-6）。

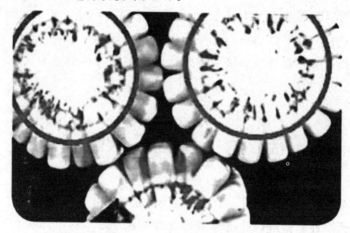

图 5-6　青贮玉米收获期

收割时，青贮玉米留茬 20cm（北方 30cm 最佳），一方面防止土壤中的微生物进入青贮，引起梭菌繁殖；另一方面根部木质素过多，影响家畜消化。最佳收割期青贮玉米的干物质含量为 30%～35%，最高不能超过 40%。

（三）收获方法

青贮玉米的收获流程可分两种，分别是一体化收获和分段式收获。

1. 一体化收获

收割的同时进行切碎、抛送到翻斗车，再用翻斗车或卡车送到场地直接进行青贮的方式。通常，集约化程度高的大型企业机械功力和青贮规模大，采用一体化收获方式，要求地势平坦，利于大型机械连续工作。基本步骤是田间收获、切碎、抛送→运输→装填压实→密封（图 5-7）。

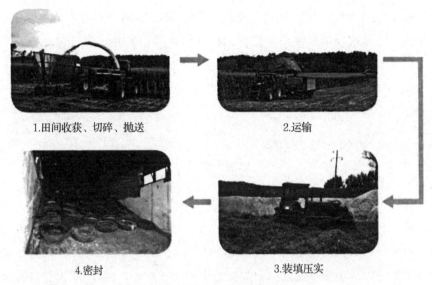

1.田间收获、切碎、抛送　　　　　　2.运输

4.密封　　　　　　　　　3.装填压实

图 5-7　一体化收获流程

2. 分段式收获

收割之后将植株先运送到场地，再用青贮机进行切碎之后进行青贮的方式。用于集约化程度低的山地或者不连片区域。步骤：田间收获→运输→切碎、装填→压实、密封(图 5-8)。

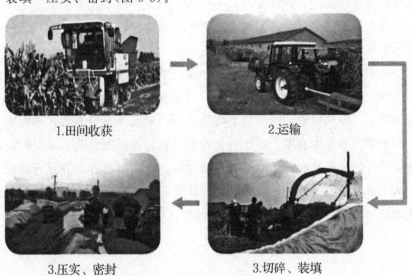

1.田间收获　　　　　　　　　2.运输

3.压实、密封　　　　　　　3.切碎、装填

图 5-8　分段式收获流程

根据青贮种类、饲喂动物种类的不同，采取不同方式进行青贮。通常，规模较大的养殖场都是使用窖贮方式来制作青贮。另外，还有裹包青贮、灌装青贮等不同方式。

二、青贮玉米的加工

（一）青贮的原理与优点

1. 青贮的原理

青贮是将含水量为 65%～75% 的新鲜材料切碎后，在密闭缺氧的条件下，通过乳酸菌厌氧发酵茎叶、籽粒的糖类或淀粉，产生以乳酸为主的脂肪酸。当乳酸积累发酵使密闭环境的 pH 值下降到 3.8～4.2 时，腐败菌和丁酸菌等微生物的活动被抑制。随着酸度的进一步增加，再经过 30 天左右的稳定发酵期，最终乳酸菌本身的活动也受到抑制，使植物的茎叶乃至果穗储藏在一个相对无菌的环境之中，从而使其营养物质可以长期在密闭的环境中保存。

2. 青贮类型

从原料成分来分，青贮可分为单贮和混贮两种类型。玉米含糖量高，属于易青贮植物，仅用其含糖量的 65%～70% 就足以供单贮产生乳酸之用。因为玉米含有过剩的糖，可与不易青贮的植物混贮，以补充青贮玉米蛋白质含量低的不足。

豆科中的紫花苜蓿、三叶草、草木樨、野豌豆等牧草富含蛋白质，按干物质计算，其蛋白质含量达 20% 以上，且碱性较高，适口性好，适宜作各种家畜的饲料，动物对它们的消化率高达 78%，但其含糖量有限，单贮不易发生乳酸发酵，易发生腐败，属于不易青贮植物。豆科牧草与玉米混贮，可以制成优质青贮饲料。混贮用的紫花苜蓿应在开花期以前收割并进行切碎，与切碎的玉米茎叶混拌均匀，玉米茎秆与紫花苜蓿混合比例不应超过 3：1。但要注意避免用老的豆科植物与玉米秸秆混贮(图 5-9)。

图5-9　玉米秸秆和胡萝卜混贮

玉米茎秆与野草野菜混贮。在生长野草野菜较多的地区，把它与玉米调制成混合的青贮饲料。混合比例根据野草野菜的数量来决定。混贮用的野草野菜应尽量选用嫩绿和多汁的，切碎后与玉米茎叶混拌均匀。

玉米秸秆与甘薯混贮。可以调节玉米秸秆水分的不足，并有利于压实，增加青贮料中蛋白质的含量，提高青贮饲料的营养价值。因为玉米秸秆富含糖分、质地硬、含水量低，而甘薯质地柔软、含水量高，均匀混合青贮，可获得质量较好的青贮饲料。

总之，青贮玉米的加工与贮藏关系到其营养价值、利用效率等多方面因素，采用什么方法要根据当地实际情况确定。

3. 青贮添加剂

世界上有65%的青贮饲料使用添加剂。最早用的青贮添加剂是无机酸，现在广泛使用的是有机酸，可以提高乳酸的含量，减少丁酸产生，提高消化率，提高青贮饲料的营养价值和适口性。可在青贮中添加的物质有食盐、尿素、青贮接种菌、甲酸（蚁酸）、丙酸、苯甲酸、纤维素酶、微量元素等，在生产中结合实际情况，可在技术员指导下选用1种或几种青贮添加剂。

（1）食盐

在青贮原料含水量低、质地粗硬、植物细胞液汁难渗出的情况下，每1 000kg原料添加2～3kg食盐。做法是将盐化水里均匀喷洒在原料上，可以促进细胞液汁的渗出，有利于乳酸菌的繁殖，加快饲料发酵，提高青贮饲料的品质。

（2）尿素

青贮玉米中添加尿素饲喂反刍家畜有着极其重要的作用，可以提高青贮饲料中蛋白质的含量,增加反刍家畜的采食量,有效防止二次发酵。但是,添加尿素时用量要适当,添加过多家畜食后容易中毒,添加过少起不到应有的作用。生产上一般按每1 000kg青贮玉米秸秆添加5kg尿素,这样青贮玉米秸秆饲料的粗蛋白质含量就可以提高1.4%。添加方法:将尿素制成水溶液,在入窖装填时将其均匀喷洒在青贮原料上。

(3)青贮接种菌

青贮接种菌是一种青贮专用微生物添加剂,由植物乳杆菌(LP)、戊糖片球菌(PP)、纤维素酶、细菌生长促进剂及载体等多种成分组成,能减少青贮过程中营养物质的消耗,防止取料后饲料的有氧霉变,保证乳酸菌发酵所需的营养。1 000kg经青贮接种菌处理过的青贮饲料可提高奶牛奶产量46.5kg,可提高肉牛增重6.7kg,投入产出比为1:10,效果明显。

(4)有机酸

甲酸可以保持青贮料的营养价值,提高青贮料的品质。100kg鲜草用85%的甲酸稀释20倍后用8L;丙酸可以抑制与青贮腐败有关的微生物,每1m青贮加1L丙酸,直接喷洒;苯甲酸及其钠盐在酸性饲料中可以减轻腐烂,防止霉菌生长,保持原料性质,用量不超过0.1%。

(5)药用植物添加剂

2020年我国开始全面禁止饲用抗生素的使用。近年,中草药、蒙药植物等传统药物尝试用作青贮添加剂,目的是不仅改善饲草青贮品质,提高营养成分,而且有利于提高家畜的抵抗力和免疫力,为畜牧业的安全生产乃至全民健康服务。

4. 青贮饲料的优点

(1)营养丰富,养分流失少

青贮可以减少营养成分的损失,提高饲料利用率。青贮玉米在制作过程中氧化分解作用微弱,养分损失少,营养价值的流失一般不超过10%,尤其是玉米秸秆饲料当中的粗蛋白含量和胡萝卜素的含量损失量很少。玉米收获时干物质含量高于200g/kg,发酵稳定,非结构性碳水化合物的含量较高,且具有较低的缓冲容量。常规生产出来的粗饲料在风干或晒干处理过程中营养价值会大量损失,特别是蛋白质的损失量高达40%,胡萝卜素的损失量高达 90％。通过青贮，还可以消灭原料携带的很多有害菌及寄生虫，防止营养损失。但是，玉米青贮饲料的主要营养缺陷是粗蛋白质含量低，所以与其他饲料配合利用更好。

另外通过对玉米秸秆进行青贮处理，能进一步释放玉米当中的营养元素。由于玉米秸秆当中的纤维素和半纤维素进入牛瘤胃系统之后，并不能被很好地消化利用分解，而通过微生物的作用，能够将这些纤维素进行有效的分解，生产出多种有益物质，大大增加粗饲料中的营养物质种类，有利于增加养殖效益。

（2）适口性好，更易消化

青贮饲料柔软多汁、气味酸甜芳香、适口性好，尤其在枯草季节，家畜能够吃到青绿饲料，自然能够增加采食量，同时还促进瘤胃分泌消化液，对提高家畜日粮内其他饲料的消化也有良好的作用。通过将玉米进行青贮处理之后，能够很好保持玉米秸秆在生长阶段的鲜嫩多汁，质地更加柔软，营养价值更加丰富。同时经过青贮处理之后，在秸秆当中还含有大量的乳酸菌和少量醋酸，具有酸甜清香的味感，能够大大提高家畜的采食量。通过对玉米秸秆进行青贮处理，青贮饲料当中的能量、蛋白质的消化利用率显著高于同类的干饲料；并且在青贮饲料当中的可消化粗蛋白含量、可消化总养分含量、消化能的含量显著高于同等干饲料。

（3）扩大饲料来源，提高产奶量

大量的饲喂试验表明，饲喂青贮饲料可使产奶家畜提高产奶量 10％～20％，提升幅度受青贮原料的营养含量及青贮后品质的影响。因此，大型奶牛养殖场必须饲喂青贮饲料，尤其全株玉米青贮更好。

在畜牧养殖产业发展过程中，应该充分认识到该产业和农业生产之间的联系性。在农业生产过程中，每年会产生大量的农作物秸秆，如果不能够妥善处理这些农作物秸秆，直接丢弃或者直接燃烧，会对周围生态环境造成严重破坏。

除了玉米秸秆外，农业生产中的各种植物根茎叶都是青贮饲料的主要来源。如果不能将这些农副产品进行有效的处理，直接投喂动物，容易因为这些饲料的异味或者适口性较差的问题影响到动物的采食量。而通过青贮处理之后，能够有效消除粗饲料当中的异味，提高饲料的营养价值，成为牛羊等草食畜主要的青绿饲料来源。

（4）制作简便

青贮是保持青饲料营养物质最有效、最廉价的方法之一。青贮原料来源广泛，各种青绿饲料、青绿作物均可用来制作青贮饲料。青贮饲料的制作不受季节和天气的影响，制作工艺简单，投入劳力少。与保存干草相比，制作青贮饲料占地面积小，易保管。

（5）利于长期保存

青贮饲料比新鲜饲料耐储存，一年四季均可利用，动物对其营养吸收优于干草。在青贮饲料制备过程中，只要保证所选择的技术合格，流程正确，储存恰当，青贮饲料密封完好，生产出来的青贮饲料一年四季均可使用，不会受到气候环境的影响。通常情况下青贮饲料储存 1~2 年之后，其营养价值不会受到影响。青贮原料一般经过 30 天的密闭发酵后即可饲喂家畜。研究表明，密封 3 个月以上开窖效果最好。保存好的青贮饲料可以存储几年或十几年的时间。另外青贮饲料能够保证动物一年四季采食到青绿多汁的饲料，满足动物生长发育所需，尤其是在青绿饲料比较紧缺的冬春季节，可以大大提高动物机体的营养水平，保证动物健康生长。但是，窖藏时间越长，营养物质损失率越高。

生产实践证明，青贮饲料不仅能调剂青绿饲料供应，而且有利于防灾备灾，是合理利用青饲料的一项有效方法；青贮饲料也是推进规模化、现代化养殖，大力发展农区畜牧业，大幅度降低养殖成本，快速提高养殖效益的有效途径。与此同时，也是提高畜产品品质，增强产品在国内、国际市场竞争力的一项有力措施。

（二）影响青贮发酵的因素

1. 乳酸菌

乳酸发酵的主角是乳酸菌。乳酸菌快速增殖而抑制其他不良微生物的繁殖，在原料草中菌落数量要达到 10 万 cfu/g 以上。普通的饲草上附着的乳酸菌数量为 100~1 000cfu/g。乳酸菌是厌氧菌，不同青贮方式均通过压实、密封创造无氧条件，让乳酸菌快速繁殖。一般要求压实密度大于 $500kg/m^3$，平均碾压密度达到 $550kg/m^3$。

2. 温度

青贮原料装入容器内后细胞仍在呼吸，将碳水化合物氧化，生成二氧化碳和水，同时放出热能，随着呼吸的进行，温度会不断升高，可达 55～70℃。因此，为保证青贮饲料质量，使其养分少损失，乳酸菌适宜发酵温度为 19～37℃，以 25～30℃最为理想。温度升高，乙酸含量大量增加，乳酸含量急剧减少，且温度继续升高，乳酸含量降低速度增加；温度升高，植物脂肪被氧化的过程加速，糖、蛋白质和粗脂肪含量都大幅下降，淀粉、胡萝卜素、中性洗涤纤维和酸性洗涤纤维、乳酸和乙酸浓度略有降低，干物质损失率增加。温度过高，丁酸菌开始活跃，制约乳酸菌生长。原料糖分含量高的时候，温度对青贮发酵的影响较小；而原料糖分含量低的话，温度越高青贮品质越差。

3. 切断长度及籽粒破碎度

通过原料的切短，装填时可以压得更实，有利于排除原料中的空气而制造密闭环境；也有利于青贮饲料的取用；也便于家畜采食，减少浪费。适中的切断长度能保证青贮饲料在反刍动物瘤胃内正常发酵。玉米青贮的理论切断长度为 0.95～1.90cm。如果未对玉米进行粉碎加工，切断长度可以为 0.9～1.2cm；若收割机有粉碎功能，则要增加切断长度。饲草中的有效纤维能刺激草食动物咀嚼，促进唾液分泌，维持瘤胃 pH 值相对稳定，避免瘤胃酸中毒。全株玉米青贮切得过长和过短均存在不利影响。如果切得太短，有效纤维减少，刺激咀嚼不足，易发生瘤胃酸中毒；如果原料切得过长，则不利于压实，青贮发酵效果较差。

对于全株玉米青贮来说，玉米籽粒破碎度也是影响青贮品质的重要因素。若籽粒不破碎，种皮的物理保护难以破坏，玉米淀粉不易被消化利用，玉米青贮的消化率低；若籽粒破碎得过细，则不利于反刍咀嚼，也会造成青贮发酵过程中的营养损失。对于籽粒较硬、较干的青贮玉米，在没有粉碎加工的情况下，应保持较短的切断长度。

4. 水分

微生物的生长与水分含量密切相关。青贮原料的含水量多少，也是影响乳酸菌繁殖快慢重要因素，若原料水分不足，踩压不实，氧化作用强烈，则好气性细菌大量参与活动，引起饲料发霉变质。若原料水分过多，易压实结块，利于酪酸菌生长繁殖，使乳酸变成酪酸，蛋白质分解，pH 值上升，影响育贮饲料质量。青贮原料含水量因质地和收割时间不同而有差异，最适宜含水量为 65％～75％，此时乳酸发酵最活跃，乳酸菌含量、动物采食量和乳脂率最高。测定含水量的简易方法是用力握紧青贮饲料，以指间水液不滴为度。水分含量过高会促进丁酸发酵，青贮品质变坏。不同饲草青贮适宜含水量不同，禾本科牧草含水量以 65％～75％为宜。原料水分过多时，要添加一些干饲料（如秸秆粉、糠麸、草粉等）。原料水分不足时，要及时添加清水，并与原料搅拌均匀。加水量计算公式：以原料为 100 与加水量之和为分母，原料中的实际含水量与加水量之和为分子，两者相除所得商，即为调整后的含水量。

例：某原料原水量为 55％，若每 100kg 加水 30kg，则调整后的含水率为（55＋30）÷（100＋30）×100％＝65.4％。

除去原料中的水分，就是干物质含量。介绍一种快速测定干物质的方法，即微波炉快速测定原料干物质含量法。

先称一下适于微波炉使用的、能容纳 100g 青贮原料的容器重量，记录重量（WC）。称 100g 青贮原料，放置在该容器内，测总重（WW）。样品越大，测定越准确。在微波炉内，用玻璃杯另放置 200mL 水，用于吸收额外的能量。将原料连容器放入微波炉内，把微波炉调到最大挡的 80％～90％，设置 5 分钟，再次称重，并记录重量。重复以上步骤，直到两次测量之间的重量相差在 5g 以内，把微波炉调到最大挡的 30％～40％，设置 1 分钟，再次称重并记录重量。重复以上步骤，直到两次之间的重量相差在 1g 以内时记录重量（WD）。根据以上数据计算干物质重量（DM）。

$$DM（％）＝[(WD－WC)/(WW－WC)]×100％$$

注意：最好把微波炉搬到室外进行测定，如果饲料样品不幸着火，应立即关闭微波炉，拔掉电源插头，但在样品没有彻底烧完之前不要打开炉门。

5. 糖分含量

高水分原料糖分足够的话，乳酸发酵活跃，产生大量的乳酸，pH 值降到 4.2 以下，产生优质青贮。青贮饲料要含有一定的糖分，才能保证乳酸菌大量繁殖，形成足够的乳酸。据资料报道，青贮发酵所消耗的葡萄糖只有60％变为乳酸，即每形成 1g 乳酸，就需要 1.7g 的葡萄糖。如果原料中没有足够的糖分，就不能满足乳酸菌的需要，因此，青贮原料的含糖量至少应占鲜重的 1％～1.5％。含糖量的高低因青贮原料不同有差异，如玉米、高粱植物、禾本科牧草、南瓜、甘蓝等饲料，含有较丰富的糖分，易于青贮；如苜蓿、三叶草等豆科牧草，含糖分较低，不易青贮，可与禾本科混贮或在青贮时添加 3％～5％的玉米粉和麸皮，以增加糖量。原料干物质中，糖分含量低于 3％，乳酸菌生长受抑制，不良微生物滋生，造成蛋白质腐败，青贮失败；糖分含量高于 6％，可制成优质青贮饲料；干物质中的可溶性碳水化合物（WSC）要达到 10％以上最佳。玉米的可溶性碳水化合物（WSC）含量较高，通常达到干物质的 20％～30％，所以适合青贮（图 5-10）。

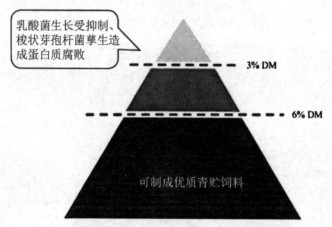

图 5-10　青贮对原料中糖分含量要求

（三）青贮方式

青贮设施必须具备密封，以及防水、防雨的功能，青贮方式一般分为青贮塔、窖贮（壕贮）、袋装青贮、地面堆贮、裹包青贮等。

1. 青贮塔

在青贮窖修建过程中，一定要结合养殖场的经济条件和具体养殖规模综合确定。许多地方养殖条件比较简陋，所以在青贮窖修建过程中最好采用地上青贮窖模式。选择地势较高的地区，用砖砌成一个方形的青贮窖，底部使用水泥铺设好，并在四周保留一定坡度。在坡度较低的一侧保留好排水沟，方便于排出青贮原料中含量较高的水分和雨水；在坡度较低的一侧保留取料门口方便饲料取出。

这种青贮窖的优势是饲料青贮量较大，青贮结束之后取料方便。由于原料从一侧填装，能够一边装料一边压实，提高饲料的密实程度。在青贮原料填装过程中装满一段之后将这一段进行封闭处理，然后再装另一段。遇到下雨天，只需要将原料用塑料布包裹好，雨水进入青贮窖之后，也会通过排水沟流出青贮窖外。青贮塔的选址要地势高燥，土质坚实，地下水位低，易排水，避开交通要道、粪场和垃圾堆，靠近畜舍的地方。用砖和水泥建成的圆柱形塔。多为地上式，也有个别为半地下式。塔顶为平顶，内径为 3~6m，高度为内径的 1.5~2.0 倍。在一侧每隔 2m 留下 0.6m×0.6m 的窗口，以便装取饲料。青贮塔的建造需有专门部门设计施工。如图 5-11 所示。

图 5-11　青贮塔

优点：青贮仓与空气的接触面积小；不需要很大的建筑面积；在填充和饲喂时能够最大限度地利用机械；在冬季时方便卸载。

缺点：起始成本高；卸载速度慢；无法贮存水分含量高的作物。这种老式青贮塔现在已很少见。

2. 青贮窖（壕）

对于小型的青贮窖，青贮原料在装填之前，应该在底部铺上一层厚30～40cm的麦秸秆或者稻草秆，其作用是能够吸收青贮原料在发酵过程中渗透的多余水分，防止底层的青贮饲料因为水分含量过多造成发霉变质。新鲜的玉米秸秆收获回来之后，直接使用铡草机将其切成3～5cm即可，粗硬的秸秆切成2～3cm较为适宜。然后将切碎后的秸秆装填到青贮窖当中，按照一层青贮料一层添加料的原则，一边添加一边压实。玉米秸秆装填完毕之后，应该稍微高于青贮窖，外观呈现拱形，然后在上方覆盖一层塑料布，再在塑料布上方覆盖一层土壤。

对于大型青贮窖，在装填过程中，除了按照上述方法一层一层地压实处理外，应该将装好一段的青贮饲料立即密封处理，直到全部的饲料装填完毕，然后将整个青贮窖密封完好。饲料装填完毕后，应该做好管理工作，如果发现顶部开裂，应该及时使用土壤压实；有条件的最好在青贮窖的四周增设一个围栏，防止牲畜践踏，损坏覆盖物。青贮窖选址同青贮塔。形式有半地下式、地下式；形状有长方形、方形、圆形和U形。青贮窖（壕）的四周和底部用砖、混凝土砌成，不漏气，不漏水。

容量：大型窖（壕）为100 000kg以上，中型窖（壕）为50 000～100 000kg，小型窖（壕）为50 000kg以下。

优点：容量大；不需要精良的机械设备用来填充制作，耗能少；卸载快。

缺点：在压实和包裹时要求较高；消耗较多劳力。最普遍使用的类型。广大农牧区适用，尤其大型养殖场必备。

3. 青贮袋

将原料切碎或揉碎处理后，用高压青贮灌装机装入青贮专用塑料袋里密封保存。适合贮存切碎或萎蔫处理的饲草、青贮玉米或高含水量的谷物。适用于小型个体户使用，塑料应无毒、结实耐用。塑料膜厚度在10～12丝以上，宽度为1m的直筒式塑料制品，按需要长短剪取，用绳扎紧或塑料热合机封口即成。贮量每袋120～150kg为宜。存放时间1～2年。如图5-12所示。

图 5-12   青贮袋

优点:投资比青贮窖低;适合多种原料青贮,可单独贮存;不受季节、日晒、降雨、地下水位的影响,可以露天堆放,贮存地点灵活。

缺点:所需机械技术较高,另外袋装青贮对青贮作物的水分、收获时机和添加剂等问题有较高的要求。

4. 堆贮

将青贮料堆积于地面,采用逐层压紧的方法,用塑料薄膜将垛顶和四周覆盖严实,以保证密封。在高燥、平坦的地方即可。

没有建设花费,不受地形限制。发达国家由于养殖规模大,多采取这种方式。其处理过程机械化程度高、速度快、贮存量大,是一种简便、经济的青贮方式。如图 5-13 所示。

图 5-13   堆贮

优点：便宜；操作简单、方便省力，可降低成本，提高经济收益。

缺点：干物质损耗大；与空气接触面积大；难压实；保存时间不长。

5. 裹包青贮

裹包青贮是指用专用的打捆机高密度压实青贮玉米制捆，然后用裹包薄膜把草捆裹包起来密封发酵而成，需要含水量 65％左右。有裹捆青贮和拉伸膜裹包青贮两种。前者将收割后的青贮玉米等原料打捆后装入塑料袋，系紧袋口密封即可。后者将原料收割、切碎后，用打捆机高密度压实打捆，裹包机用拉伸膜裹包后，创造厌氧的发酵环境，最终完成乳酸发酵。免去了装袋、系口等工序。适宜的含水量为 60％～70％，含糖量不低于 1％，打捆密度以 650kg/m³ 为宜。一般大型草捆重约 700kg，小型草捆约 50kg。可存贮 1～2 年。如图 5-14 所示。

图 5-14　拉伸膜裹包青贮

优点：青贮品质好、营养流失少。青贮系统灵活，根据需要增加或减少。使用简便、适用，可运输，产品可进行商品化流通。

缺点：一次性投入大。需要良好的机械设备；需要高品质的薄膜；要保证青贮密封性，应至少进行 6 层膜裹包。

（四）青贮玉米调制生产过程

制作青贮的方式根据饲养规模、地理位置、经济条件和饲养习惯来确定。

本书介绍最常用的两种类型。

1. 窖贮

青贮窖里贮存青贮，主要流程如图 5-15 所示。

1.清理检查　　　　　　　　　　2.装填

4.封窖　　　　　　　　　　3.压实

图 5-15　窖贮流程

（1）清理准备

清洁窖池后，用 10％～20％的石灰水进行消毒。装窖前，用 1 层干净的青贮专用塑料膜沿着墙体铺开，尽可能紧贴青贮窖的底部和四周，保证密封。

青贮原料要干净，绝不能在原料中混入泥土、粪便、铁丝和木片等异物，也绝不能让腐败变质的原料进窖。在青贮饲料的制作过中特别注意防止被泥土污染。若带泥土入窖一点，则青贮饲料变质一片。

（2）装填、压实

装填前在窖底铺一层 15～20cm 的原料。用青贮切碎设备把青贮玉米切成长度 1～2cm 的小段，将切短的青贮饲料在窖内逐层装填。切短后的青贮原料要及时装入青贮窖内，可采取边切碎、边装窖、边压实的办法。

装窖时，每装 8～12cm 压实一次，特别要注意压实青贮窖的四周和边角。从青贮窖一头或中间以 30°斜面层层堆填，边填边压，逐层压实，行走时采取曲线（内八字）行驶压平，再对角线压实，一定要压到边，顶部成丘陵状。压实过程中，如果车辆无法完全接近青贮窖边缘的话，需要人员在边缘进行踩压。如果当天或者一次不能装满全窖，可在已装窖的原料上立即盖上一层塑料薄膜，次日继续装窖。在青贮过程中一定要压实，若残留过多氧气，会导致部分原料发生霉变。这是导致青贮失败的主要原因之一。压实首选工具为高吨位轮胎车，其次为履带车。如图5-16所示。

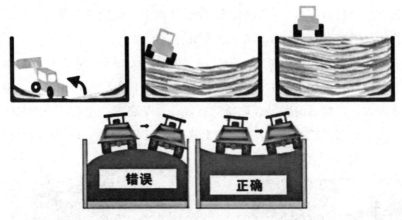

图5-16　压实处理

（3）封窖

贮满一窖后，应快速封窖，避免原料经太阳久晒而损失水分和营养。青贮过程过长，会使原料在窖内发热变质。

尽管青贮原料在装窖时进行了踩压，但经数天后仍会发生下沉。这主要是受重力的影响，原料间空隙减少及水分流失所致。为此，青贮原料装满后，还需再继续装至原料高出窖的边沿50～80cm。密封一般选用塑料薄膜将青贮完全覆盖，然后自下而上覆盖一层40～60cm的湿土，拍实打光。为了防冻，还可在土上再盖上一层干玉米秸秆、稻秸或麦秸，最后用轮胎压实。

制作完成的青贮玉米饲料经过20天左右即可完成发酵，再经过20天的熟化过程即可开窖取用。

（4）青贮窖的管理

随着青贮的成熟及土层压力，窖内青贮料会慢慢下沉，出现窖体裂缝、漏气现象，再遇雨天，雨水会从缝隙渗入，使青贮料败坏。如果装窖时踩踏不实，时间稍长，青贮窖会出现窖面低于地面而导致雨天积水。因此，要随时观察青贮窖，发现裂缝或下沉要及时覆土；开窖前，还要防止牲畜在窖上踩踏，以保证青贮成功。

2. 拉伸膜裹包青贮

拉伸膜裹包青贮是一项机械化程度很高的、先进的青贮饲料生产技术。它对机械化设备要求很高，机械设备及膜的材料、颜色、厚度、包裹层数等对裹包青贮饲料的品质均有影响。在青贮过程中，还应注意青贮原料的含量和捆扎密度等技术环节，保证青贮发酵正常进行。

该方法的主要加工工序：一是打捆，用专用的打捆机把青贮原料压成一定形状的草捆，排除草捆中的空气，有些原料可以不切短，如牧草，但是玉米植株高大，切短后的裹包青贮质量更好；二是裹包，在草捆外面用塑料薄膜进行密封。在生产实践中，打捆机和裹包机配合使用，流水作业，先打捆，后裹包。如图 5-17 所示。

1.切断打捆　　　　　　　　　　2.用网裹包草捆

4.搬动放置　　　　　　　　　　3.拉伸膜裹包

图 5-17　裹包青贮制作流程

(1)拉伸膜的特性及选用

拉伸膜由线性低密度聚乙烯(LLDPE)树脂制成，具有良好的伸缩和黏附性能，具有 55%～70% 的拉伸性；具有良好的气密性和遮光性，能够抵抗各种天气条件下的紫外线辐射；能在户外放置至少 1 年不变性，具有良好的抗穿刺能力。

C8 树脂膜：厚度为 $25\mu m$、$30\mu m$ 或 $35\mu m$；宽度为 25cm、50cm 或 75cm。长度为每捆 1 500m 或 1 800m；颜色分白色、黑色、绿色。树脂分子链中碳原子的个数越多，气密性越好，如 C8 树脂膜优于 C6 或 C4 树脂膜。

（2）选址

拉伸膜裹包青贮饲料贮放地应清扫干净，最好是混凝土地面，必要时进行消毒，并防止泥土及杂物混入。要求取用方便，易管理。

（3）原料切短打捆

用全株玉米制作拉伸膜裹包青贮时，先用青贮机收割并切碎，长度为 $2\sim3cm$，籽实破碎率约 80%。

收割切短后的全株玉米原料应使用专用打捆设备进行高密度压实、缠网、打捆。打捆形式主要为圆柱体，主要目的是将原料间的空气排出，最大限度地降低好氧发酵，要求密度达到 $650\sim850kg/m^3$，缠网层数为 $4\sim6$ 层。

为防止草捆过重并易于搬运，一般草捆的直径为 $100\sim120cm$，长度 $120\sim150cm$，重量不超过 600kg 为宜。固定型打捆仓的打捆机生产的草捆尺寸一般为 $1.2m\times1m$，可变型打捆仓的打捆机生产的草捆的宽度一般为 1.2m，直径 $0.6\sim1.8m$。

青贮玉米适宜打捆的水分含量为 $40\%\sim65\%$，最理想的打捆水分含量为 $45\%\sim60\%$，不能高于 70%。

（4）裹包

全株玉米草捆需用青贮专用拉伸膜进行裹包。草捆应在 24 小时内完成裹包，天气炎热潮湿地区最好在 $4\sim8$ 小时之内打捆，以防止霉变和热损害。拉伸膜具有拉伸强度高、抗穿刺强度高、韧性强、稳定性好及抗紫外线等特点，一般厚度为 0.025mm，拉伸比范围 $55\%\sim70\%$，裹包时包膜层数为 $4\sim8$ 层，裹包时拉伸膜必须层层重叠 50% 以上，裹包 2 轮；若裹包 6 层，则需裹包 3 轮。原料水分含量越低或刈割时越成熟，需增加裹包的层数越多。草捆裹包地点离存放地点要近，避免由于长距离运输操作而损坏裹包膜。

（5）堆放及管理

裹包好的全株玉米青贮饲料运送到贮放地进行堆放，采用露天竖式两层堆放贮藏的方式，堆放及转运过程中发现破损包应及时进行修补。

存放时要求地面平整，排水良好，没有杂物和其他尖利的东西。存放点需干燥、阴凉。裹包叠放在一起可节省贮存空间，防止鼠害，易于管理。堆放操作时，尽量避免撕裂裹包和叠放高水分裹包青贮，堆放好后，应不时检查有无破损的地方，如有破损及时用胶带修补密封。如图 5-18 所示。

图 5-18　裹包青贮的存放

青贮玉米裹包青贮存放 30 天后可取用饲喂家畜。应根据家畜每天的采食量随用随取。

裹包青贮取用后，废弃的塑料膜需回收存放，避免污染环境。青贮专用膜燃烧后会释放有毒物质，具有潜在的致癌作用，故不能燃烧。

随着我国国产专用膜和捆裹机械制造企业技术的不断提高，以及越来越多的饲料企业将裹包青贮产业化，捆包青贮技术在我国正在得到快速发展。

（五）玉米青贮的评价

1. 感官评价

在实际生产中，一般通过看、闻和手持物料等感官操作来判断青贮质量优劣。不依靠仪器设备，操作简单、快捷、实用。感官评价包括水分、颜色、气味、味道、质地等指标，将青贮质量分为上等、中等和下等三个等级。如图 5-19 所示。

图 5-19　青贮的感官评价

上等：理想的青贮在窖内压得紧密，颜色应接近作物原料的颜色，玉米茎叶颜色呈黄绿色或青绿色，酸味明显，芳香味浓。质地和结构方面，用手拿起时松散柔软，不会形成块；水分适宜，略湿润，不黏手，茎叶保持原状，容易清晰辨认和分离；玉米籽粒破碎均匀。

中等：玉米茎叶颜色黄褐色或黑绿色，酸味中等或较少，芳香，稍有酒精味或丁酸味；质地柔软，稍干或水分稍多。

下等：玉米茎叶颜色黑色或褐色，有刺鼻的酸味；质地干燥、松散或略带黏性。

以上是可以利用的青贮等级。如果青贮颜色黑褐色，有腐败霉烂味，发黏结块，干燥或抓握见水，属于劣质青贮，禁止饲喂家畜。

2. 化学评定

化学评定是通过仪器分析来定量评价青贮的化学成分。将青贮袋打开，在料面以下 10cm 进行取样分析。如图 5-20 所示。

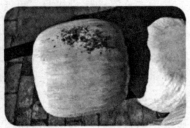

图 5-20　青贮饲料取样

由于大规模的青贮可能存在发酵不均匀的情况，因而需要进行多点取样。

化学评定的主要指标是 pH 值、有机酸(乳酸、乙酸、丁酸等)、氨态氮、总氮等发酵品质参数,干物质、粗蛋白、中性洗涤纤维、酸性洗涤纤维等化学成分。优质青贮玉米各指标参数见表 5-3、表 5-4。

表 5-3　青贮玉米饲料发酵品质(%)

项目	pH 值	乳酸/总酸重量	乙酸/总酸重量	丁酸/总酸重量	氨态氮/总氮
指标	3.8~4.2	≥60	≤20	≤1	≤10.0

表 5-4　青贮玉米饲料营养成分(%)

项目	干物质	粗蛋白	ADF	NDF
指标	25~35	7~8.4	≤20	≤45

pH 值:反映青贮厌氧发酵状况。优质全株玉米青贮的 pH 值应为 3.8~4.2,pH 值超过 4.2 则表明青贮发酵过程中腐败菌的活性较强,造成异常发酵;pH 值低于 3.8,乳酸菌也难以存活。

有机酸:反映了青贮发酵的程度及发酵类型的主次,主要指标有乳酸、乙酸、丙酸和丁酸。乳酸占有机酸总量的比例越大越好。优良全株玉米青贮饲料含有较多的乳酸,占总挥发性脂肪酸 60% 以上;含少量的乙酸,占总挥发性脂肪酸 20% 以下;不应含丁酸,因为丁酸是腐败菌(如梭菌)分解蛋白质、葡萄糖和乳酸而生成的产物。若青贮饲料含有过量的乙酸、丁酸,则说明发酵品质较差。

氨态氮:占总氮的比例可反映出全株玉米青贮饲料中蛋白质和氨基酸的分解程度。测定氨态氮含量的同时,还必须测定青贮饲料的总氮含量,计算氨态氮在总氮中的比例。氨态氮与总氮的比值小于 10%,则表明发酵过程良好,蛋白质和氨基酸分解少,属于优质青贮饲料;比值大则是异常发酵,蛋白质分解多,属于劣质青贮饲料。

干物质:除去原料中的水分就是干物质,占 25%~35% 为宜。干物质太少,饲料能量不足;干物质含量太高,不易青贮。

粗蛋白:粗蛋白含量是反映饲料品质的重要指标,但是粗蛋白含量只能表明饲料的含氮量，而不同家畜对其中无机氮的利用效率则存在差异，超过一定量甚至会产生明显的毒害作用。

中性洗涤纤维（NDF）和酸性洗涤纤维（ADF）：中性洗涤纤维是对植物细胞壁或纤维成分的测量标准。饲料中含一定量的 NDF 对维持家畜瘤胃正常的发酵功能具有重要意义，但过高的 NDF 会对干物质采食量产生负效果。优等全株玉米青贮饲料的中性洗涤纤维（NDF）含量应不高于 45%。中性洗涤纤维包括木质素、纤维素和半纤维素，可用来定量草食家畜的粗饲料采食量。酸性洗涤纤维则包括饲料中的木质素和纤维素。中性洗涤纤维（NDF）与酸性洗涤纤维（ADF）之差即为饲料中的半纤维素含量。酸性洗涤纤维（ADF）含量不高于 20%。

青贮饲料品质测定常用的为日本粗饲料评定的 V-Score 体系。该体系是以氨态氮和乙酸、丙酸、丁酸等挥发性脂肪酸为评定指标进行青贮品质评价，各指标不同含量分配的分数不同，满分为 100 分。根据这个评分，将青贮饲料品质分为良好（80 分以上）、尚可（60～80 分）和不良（60 分以下）三个级别。

我国的玉米青贮质量评定标准正在制定，今后会在生产实践中实施。各国的评价标准虽然在测定方法、内容上有一定的区别，但总体指标是基本一致的。

3. 微生物评价

对玉米青贮饲料进行微生物评价，有助于了解青贮发酵状况。微生物评价一般检测乳酸菌、酵母菌和霉菌、梭菌、肠杆菌等几类微生物的含量。

（1）乳酸菌

乳酸菌是青贮发酵的优势菌群，为有益微生物。在养殖生产中，大量试验观测到，饲喂接种过乳酸菌的青贮饲料可以提高奶牛或肉牛的生产性能。这是由于青贮料中的乳酸菌进入牛消化道发挥了益生菌的作用。

（2）酵母菌和霉菌

酵母菌和霉菌是青贮有氧腐败的菌群，也是影响青贮正常厌氧发酵的主要微生物，还存在滋生霉菌毒素引发中毒的风险。

（3）梭菌

梭菌发酵产生丁酸和氨气，造成营养物质损失并降低饲料适口性。

（4）肠杆菌

肠杆菌生成硝态氮，增加潜在的中毒风险。

4. 安全性评价

青贮饲料的安全问题不少。一是原料本身可能含有毒有害物质，如果调制不当，可能影响动物的健康发育；二是加工贮藏过程中，有毒有害微生物大量繁殖，危害动物和人体健康；三是受重金属污染，导致重金属含量超标，引起动物中毒或死亡。常见的检测内容有硝酸盐、亚硝酸盐、氰化物、生物碱、铅、砷、镉、汞、霉菌毒素和霉菌等。如图 5-21 所示。

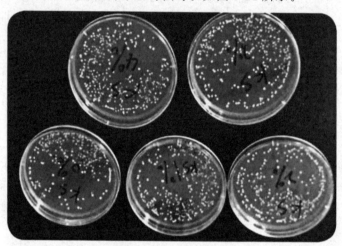

图 5-21　培养植物乳酸菌

（六）青贮玉米加工中存在的问题

1. 营养成分含量不高

青贮原料纤维含量高，只能被反刍动物瘤胃中的共生微生物分解成纤维二糖、纤维三糖、葡萄糖等，而不能被猪、鸡等单胃动物消化吸收；秸秆青贮中较低的蛋白含量不能满足牲畜的正常生长。

2. 安全性管理需要加强

青贮玉米收获过早，残留农药未完全挥发，牲畜食用含残留农药的青贮料后会引发中毒，重者导致牲畜死亡。添加剂中的菌体不仅能够分解纤维素、提高饲料蛋白含量，而且可成为饲喂过程中牲畜肠胃中的益生菌，但仍有大量菌种的安全性值得商榷，其携带的致病基因常常会对牲畜的健康造成威胁。青贮工作大多在雨季进行，霉变的青贮原料含有黄曲霉素、赤霉菌毒素、曲霉毒素等，家畜食用轻则产生毒害，重则致命；饲喂中引起的二次发酵同样会引发青贮料的霉变等。

3. 机械设备不足

我国青贮饲料生产机械化水平低，保有量较少，割草机、打捆机保有量仅为美国的 0.1%，青贮机械保有量不足美国的 5%，且 90% 以上为国外公司的畜牧机械装备。

4. 社会运营体系尚待完善

我国的青贮玉米种植和加工事业发展较晚，但养殖业规模快速增加，对青贮玉米的需求发生了变化。但是，适合于国情的相关社会环境及运营体系还未完善。例如，发达国家的循环经济已经很普遍，我们广大农村牧区尚未成熟。发达国家青贮玉米的利用已经发展成 TMR 利用，关于 TMR 调制的社会分工与协作关系很完备；我国全株玉米青贮利用刚开始普及，TMR 利用尚未普及。

第三节　青贮玉米生产机械化

青贮玉米与普通玉米相比具有生物产能高，纤维品质优和持绿性好等优点。"玉米青贮生产全程机械化技术"既可解决畜牧业饲料短缺问题，又可以解决秸秆留地问题，为此大力推广玉米青贮生产全程机械化技术。农机技术人员乘势而上，积极配合粮改饲，对青贮玉米生产的全程机械化技术进行实验研究，探索青贮玉米生产全程机械化适用的最优模式，总结青贮玉米全程机械化生产路线、机具选配方案与机具作业规程，取得了显著的成效。

一、青贮玉米全程机械化生产技术路线

农作物种植模式主要为小麦玉米 2 轮连作，青贮玉米一般是在小麦收获后进行播种。因此，确定技术路线为：小麦联合收获（上茬作物）→青贮玉

免耕施肥精量播种→青贮玉米田间管理→青贮玉米机械收获→运输装填入窖→压实封窖覆盖→小麦旋耕施肥播种（下茬作物）。

二、主要机械化技术措施

（一）精量播种

麦收后，在 6 月 10—20 日使用玉米免耕施肥精量播种机进行播种，种子选用农大 372、郑单 958、登海 605 等，播种深度为 4～5cm，亩株数保持在 5 000～6 000 株，种肥选用玉米专用肥或金正大缓控释配方肥按每亩 40～50kg，或选用氮磷钾复合肥按每亩 30～40kg，种肥与种子间隔距离应以 7～10cm 为宜，实现机械一次进地完成播种、施肥作业。通过利用玉米免耕施肥精量播种机进行种肥同播，既减轻了劳动强度，又可实现简化栽培，尤其是使用一次性施缓控释肥，不必再追肥，既节约了人工，又减少了生产成本，同时提高了肥料利用率。

（二）田间管理

由于玉米精量播种栽培技术采用的是单粒精播，因此必须杜绝害虫咬种、咬苗，保证种植密度，在整个生育期，发现病虫应及时对症施药。在玉米播种前，可以使用高地隙自走式喷杆喷雾机，进行地面满幅喷施封闭除草剂甲莠合剂或乙莠合剂，进行封闭地表土壤，防治杂草出生并消除田间、地头、沟边已有的杂草。在玉米出苗后 3～5 叶期，采用高地隙自走式喷杆喷雾机或植保无人飞机喷施乙阿合剂，进行喷雾治虫，重点防治二代黏虫、玉米螟、蓟马、蚜虫、红蜘蛛、灰飞虱以及地下害虫，并喷施选择性玉米除草剂、苗后乐、苗后笑等消灭杂草，防治荒苗。玉米生长中后期，尤其进入灌浆期，用甲维盐、高效氯氟氰菊酯等药剂，使用植保无人飞机进行飞防作业，防治二代玉米螟、黏虫、蚜虫、棉铃虫、草地贪夜蛾等害虫。采用植保无人机进行飞防作业与传统植保机械喷药技术相比，植保无人机不仅能够进入传统植保机械进不去的地方开展高效作业，还实现了作业时人、药分离，保证了作业人员的安全，有效降低了农业使用量和用水量，并且能够节时节力，具有良好的防控作用，在安全、环保、防治效果、成本等方面明显优于传统植保机械。

（三）适时机收

采用青饲料收获机在籽粒乳熟末期至蜡熟前期、含水量在65％～70％时进行收获，随收割、随切短、随籽粒破碎、随装入拖车，此时保绿性最佳。收获时，根据干物量调整机器茎秆切割长度，对于干物量在35％以下的整株玉米一般应该铡至1.0～2.0cm，对于干物量在35％以上的整株玉米一般应该铡至0.5～1.5cm。通过把握全株玉米的切割长度，有利于青贮压实，过长时不容易压实，里面滞留的空气太多会影响青贮的无氧发酵，青贮易霉变进而影响青贮品质，过短营养物质会流失，会影响牛的瘤胃健康，真胃变位的发病率增加。通过调整破碎辊的对辊间隙和破碎辊的速度差，来保证籽实破碎率在95％以上，破碎辊的速度差，可以从传统的20％差异增加到40％～50％，随着速度差的增加，会使青贮玉米的秆、茎、籽粒经过破碎辊的揉搓后，变得更加细碎和柔软，青贮饲料的品质会更高。收割时适宜的留茬高度，一般为高于地面15～20cm为最佳，如果留茬高度太低，玉米根部大部分是木质素，纤维含量过高，营养价值极低，不利于牛消化吸收。同时下面茎秆携带大量酵母菌、霉菌、污垢和泥土等易造成青贮腐败，影响青贮的质量。留茬过高则会使产量降低，影响经济效益。

（四）运输装填入窖、压实、封窖、覆盖

将机械收获、切碎的青贮玉米原料运输并装入青贮窖内，逐层装入，层层推匀，每层30～50cm厚，用拖拉机或专用青贮压实机等机械进行完全压实作业，达到560kg/m³，特别是四角和靠壁部位要踏实，排除空气。青贮料顶部压成圆拱形，青贮原料填满压实后，尽快封窖，封窖采用黑白膜，外面的白膜可以反射太阳辐射，降低青贮表面温度，里面是黑膜，自下而上加45cm左右的湿土压实，封严边缘。膜的上面再放轮胎密封压实，避免空气进入导致霉变，通常30天就可以使用。

三、经济效益、产业效益、社会效益、生态效益显著

(一)经济效益

机械化收获效率是人工的 250 多倍，同时机械化收获比人工节约成本 1 050～2 100 元/hm²，并极大程度上做到抢收抢种，保障了玉米青贮的品质。通过分析，1 台克拉斯青贮机的购机价格为 240 万元，通过 2 年青贮收获作业即可收回成本。用玉米青贮料饲喂奶牛，每头奶牛 1 年可增产鲜奶 500kg 以上，而且还可节省 1/5 的精饲料。

(二)产业效益

玉米青贮全程机械化技术的推广改变了畜牧业与人争粮的现状。"海门山羊"在江苏启东饲养可追溯到 1932 年，家家户户养羊成为传统。玉米青贮让山羊吃上了高质量的"绿色食品"。上海市光明乳业股份有限公司的养牛场紧邻启东市，为玉米青贮产业化注入了强心剂，促进了当地农业种植结构调整，畜牧业健康发展。

(三)社会效益

随着玉米青贮全程机械化技术的推广，在当地产生了巨大的影响。对调整当地农业种植结构，特别是"环保式"农业发展起推进作用。尤其收获季，极具视觉冲击，1 台克拉斯青贮机需配套 15 辆左右的卡车进行收获。当地人戏称"绿色黄金"在跑动。

(四)生态效益

因为青贮玉米秸秆具有经济效益，所以收获盘的高低决定了经济效益，农户愿意积极调整收货盘应割尽割。无秸秆的田地从源头上杜绝了秸秆焚烧对环境的污染，有效地保护了生态环境，有利于当地农业向健康、有序的方向发展。

四、存在问题

(一)缺乏科学的理论体系指导和规范的操作

全株青贮玉米制作过程中仍存在选种不当、收获过早、切割过长、籽粒未破碎、压窖不实、封窖过慢、密封不严、取料面管理差等问题,导致青贮中缺少籽粒、营养损失多、二次发热没有得到有效控制,最终影响青贮饲料的质量。

(二)机具价格偏高,投资回收期长

很多机手觉得风险大,担心自己难以收回成本,很大程度上制约了农民购机的积极性。

(三)机械性能质量有待进一步提高

作业时故障多,个别部件质量不过关,有些还存在设计的缺陷,可靠性差,如:掉链子或链条断、多处脱焊、堵塞等,从而影响了作业效率。

五、建议对策

(一)继续加大政策倾斜和扶持力度

要充分利用农机购置补贴资金的导向作用,把青贮玉米收获机械在购机补贴范围内予以倾斜,加大青贮玉米收获机械的补贴力度,同时引导农民多渠道资金投入,建立多元化的投入机制,为青贮玉米收获机械化的发展创造良好条件。

(二)完善整机结构,优化部件设计,确保产品质量

建议科研和生产企业,提高关键部件的质量、通用性、互换性,提高机具配套方便性和作业的使用可靠性。

（三）加强技术培训和全面服务

农机部门要紧密结合实际，有的放矢，在培训农民技术上下功夫，使农民有理论、会使用、能维修、保安全，达到让农民购机放心、用机顺心、维修省心、收益称心的目的。

总之，随着畜牧产业化的快速发展，饲草料的需求量日益增加，种植结构也由"粮食—经济作物"二元结构向"粮食—饲料—经济作物"三元结构转化；其草料和秸秆蛋白质含量较低，饲用价值差，不能满足快速发展的畜牧业生产对优质饲草料需求量的日益增加。因此，大力推广青贮玉米机械化生产，对促进该地畜牧业发展具有十分重要的意义，具有很好的社会效益。在推广青饲玉米全程机械化生产中，秸秆都使用秸秆还田机进行还田，能有效改善土壤有机质含量，提高土壤肥力及抗病虫害能力，同时减少了秸秆焚烧对环境的污染，有效地保护了生态环境，生态效益明显。从市场推广效益来看，青贮玉米含有丰富的营养价值，是今后发展"节粮型""秸秆型"畜牧业的关键突破口，为提升青贮玉米的种植效益，推广全程机械化技术提供了可靠的宝贵经验。

第六章

青贮玉米病虫草害防治

第一节　青贮玉米病害发生与防治

一、不同耕作类型区青贮玉米主要病害类型

春播种植区主要病害为玉米大斑病和玉米丝黑穗病，此外，玉米弯孢叶斑病和茎腐病在局部地区发生严重。夏播种植区主要病害包括玉米小斑病、玉米褐斑病、玉米弯孢叶斑病、玉米穗腐病、玉米茎腐病、玉米顶腐病和玉米瘤黑粉病等。此外，南方锈病在有的年份发生严重。

二、主要病害发生特点、症状及防治要点

(一)玉米大斑病

发生特点：玉米大斑病(图 6-1)以侵染玉米叶片为主，也侵染叶鞘、果穗苞叶，严重时甚至侵害玉米籽粒。发病阶段主要在玉米抽穗吐丝后，病斑多从植株的下部叶片开始发生，随着植株的生长，下部叶片病斑增多，中部叶片也逐渐出现病斑。当田间湿度高，温度低时，植株上部叶片也会被严重侵染。20~25℃是大斑病发病的适宜温度，高于 28℃时病害发生受到抑制。田间相对湿度在 90％以上时，有利于病害的发生。河北春播青贮玉米种植区，6—8 月大多适宜大斑病的发生，若 7—8 月遭遇温度偏低、连续阴雨、日照不足的气候条件，大斑病极易发生和流行。

病害症状：当玉米叶片被侵染后，发病部位初为水渍状或灰绿色小斑点，病斑沿叶脉扩大，形成黄褐色或灰褐色梭状的萎蔫型大病斑，病斑周围无显著变色。病斑一般长 5~10cm，有的可达 20cm 以上，宽 1~2cm，有的超过 3cm，横跨数个小叶脉。田间湿度大时，病斑表面密生黑色霉状物。叶鞘和苞叶上的病斑多为梭形，灰褐色或黄褐色。发病严重时，全株叶片布满病斑并枯死。

防治要点：采用农业防治时，应施足底肥，增施磷钾肥，提高植株抗病

性，也可与其他作物间套作，改善玉米的通风条件，减少病原菌侵染。采用药剂防治时，因玉米植株高大，化学防治大斑病比较难实施。在病害常发区，建议在大喇叭口后期，连续喷药 1～2 次，每次间隔 7～10 天。常用药剂有25％丙环唑乳油、25％嘧菌酯悬浮剂、25％吡唑嘧菌酯乳油、10％苯醚甲环唑水分散粒剂以及 70％代森锰锌可湿性粉剂、70％氢氧化铜可湿性粉剂、50％多菌灵可湿性粉剂、57％百菌清可湿性粉剂、70％甲基硫菌灵可湿性粉剂等，用量参照产品的推荐用量。

图 6-1　玉米大斑病

（二）玉米小斑病

发生特点：玉米小斑病菌(图 6-2)主要侵染玉米叶片，也侵害叶鞘、果穗苞叶和籽粒。当环境温度达到 20～32℃、多雨高湿时，叶片表面存在游离水的条件下，病菌极易侵染。玉米小斑病主要导致叶片上形成大量的枯死病斑，严重破坏叶片光合能力而引起减产，病菌影响全株玉米青贮质量。病害症状：病菌侵染初期，在叶片上出现分散的水渍状病斑或褪绿斑。叶片上常见症状有 3 种：①病斑受叶脉限制，椭圆形或近长方形，黄褐色，边缘深褐色，大小长度为 10～15mm，宽度 3～4mm；②病斑不受叶脉限制，多为椭圆形，灰褐色；③病斑为小点状坏死斑，黄褐色，周围有褪绿晕圈。

防治要点：可参照玉米大斑病防治要点。

图 6-2　玉米小斑病

（三）玉米弯孢叶斑病

发生特点：玉米弯孢叶斑病(图 6-3)属于高温高湿病害。病菌最适宜发生温度为 30～32℃；相对湿度低于 90％时，病菌分生孢子很少萌发或不萌发。青贮玉米全生育期均可发病，但多在成株期发病，春播青贮玉米种植区，玉米抽雄期在 7 月上旬，田间温度高，降雨多的天气条件有利于病菌侵染和植株发病。夏播青贮玉米种植区，7—8 月雨热同步，弯孢叶斑病非常容易发生和流行。在河北省该病发病高峰期在 8 月中下旬至 9 月上旬，高温、高湿、降雨较多的年份有利于发病。

病害症状：玉米弯孢叶斑病主要侵染植株叶片，也侵染叶鞘和苞叶。叶片病斑初期为水渍状病斑或淡黄色透明小点，之后扩大成圆形至卵形，直径 1～2mm，中央乳白色，边缘淡红褐色或暗褐色，具有明显的褪绿晕圈。病斑大小一般为宽 1～2mm，长 2～5mm，病斑扩展受叶脉限制。

防治要点：可参照玉米大斑病防治要点。

图 6-3 玉米弯孢叶斑病

(四)玉米褐斑病

发生特点:褐斑病(图 6-4)是一种土传病害,病菌发生主要受温度、湿度、降水量、品种抗性等影响。夏播青贮玉米种植区,7 月雨量大小决定褐斑病初始病斑出现时间,尤其是暴雨后更有利于病菌侵染。田间温度 23～30℃、相对湿度 85％以上时,病害扩展迅速,发病严重。另外,农田土壤贫瘠和潮湿、地势低洼的地块发病较严重。7—8 月高温、多雨年份,褐斑病易流行。

病害症状:玉米褐斑病病斑主要出现在玉米叶鞘上,也能在叶片、茎上发生,茎上病斑多出现茎节附近,呈深紫色或黑色。褐斑病一般在玉米生长的中后期发病,病斑集中在叶鞘上,扩展缓慢,一般不易造成产量损失;从抽雄开始至乳熟期为症状高峰期,病斑初期为水渍状,不规则,后期病斑为红褐色至紫褐色,微隆起,大小不一,多为 3～4mm,严重时候病斑可连成不规则大斑,影响植株养分传输。

防治要点:田间管理上,应及时排出田间积水,降低田间湿度,合理施肥,提高植株抗病性,必要时,实行 3 年以上轮作。当田间病株率低于 10％时,对产量影响不大,不必防治。田间化学防治应在玉米 3～5 叶期,或者病害症状发生初期进行，可选用药剂有苯醚甲环唑、丙环唑、三唑酮、代森锰锌、噁霉灵等。

图 6-4　玉米褐斑病

（五）玉米顶腐病

发生特点：玉米顶腐病通过种子、植株病残体和带菌土壤进行年度间病害传播。玉米顶腐病在玉米苗期至成株期均可发生。

病害症状：苗期症状，植株表现不同程度矮化，叶片失绿、畸形、皱缩或扭曲；边缘组织呈黄化条纹和刀削状缺刻，叶尖枯死；重病苗枯萎或死亡，轻者叶片基部腐烂，边缘黄化，沿主脉一侧或两侧形成黄化条纹。叶基部腐烂仅存主脉，中上部叶片完整呈蒲扇状，以后生出的新叶顶端腐烂。成株期发病，植株矮小，顶部叶片短小，或卷缩成长鞭状，有的叶片包裹成弓状，有的顶部几个叶片扭曲缠结不能伸展，缠结的叶片呈撕裂状。轻病株可结实，但结籽少，重病株不能抽穗。

防治要点：种子处理，可选用含有三唑酮、烯唑醇的可湿性粉剂拌种，并可兼防玉米丝黑穗病，也可以用百菌清、多菌灵、代森锰锌可湿性粉剂拌种。喷雾防治时，在发病初期可用多菌灵、代森锰锌可湿性粉剂喷施，有一定的防治效果。

（六）玉米穗腐病

发生特点：玉米穗腐病是青贮玉米生产中的重要病害之一，在夏播青贮玉米种植区发生非常普遍，特别是在玉米灌浆成熟阶段遇到连续阴雨天气，一些品种 50％的果穗可发生穗腐病，严重影响青贮玉米产量和品质。

病害症状：玉米穗腐病侵染果穗，表现为部分或整个果穗腐烂，发病籽粒上可见黄绿色、松散、棒状的病原菌结构。

防治要点：加强田间管理，及时收获，防虫控病，控制玉米螟、桃蛀螟等害虫对穗部的为害，能够有效减少穗腐病的发生。

第二节　青贮玉米抗性评价

近年来，随着青贮玉米人工种植面积不断扩大，4 种病害均有逐年加重的趋势，各病害在发病严重时导致青贮玉米减产 10％～20％，重者达 50％以上甚至颗粒无收。因此，培育和推广青贮玉米抗病性品种是青贮玉米病害绿色防控的主要任务。本节在查阅文献基础上，以自然条件下调查 10 个青贮玉米品种的抗病性为例，并进行评价，以期为玉米抗病育种提供理论依据。

一、试验地概况及试验设计

试验共收集 10 份青贮玉米品种，分别是玉草 1 号、玉草 2 号、玉草 3 号、郑青贮 1 号、豫青贮 23、雅玉青贮 26、雅玉 8 号、雅玉青贮 04889、罗单 6 号和大天 1 号，其中，罗单 6 号和大天 1 号由云南大天种业有限公司提供，郑青贮 1 号、豫青贮 23 由河南省大京九种业有限公司提供，其余品种由四川西南科联种业有限责任公司提供。

调查地点为四川省成都市大邑县韩场镇和眉山市洪雅县中堡镇。韩场镇辖区属于亚热带季风气候，气候温和湿润，雨量充足，年平均气温 15℃，降水量在 1 300mm。洪雅县地处四川盆地西南边缘，属中亚热带湿润气候，年降水量 1 435.5mm，年无霜期 307 天，年平均气温 16.6℃。

翻地除杂，施用含 N、P_2O_5、K_2O 各 15％、总养分≥45％的复合肥 93.5g/m² 作底肥，拔节期追施尿素 22.5g/m²。小区面积 6m×6m，各小区间隔 1m，4 次重复，设置试验小区共 40 个，使用面积 1 960m²。2017 年 4 月 22 日小区播种，点播，行距为 0.5m，播种量 60 000 株/hm²，播深 2～3cm。于播种 15 日后开始调查各小区青贮玉米自然发病情况，以后每隔 15 天调查 1 次。

二、调查及分析方法

每小区随机调查 50 株植株，调查整株病害发生情况，按如下公式计算。

$$发病率(\%)=\frac{病株(器官、叶)数}{调查总株(器官、叶)数}\times100\%$$

采用病害分级标准分类法对青贮玉米进行抗病性评价，对锈病严重度进行分级：0 级无症状；1 级，孢子堆覆盖叶面积＜5％；2 级，孢子堆覆盖叶面积 5％～15％；3 级，孢子堆覆盖叶面积 16％～25％；4 级，孢子堆覆盖叶面积 26％～50％。剩余 3 种病害的标准对其严重度进行分级：0 级，无症状；1 级，病斑面积＜5％；2 级，病斑面积占叶面积 6％～20％；3 级，病斑面积占叶面积 21％～40％；4 级，病斑面积占叶面积 41％～70％；5 级，病斑面积占叶面积 71％以上。根据病级的不同，将青贮玉米品种分为 3 类：0～1 级为抗病品种（0％～5％），用 R 表示；2～3 级为中抗品种（6％～25％），用 MR 表示；4～5 级为感病品种（26％以上），用 S 表示。

采用 SPSS18.0 统计分析软件，经 LSD 多重比较法，对青贮玉米品种之间 4 种病害的发病率和严重度进行差异显著性分析。

三、青贮玉米品种对锈病的抗病性

青贮玉米不同品种对锈病的抗病性有较大的差异。青贮玉米锈病的发病率在 0～35％，罗单 6 号和大天 1 号发病率最高，分别为 26.2％和 32.4％，与其余青贮玉米品种有显著差异；严重度在 0～30，大天 1 号严重度最高，为 28.1。病级分类和系统聚类分析方法表明，对青贮玉米锈病表现抗性（R）

的品种有 3 个、中抗(MR)的有 5 个，感病(S)的有 2 个(表 6-1)。

表 6-1 青贮玉米品种对锈病的抗性

品种	发病率	严重度	抗病类型
玉草 1 号	0^d	0^d	R
玉草 2 号	0^d	0^d	R
玉草 3 号	0^d	0^d	R
郑青贮 1 号	5.5±1.21^c	5.1±1.12^c	MR
豫青贮 23	10.3±2.57^c	7.9±0.98^c	MR
雅玉青贮 26	14.7±3.12^{bc}	12.1±1.35^{bc}	MR
雅玉 8 号	15.2±2.46^{bc}	10.9±1.26^{bc}	MR
雅玉青贮 04889	21.5±4.32^b	20.1±2.59^b	MR
罗单 6 号	26.2±2.70^{ab}	26.0±2.58^{ab}	S
大天 1 号	32.4±5.64^a	28.1±2.33^a	S

注：同列不同小写字母表示差异显著($P<0.05$)，下同

四、青贮玉米品种对大斑凸脐蠕孢大斑病的抗病性

不同青贮玉米品种对大斑病的抗病性有着较大的差异。青贮玉米大斑病的发病率在 0~30%，玉草 1 号发病率最高，为 27.5%，与其他青贮玉米品种有显著差异；严重度在 0~30，玉草 1 号严重度最高，为 26.8，与其余各品种有显著差异(表 6-2)。

表 6-2 青贮玉米品种对大斑凸脐蠕孢大斑病的抗性

品种	发病率	严重度	抗病类型
雅玉青贮 26	0^d	0^d	R
玉草 2 号	0^d	0^d	R
豫青贮 23	0^d	0^d	R
大天 1 号	0^d	0^d	R
罗单 6 号	8±2.11^c	6.5±0.77^c	MR

续表

品种	发病率	严重度	抗病类型
雅玉青贮 04889	10.4±2.57[c]	8.2±0.94[c]	MR
玉草 3 号	10.8±1.94[c]	9.1±1.03[bc]	MR
郑青贮 1 号	12.9±3.15[bc]	9.5±1.34[bc]	MR
雅玉 8 号 1	15.8＋2.79[b]	12.6±1.89[b]	MR
玉草 1 号	27.5±4.64[a]	26.8±2.67[a]	S

病级分类方法表明，对青贮玉米大斑病表现抗性（R）的品种有 4 个、中抗（MR）的有 5 个，感病（S）的有 1 个。

五、青贮玉米品种对玉蜀黍平脐蠕孢小斑病的抗病性

不同青贮玉米品种对玉蜀黍平脐蠕孢小斑病的抗病性有着较大的差异。青贮玉米小斑病的发病率在 0～30%，玉草 2 号发病率最高，为 27.9%，与剩余品种有显著性差异；严重度在 0～30，玉草 2 号严重度最高为 25.7，与其余各品种有显著差异（表 6-3）。

病级分类方法表明，对青贮玉米玉蜀黍平脐蠕孢小斑病表现抗性（R）的品种有 6 个、中抗（MR）的有 3 个，感病（S）的有 1 个（表 6-3）。

表 6-3　青贮玉米品种对玉蜀黍平脐蠕孢小斑病的抗性

品种	发病率	严重度	抗病类型
雅玉青贮 04889	0[d]	0[d]	R
玉草 1 号	0[d]	0[d]	R
罗单 6 号	0[d]	0[d]	R
大天 1 号	4.5±1.20[c]	3.9±0.68[c]	R
郑青贮 1 号	5.0±1.16[c]	4.5±0.93[c]	R
豫青贮 23	5.0±0.80[c]	4.3±0.87[c]	R
雅玉 8 号	5.5±1.13[c]	5.2±1.27[c]	MR
雅玉青贮 26	10.5±2.36[bc]	8.9±1.32[bc]	MR

续表

品种	发病率	严重度	抗病类型
玉草 3 号	15.2±3.95[b]	12.8±1.06[b]	MR
玉草 2 号	27.9±2.59[a]	25.7±2.31[a]	S

六、对节壶菌褐斑病的抗病性

不同青贮玉米品种对玉蜀黍节壶菌褐斑病的抗病性有着较大的差异。青贮玉米褐斑病的发病率在 0~30%，罗单 6 号发病率最高为 28.4%，与剩余品种有显著差异；严重度在 0~25，罗单 6 号最高为 24.9，与其余品种有显著差异。

病级分类方法表明，对黑麦草离孺孢叶枯病表现抗性（R）的品种有 6 个、中抗（MR）的有 3 个，感病（S）的有 1 个（表 6-4）。

表 6-4　青贮玉米品种对节壶菌褐斑病的抗性表现

品种	发病率	严重度	抗病类型
雅玉 8 号	0[d]	0[d]	R
玉草 1 号	0[d]	0[d]	R
玉草 3 号	0[d]	0[d]	R
郑青贮 1 号	0[d]	0[d]	R
雅玉青贮 04889	2.5±0.42	2.3±0.54	R
雅玉青贮 26	5.0±1.41	4.5±0.96	R
豫青贮 23	8.7±2.12	6.8±1.01	MR
玉草 2 号	15.8±1.15	12.3±0.97	MR
大天 1 号	15.9±3.24	11.7±1.38	MR
罗单 6 号	28.4±3.15	24.9±3.12	S

青贮玉米是大株高秆作物，大斑病、锈病、小斑病等病害一旦大面积发生流行，田间防治病害难度较大，因此，青贮玉米病害的防治要以推广种植抗病品种为主。有关玉米病害的抗病性研究，学者们针对不同的病害类型，

分别研究得到了陕西省商洛市抗大斑病品种 4 个和中抗品种 7 个，河北省农林科学院植物保护研究所抗小斑病品种 24 个和中抗品种 4 个，且安徽省抗小斑病品种在全省审定品种中所占比例达 45%～60%，西昌学院农业科学学院抗锈病品种 6 个和中抗品种 10 个。

贺字典等对 57 份美国 GEM 种质资源进行了田间自然发病条件下的抗病性鉴定，共发现玉米褐斑病 37 份抗病材料 8 份中抗性材料。试验表明，对青贮玉米大斑病等 4 种病害，大部分供试材料均表现了良好的抗性，所占比例达 80%，诸多报道和研究的结论较为一致。

对综合性表现好的品种，应加快选育，安排区试，加速推广，使其在生产上发挥作用。在选择应用时，应根据各地区的主要病害，有针对性地合理利用，扬长避短，因地制宜。抗病性鉴定工作，是为各育种部门提供品种材料的抗病性资料，促进快出品种、出好品种，建议提供鉴定的材料要保证材料的遗传同质性及种子质量，使鉴定结果准确可靠，便于利用。

玉米品种的田间抗病性鉴定与评价，由于研究目的不同，采用的方法有差异，如有研究者采用自然发病研究其品种的抗病性，也有采用人工接种的方法鉴定和评价品种的抗病性结果也有一定差异。笔者采用自然发病方法，在大田试验因受环境、气候及土壤条件等诸多因素限制，与实际的抗病性可能有一定的差异，同时产量是评价抗病品种的重要经济指标，有待于进一步试验研究。

青贮玉米不同品种对不同病害的抗病性表现不同。10 份青贮玉米材料对锈病表现抗性的品种有玉草 1 号、玉草 2 号和玉草 3 号，表现中抗的有郑青贮 1 号、豫青贮 23 号、雅玉青贮 26、雅玉 8 号和雅玉 04889；对大斑病病表现抗性和中抗的品种有 9 个，只有玉草 1 号感病；对褐斑病表现抗性和中抗的品种有 9 个，只有罗单 6 号感病；对小斑病表现抗性和中抗的品种有 9 个，只有玉草 2 号感病。因此，可以选择供试品种中高抗性材料作为亲本，培育青贮玉米大斑病、小斑病、锈病和褐斑病的抗病性品种。

第三节　青贮玉米虫害防治

实际生产中，青贮玉米种植存在产量不高、种植方法不科学、田间管理不当等问题，必须加强对青贮玉米种植技术研究，加强田间管理，并做好病虫害防治。

一、不同耕作类型区青贮玉米主要害虫种类

春播青贮玉米种植区主要害虫为玉米螟、黏虫和地下害虫，玉米蚜虫和双斑萤叶甲也是该区重要的害虫。夏播玉米种植区主要害虫为玉米螟、地下害虫、蓟马、玉米蚜虫、棉铃虫、桃蛀螟和二点委夜蛾等。

二、主要害虫特征特性及防治要点

（一）玉米螟

发生特点：玉米螟（图 6-5）以幼虫为害玉米。幼虫共 5 龄，老熟幼虫体长 25mm 左右，头深褐色，体背为浅褐色或浅黄色，有 3 条纵向背线。胸部第二、第三节各有毛瘤，腹部第一至第八节各有毛瘤两排，前排 4 个，后排 2 个，第九腹节有毛瘤 3 个。玉米螟 1 年发生多代，为害玉米植株地上部分，取食叶片、果穗、雄穗，钻蛀茎秆，造成植株生长受害，减少养分等向果穗的输送。

为害状：4 龄前幼虫喜欢在玉米心叶、未抽出的雄穗处为害。被害心叶展开后，可见幼虫为害形成的排孔；雄穗抽出后，呈现小花被毁状。4 龄后幼虫以钻蛀茎秆和果穗、雄穗柄为主，在茎秆上可见蛀孔，蛀孔外常有玉米螟钻蛀取食时的排泄物，茎秆、果穗柄被蛀后易引起折断。幼虫主要在茎秆内化蛹。

图 6-5 玉米螟幼虫及为害状

防治要点：生物防治时，在玉米螟卵孵化阶段，玉米大喇叭口期，用白僵菌或 Bt(苏云金芽孢杆菌)防治；诱杀成虫时，在成虫发生期，采用黑光灯或性诱技术，能够诱杀大量成虫，减轻下代玉米螟为害。药剂防治时，可以在大喇叭口期使用辛硫磷、菊酯类等颗粒剂拌细土撒入喇叭口内。

(二)黏虫

发生特点：黏虫(图 6-6)以幼虫为害玉米，幼虫有 6 龄，老熟幼虫体长 35mm 左右。幼虫有多种体色，如黄褐色、黑褐色等，背上具有 5 条纹，头部有一黑褐色"八"字纹。黏虫具有迁飞特性，其每年的发生均是由南向北逐渐推移，然后害虫再向南迁飞越冬。黏虫取食各种作物叶片，大发生时，可以将叶片吃光，造成严重的生产损失。

为害状：夏播青贮玉米种植区，小麦成熟后，黏虫向玉米地迁移，1～2龄幼虫为害叶片造成空洞，3 龄以上幼虫为害玉米叶片后，被害叶片呈现不规则的缺刻，暴食时，可吃光叶片。

防治要点：在玉米苗期，当幼虫数量达到 20～30 头/百株时，后期 50头/百株时，在幼虫 3 龄前，及时喷施杀虫剂。常采用多种农药复配进行防治，如甲维盐＋辛硫磷＋高效氯氟氰菊酯或阿维菌素＋高效氯氟氰菊酯，稀释倍数依照产品说明。

图 6-6　玉米黏虫及为害状

（三）棉铃虫

发生特点：棉铃虫（图 6-7）以幼虫钻蛀玉米而造成为害。幼虫有 5 龄，成熟幼虫体长 32～50mm，背部黄褐色或其他多种颜色，体色有绿色、浅绿色、黄白色或浅红色，背部有 2 条或 4 条条纹，各腹节有刚毛疣 12 个。1 年发生 3～7 代，为害 200 多种植物，属于杂食性害虫。

为害状：棉铃虫主要钻蛀玉米果穗，也取食叶片，取食量明显较玉米螟大，对果穗造成的损害更突出。幼虫取食叶肉或蛀食展开的新叶，造成"花叶"。

防治要点：在卵孵盛期至 2 龄幼虫时期喷药防治，以卵孵盛期喷药效果最佳，每隔 7～10 天喷 1 次，共喷 2～3 次。可选用下列药剂：阿维菌素乳油、高效氯氟氰菊酯乳油或每亩 16 000IU/mL 苏云金芽孢杆菌可湿性粉剂 100～150g。

图 6-7　棉铃虫

（四）双斑萤叶甲

发生特点：双斑萤叶甲（图 6-8）成虫长卵圆形，体长 3.5～4mm，棕黄色，具有光泽。头胸部红褐色。鞘翅上半部为黑色，上有 2 个黄色斑点，鞘翅下半部为黄色。属于杂食性害虫，1 年发生 1 代。以卵在土中越冬。

为害状：双斑萤叶甲成虫为害玉米叶片，造成玉米缺刻或空洞。

防治要点：可以选用 50％辛硫磷乳油、10％吡虫啉可湿性粉剂、高效氯氟氰菊酯乳油等进行喷雾防治，也可选用 25％噻虫嗪水分散粒剂。

图 6-8　双斑萤叶甲

（五）二点委夜蛾

发生特点：二点委夜蛾是夏玉米苗期的新发害虫。该虫的卵较小，长 0.4mm 左右，宽 0.6mm 左右，直径不到 1mm，不易识别，调查难度大。二点委夜蛾喜欢潮湿环境，田间湿度大有利于该虫产卵、孵化及幼虫发育。二点委夜蛾为害高峰期在 6 月中旬至 7 月上旬。

为害状：幼虫为害玉米，啃食刚出苗的嫩叶，形成孔洞叶；咬食玉米茎部，形成一个孔洞；咬食根部，小苗根颈易被咬成 3～4mm 圆形或椭圆形的孔洞，导致疏导组织破坏，心叶萎蔫，植株倒伏或者萎蔫死亡。

防治要点：用含有噻虫嗪等内吸作用的种衣剂包衣或拌种。播后苗前全田喷施杀虫剂，可选用高效氯氟氰菊酯、氯虫苯甲酰胺悬浮剂地面喷雾。苗后喷雾，在玉米 3～5 叶期，用甲维盐微乳剂顺垄直接喷淋玉米苗茎基部，可杀死大龄幼虫。

（六）地下害虫

发生特点：青贮玉米田主要地下害虫有蛴螬、金针虫、地老虎等。蛴螬成虫通常称金龟甲或金龟子，1 年发生 1 代。金针虫生活史很长，常需 2～5 年才能完成 1 代，田间终年存在不同龄期的幼虫。金针虫喜欢在土温 11～19℃的环境中生活，在 4 月、9 月和 10 月为害严重。地老虎喜温暖潮湿的环境，一般以春秋两季为害较重。

为害状：地下害虫主要为害植株地下部组织，毁坏萌发的种子，咬断茎秆，导致幼苗死亡，常造成严重的缺苗断垄。

防治要点：采用农业防治时，春播青贮玉米区，秋后深翻，减少越冬虫源；药剂防治时，利用播前药剂拌种，如辛硫磷乳油，依照产品推荐用量施用。

第四节　青贮玉米草害防治

我国幅员辽阔，自然条件复杂，青贮玉米栽培方式耕作制度差异较大，杂草种类繁多。大约有 70 种以上，危害较普遍的约有 30 种。其中一年生禾本科杂草主要有马唐、牛筋草、狗尾草、狗牙根、稗草、千金子、大画眉草等，一年生阔叶杂草主要有苋藜、蓼、鲤肠、马齿苋、铁齿茶、龙葵、苍耳、菱蒿、扁蓄、车前等。多年生杂草有问刺、刺儿菜、打碗花、芦苇、小根蒜等，莎草科杂草主要有香附子、异型莎草、碎米莎草、牛毛草等。

一、发生规律和特点

春玉米由于播种时气温较低，杂草的出苗期较迟，一般播种后 8~12 天进入出草盛期，15~20 天进入高峰期。夏玉米一般播种后 6 天进入出草盛期，10~15 天达到出草高峰，通常土壤温度高出苗提前。此外常常出现 2~3 个出草高峰。一般情况下，降雨后往往出现出草高峰。对于麦茬免耕玉米，麦收后晒茬时间短，田间很少残存杂草，对于小麦群体结构小的田块则通常有部分大龄残留杂草；另一种情况是麦收后晒茬时间长的，播种玉米时田间出现大量残留杂草，必须采取防治措施。

二、防治方法

（一）人工除草和机械防除

可采取播种前机械耕地、玉米苗期机械中耕、人工拔锄草等方法灭草。

（二）农业防治

通过轮作、种子精选、施用腐熟有机肥料、合理密植、加强检疫等措施防治草害。

（三）生物防治

利用杂草的生物天敌，如植物病原物、线虫、昆虫及以草克草等来控制杂草的危害。但这种方法只能对特定种类的杂草有效，防治的费用也较高。

（四）化学防治

1. 除草剂

（1）茎叶处理除草剂

杂草出苗后，直接施用于杂草茎叶杀死杂草的药剂称为茎叶处理除草剂，如草甘膦、2，4－D丁酯、百草敌、苯达松等，茎叶处理，即把除草剂稀释在一定量的水中，对杂草幼苗进行喷洒处理，通过杂草茎叶对药物的吸收和传导来消灭杂草。茎叶处理剂的防除效果与温度、光照以及除草剂在植物体表面的湿润状况有很大的关系。

（2）土壤封闭处理剂

把除草剂撒于土壤表层或通过混土操作把除草剂拌入土壤中，建立起一个除草剂封闭层，以杀死萌发的杂草。这类除草剂可被杂草的根、芽鞘或上下胚轴等吸收而发挥作用。如异丙隆、乙草胺、绿麦隆等都属于此类。

按施药时间不同，这类除草剂可分为播前处理和播后苗前处理两种。前者是指在花卉苗木播种前对土壤进行封闭处理，以便为杂草幼根、幼芽吸收，并防止或减少除草剂的挥发和光解损失。后者在播种后出苗前进行土壤处理，此法主要用于易被杂草芽鞘和幼叶吸收向上传导的除草剂，对苗木的幼芽安全无害。

（3）选择性除草剂

能杀死杂草而不伤害作物的除草剂称选择性除草剂，这种除草剂有时只能杀死田园杂草中的一种或某一类植物，而对田园苗圃中人为种植的植物影响较小。如盖草能或稳杀得应用于苗圃时，只能杀死以看麦娘为主的单子叶杂草，而不伤害苗木植株。都尔、精稳杀得可在杂草幼苗期施用，只要浓度适当，对苗木等作物比较安全。当然，除草剂的选择性是相对的，选择性除草剂在剂量、施用时期和施用方法改变的情况下，也可以作非选择性除草剂应用；非选择性除草剂也可通过"时差选择"和"位差选择"等在苗木作物生育期内安全使用。

（4）灭生性除草剂

灭生性除草剂又称为非选择性除草剂，它对植物的伤害无选择性，草苗不分，能同时杀死杂草和作物。草甘膦、克无踪、农民乐等均属于此类。这类除草剂多用于茶桑、果园、咖啡、橡胶等经济作物作防除杂草之用。草甘膦、克无踪属广谱灭生性除草剂，能迅速破坏植物绿色组织，对非绿色部分的树干、茎秆无杀伤作用。农民乐是新近开发的灭生性强、无残留，可直接用于池塘、湖泊等水面，防除各种杂草和湿生杂草等。用于各种果园、桑园、茶园等，并可用于工矿区、仓库、公路和城乡环境卫生除草。还可用涂抹的方法除去草坪、园林风景区的非观赏性杂草等。

(5)触杀型除草剂

这类除草剂接触植物后，难以在植物体内传导或移动性较差，只限于对药剂接触部位的伤害。这种局部的触杀作用足以造成杂草死亡，如除草醚、百草枯、敌稗等属于触杀型除草剂。施用这类除草剂施药要均匀，防除多年生宿根杂草须多次用药方可杀死。

(6)传导型除草剂

这类除草剂可被植物的根、茎、叶、芽鞘等部位吸收，且能在植物的体内传导。因此，传导型除草剂又称为内吸性除草剂，例如草甘膦、2，4-D、二甲四氯、绿黄隆等除草剂均属此类。草甘膦之所以能除草，是因为药液从叶面吸收，然后传导到根里，致使杂草慢慢地死掉。

除草剂的功能与其成分是密切相关的，根据除草剂的化学成分不同，也可以分为苯氧羧酸类，如二甲四氯；苯氧基及杂环氧基苯氧基丙酸类，如盖草能、禾草灵、稳杀得等；取代脲类如绿麦隆、敌草隆、异丙隆等；磺酰脲类有巨星、农得时等；氨基甲酸酯类有燕麦灵等；有机磷类有草甘膦；三氮苯类有西玛津、扑草净、阿特拉津等。

2. 除草剂使用注意事项

第一，注意化学除草剂的选择性、专一性和时间性，不可误用、乱用。

第二，严格掌握限用剂量。除草剂使用应根据具体土质，考虑农田小气候，严格按药品说明规定的剂量范围、用药浓度和用药量使用。

第三，合理混用药剂。两种以上除草剂混合使用时，要严格掌握配合比例和施药时间及喷药技术，并要考虑彼此间有无抵抗作用或其他副作用。可先取少量进行可混性试验，若出现沉淀、絮结、分层、漂浮和变质，说明其安全性已发生改变，则不能混用。此外还要注意混合剂增效功能，如杀草丹和敌稗混合剂除草功效比各单剂除草功效的总和要大，使用时要降低混合剂药量（一般在各单剂药量的一半以内），以免发生药害，保证药材安全。

第四，注意施药隔离和风向，雾滴不过细，以免飘移造成邻近农田受到药害，同时注意对下茬作物的影响。

第五，掌握好施除草剂的最佳时间和技术操作要领，妥善保存好药剂，防止错用，并搞好喷雾器具的清洗，以免误用，使其他作物产生药害。

第六，注意环境条件对除草剂的影响，温度、水分、光照、土壤类型、有机质含量、土壤耕作和整地水平等因素，都会直接或间接影响除草剂的除草效果。

第七，灵活用药。药用植物基部药土法施药除草，要在无露水条件下进行，以免茎叶接触药液受害。对作物籽苗、胚芽敏感的药剂，土壤处理应在播种前盖籽后施药，并尽量提高播种质量，适当增加播种量。一些移栽药材因其苗大，而杂草幼小，可采取苗带（幼苗附近 20～30cm 宽）集中施药。耐选择性差或触杀性除草剂实施保护性施药，即将药液直接喷雾或泼浇于上表，尽量不接触药材幼苗，且不能拖延至苗体旺盛、绿叶面积大时施用。若茬口允许，可在药材播栽前采取旱地浇灌、水田湿润和盖膜诱发等措施，使杂草提前萌发，再以药剂杀灭。

第七章

青贮玉米加工技术及综合利用

第一节　青贮玉米加工技术

全株玉米青贮饲料是将新鲜、适时收获的专用（兼用）青贮玉米整株切短装入青贮池中，经过密封条件下的厌氧微生物发酵，制成的一种营养丰富、柔软多汁、气味酸香、适口性好、可长期保存的优质青绿饲料。全株玉米青贮因营养价值高、生物产量高等原因，在国内外得到了广泛的重视，在畜牧业发达国家已有 100 多年的应用历史。据统计，欧洲青贮玉米种植面积约占玉米总种植面积的 80%。我国是世界玉米生产大国，70% 以上的玉米被用作饲料，占饲用谷物类总量的 50%。我国全株玉米青贮总量还较少，显著低于世界水平。同传统的玉米生产相比，种植全株青贮玉米的效益相对较高，不仅可以解决畜牧业青绿饲料生产能力不足的问题，而且对调整种植结构，增加农民收入，实现农业由数量型增长向质量效益型增长的转变具有重要的意义。

一、青贮的原理及特点

青贮饲料常用的是将玉米秸秆通过专用切碎机切碎，然后经过压实密封等一系列物理作用，再通过微生物发酵和化学作用等无氧条件下制成的一种青绿饲料。因为青贮发酵是一个复杂的微生物活动和生物化学的变化过程，它是利用青绿饲料中的乳酸菌，在无氧条件下对饲料进行发酵，使饲料中部分糖转化为乳酸，使青贮料的 pH 值下降，以抑制其他好氧微生物的繁殖和生长，从而使饲料能长期贮存，否则，如果有空气，玉米秸秆中的植物细胞就会持续呼吸，不仅导致营养物质大量损失，还会促使霉菌繁殖，使青贮饲料霉变。它的特点是：适口性好、营养丰富、消化吸收率高。常用的青贮方法有：窖贮、袋贮、地面青贮三种。其中最常用的是窖贮。青贮成功后，青贮饲料的保存期一般为半年以上，最长可达 20～30 年。

二、技术要点

(一)青贮窖(池)建设

青贮窖应选择地下水位低、地势较高、平坦、土质坚实、排水条件好的地方。为了取用方便,窖址应靠近畜舍。青贮窖一般有地下式、半地下式和地上式三种。前者适于地下水位较低的地方,地下水位较高的地方应采取后两种。推荐建造地上式青贮窖,既便于制作,又便于取料,三面围墙用混凝土浇筑,厚40cm以上,地面也用混凝土浇筑,厚10cm以上。青贮窖形状一般以长方形为宜,一般深2～3m,小型青贮窖宽3m左右,中型宽青贮窖3～8m,大型青贮窖宽8～15m。长度一般不小于宽度的两倍。应根据家畜(牛、羊)的饲养数量来确定青贮窖的容积。

(二)适时收割

全株玉米在玉米籽实乳熟后期至蜡熟期、整株下部有4～5个叶片变成棕色、干物质含量30%～35%(水分65%～70%)时刈割最佳。此时收获,虽然消化率有所降低,但单位面积的可消化养分总量较高,青贮效果最为理想。青贮玉米收获过早,虽然消化率高,但籽粒淀粉含量低,原料含水量过高,降低了含糖的浓度,青贮易酸败,表现为发臭发黏,家畜不喜采食。青贮玉米收获过晚,虽然淀粉含量高,但纤维化程度高,消化率差,装窖时不易压实,影响青贮质量。

(三)切碎

青贮用的玉米秸秆要随收随运,随运随铡,随铡随装窖,不可在窖外晾晒或堆放过久,造成原料水分蒸发和营养损失。常用青贮联合收割机和青贮饲料切碎机、滚筒式铡草机等切碎。切碎除便于压实外,还由于汁液渗出润湿其表面,加速乳酸菌的繁殖,且有利于家畜采食,提高消化率。青贮原料一般铡成1～2cm为宜(图7-1)。

图 7-1　青贮切碎

(四)装填与压实

装填最重要的是要层层压实,以利于排出空气,为青贮原料创造厌氧发酵的条件。每装到 30~50cm 厚时就要压实一次。青贮原料装填越紧实,空气排出越彻底,青贮的质量越好。在条件许可的情况下和窖宽度较大时,可用四轮拖拉机或装载机来回镇压。边缘部分因机械操作压不到,应人工用脚踩实。如果不能一次装满,应立即在原料上盖上塑料薄膜,第二天再继续填装(图 7-2、图 7-3)。

图7-2 机械压实

图7-3 轮胎压实

（五）密封

青贮原料装填完后，应立即严密封盖。如果在装填后拖延封窖，会导致青贮饲料品质降低，增加干物质损失量。一般应将原料装至高出窖面 50cm 左右，再用塑料薄膜盖严后，用土覆盖 30～50cm(覆土时要从一端开始，逐渐压到另一端，以排出窖内空气)或轮胎压实，窖顶呈馒头型或屋脊型，不漏气，不漏水。

(六)青贮窖管护

青贮窖贮好封严后，在四周约 1m 处挖沟排水，以防雨水渗入。多雨地区，应在青贮窖上面搭棚，要随时注意检查，发现窖顶有裂缝时，应及时覆土压实。

(七)开窖取料

青贮玉米一般贮存 40～50 天后可开窖取用。长方形青贮窖取料时应从一头开启，由上到下垂直切取，不可全面打开或掏洞取料，尽量减小取料横截面。当天用多少取多少，取后立即盖好。取料后，如果中途停喂，间隔较长，必须按原来封窖方法将青贮窖盖好封严、不透气、不漏水。

三、其他青贮的技术要点

(一)塑料袋装填技术要点

塑料袋青贮的操作简便易行，存放方式灵活，且养分损失少，还可以商品化生产。农户青贮可因陋就简，装化肥的袋子和无毒的农用乙烯薄膜袋均可，漏气的袋子可用胶带粘合后使用；也可将 2 个袋套起来使用，内层为乙烯薄膜袋，外层为化肥袋。塑料袋以不透光或半透光为佳，通常为黑色，或 2 色(外白内黑)。目前市场上已有专用的青贮袋，强度高，不易老化，可多次重复使用。

塑料膜厚度在 0.1～0.12mm，宽度为 1m 的直筒式塑料制品，按需要长短剪取，用绳扎紧或塑料热合机封口即成。家庭贮量每袋 120～150kg 为宜。根据需要装袋大小可以调整。大型奶牛养殖场用专用的青贮袋，1 袋可装 100t 以上。

青贮原料含水量应控制在 60% 左右，以免造成袋内积水。当压实装满后，应尽量排除袋内空气，用细绳将袋口扎紧。需要注意的是，塑料袋口必须捆扎 2 次，以防止漏气。装好后要堆积在防风、避雨、遮光、不容易遭受损坏的地方，注意防止鼠害和鸟害。有条件的地区可以采用真空青贮技术，即在密封条件下，将原料中的空气用真空泵抽出，为乳酸菌繁殖创造厌氧条件。

(二)地面堆贮的技术要点

地面堆贮节省建窖的投资，贮存地点灵活，是一种经济简单的青贮方式。堆贮应选择地表坚硬(如水泥地面)、地势较高、排水容易、不受地表水浸渍的地方进行。

地面堆贮要根据堆贮地形决定是否铺塑料膜。如果地面是坚硬的水泥地，可以不铺塑料膜；如果是土坪，则应在地上铺 1 层塑料薄膜。为了避免地面硬物将塑料膜戳破，可以在新膜下先铺 1 层旧膜。

堆料时，地上铺的塑料薄膜每边均留出约半米的长度。青贮料大多数堆成梯形，顶部为弧形，以利排水。高度与底部宽度有一定比例，以 $1:(5\sim6)$ 为宜，长度可根据贮量的大小延长，也有堆成馒头状的。地面青贮与窖贮一样需要压实，没有机械条件的也可以用人工踩踏压实。

待青贮料堆起压实后，用一块完整的塑料薄膜覆盖(按堆垛的大小预先粘合好)，并将四周与堆底铺的塑料薄膜留出的膜要重叠粘合。

堆贮 3～5 天后，待堆内过多的汁液和发酵产生的气体通过顶部的压力，由结合的缝隙中自动排出后，应用不干胶将塑料膜粘合，再用砖块、泥土等压实，严防漏气。薄膜外面用旧草包、草帘等覆盖保护。并应随时检查薄膜的密封程度，如发现薄膜破损应及时修补，以免青贮饲料腐败变质。为了防止堆贮塑料薄膜到冬季容易变脆破裂，提高青贮效果，也可将堆贮的青贮料用薄膜卷紧以后，放入原先挖好的土沟中埋实，四周及上面用挖出的泥土堆成馒头状，并压紧踏实。采用堆贮的方法，每立方米可贮藏青贮玉米原料 500kg 左右。青贮 10 万 kg 青贮玉米，一般可堆成顶部 8m×8m、底部 10m×10m、高 2.5m 的梯形青贮堆。

（三）裹包青贮的技术要点

裹包青贮是将切碎的青贮原料用打捆机制成方捆或圆捆后再堆垛密封青贮，或在外面缠裹特制的拉伸塑料薄膜密封保存。该方法对青贮秸秆的要求是含水率60%～65%，切碎长度为1～2cm。

裹包青贮与传统的青贮窖相比一次性投入小，成本低；不受场地和制作时间限制，技术简单，操作方便，存放地点灵活，室内露天均可存放，并且不受季节、日晒、降雨和地下水位的影响；青贮饲料保存期可长达1～2年，不会引起二次发酵，损失率小，成功率高。

裹包青贮水分不易损失，更多地保留了原料中的成分，水分损失极小，一次性装料少，每捆45～75kg，用多少，开多少，不易引起浪费，大户小户均可使用。此外，青贮包搬运方便，可以商品化规模化制作。

该方法需要2个加工程序：一是打捆，用打捆机将青贮原料挤轧成一定形状的草捆，排除草捆中的空气，相当于传统青贮的压实过程；二是在草捆外包裹塑料薄膜进行密封，相当于传统青贮的覆盖密封过程。或者将打捆后的草捆堆放成垛，垛上再覆盖塑料薄膜进行密封，与传统的青贮方法相比少了装填和压实的过程。生产实践中，打捆机和裹包机配合使用，流水作业，先打捆，后裹包。打捆时机械的压力一定要足，打捆后要用捆网把草捆固定，以免散开。捆网设在打捆机出口处。打后要立即包裹，不要长时间放置，裸露时间不能超过6小时。在转移至裹包机时，要适度用力，防止散包和丢料。要调整好裹包机的转速，不可太快或太慢，不能漏包或重包，上带膜和下带膜要有一定的重合宽度，保证紧密不漏气，外包膜包裹要紧密适度，不要在捆内残留空气。

如果存放时间短，在3～6个月内使用，可以露天存放。存放青贮包的地面要平坦，选择水泥地或沙土地，地面上不可有石子等尖锐物，以防刺破包膜。最好在上面盖1层塑料薄膜，以防进水。如果存放时间长，就要在室内存放，以防止日久薄膜老化。在保存过程中要注意观察，注意防鼠灭鼠，发现有漏包或裂口的包要及时处理。奶牛养殖户应用该项技术，可大大提高劳动效率。

第二节　青贮玉米加工利用原理

随着畜牧业的发展，青贮玉米作为畜禽饲料来源愈来愈受到重视。如何正确地对青贮玉米进行加工及贮藏是提高其利用率的关键。本节将对国内外青贮玉米加工及贮藏的技术进行综述，以便为进行青贮玉米贮藏的企业或农民提供一些理论依据。

一、青贮玉米秸秆处理技术原理

青贮玉米秸秆的处理方法概括起来可分为物理方法、化学方法和生物学方法等。

（一）物理处理方法原理

1. 切短与粉碎

将玉米秸秆用切碎机切短和粉碎机粉碎处理后，便于家畜咀嚼，减少能耗，同时也可提高采食量，一般增加20％～30％，且切得越细，其消化率就越高，并减少饲喂过程中的饲料浪费。但是由于缩短了饲料在瘤胃内的停留时间，从而引起纤维素类物质消化率降低。同时，秸秆粉碎后，瘤胃内挥发性脂肪酸的生成速度和丙酸比例有所增加，引起动物反刍次数减少，导致瘤胃pH值下降。因此应根据使用目的和家畜种类决定切短和粉碎处理。

2. 浸泡

将作物秸秆放在一定的水中进行浸泡处理后，再去喂家畜经浸泡的秸秆，质地柔软，能提高其适口性。生产上一般将秸秆切细后再加水浸泡并拌精料，以提高饲料的利用率。如：将含有25％或45％低质粗饲料的配合饲料中加水至75％浸泡后喂牛，可提高采食量和消化率。

3. 饲料的干燥和颗粒化处理

粗饲料人工干燥后，含氮化合物的溶解性及其消化率将下降，将秸秆粉碎后再加上少量黏合剂制成颗粒饲料。使得经粉碎的粗饲料通过消化道的速度减慢，防止消化率下降。喂牛的颗粒饲料以 6~8 为宜。

(二)化学处理方法原理

1. 碱化处理

用氢氧化钠、氨水、石灰水和尿素等碱性化合物处理秸秆，都属于碱化处理。它可以打开纤维素和半纤维素与木质素之间对碱不稳定的酯键，溶解半纤维素和一部分木质素，使纤维膨胀，从而使瘤胃液易于渗入。强碱(如氢氧化钠)可使多达50％的木质素水解。化学处理不仅可以提高秸秆的消化率，而且能改进适口性，增加采食量，是目前生产中较为适用的一种秸秆预处理方法，其中以氨化处理更为成熟。

2. 氧化剂处理

用过氧化氢、二氧化硫、臭氧、亚硫酸盐和次铝酸钠等氧化剂处理秸秆，可减少秸秆中部分木质素，从而提高秸秆的消化率。包括二氧化硫处理和过氧化氢处理。此方法在生产上应用很少。

(三)生物学处理方法原理

生物学处理法的实质是利用微生物进行处理的方法。它是接种一定量的特有的菌种对秸秆饲料进行发酵和酶解作用，使其粗纤维部分降解转化成为动物可与消化利用的糖类、脂肪和蛋白质等成分，以改善适口性，提高其营养价值和消化利用率。目前在生产上主要采取三种方式，青贮、发酵和酶解。

1. 青贮

是通过乳酸菌发酵，产生酸性条件，抑制或杀死各种有害微生物的繁衍，从而达到保存饲料的目的。它是生产上具有广泛应用价值的秸秆处理方法。

2. 发酵处理(即微贮)

是通过有益微生物的作用，软化秸秆，改善适口性，并提高秸秆利用率。

3. 酶解

是将纤维素酶溶于水后喷洒在秸秆上，让纤维素酶分解纤维素，以提高其消化率。

二、青贮玉米秸秆的物理处理技术方法

(一)秸秆草块饲料的生产技术

草块加工设备先将秸秆粉碎成 3～10mm 长的草粉，而后用压块机压缩成草块饲料，草块容重为 600kg/m³。该项技术的主要特点是秸秆高温压制时，可使其中的淀粉糊化，释放出草香味，适口性增强，采食量增加 30%左右。挤压处理可使秸秆中淀粉和粗纤维减少，水溶性糖类增加，因而秸秆的消化利用率得到明显的提高，植物蛋白质经高温后会引起变性，这种变性有利于蛋白质在动物体内的酶解过程，因而有益于动物的消化利用，热压处理还可杀灭一些病原菌，破坏一些微生物毒素，减少家畜疾病。

(二)盐化玉米秸秆法

在饲料不足的春季，给奶牛喂盐化玉米秸。可降低饲养成本，使奶牛多出奶。方法：每 50kg 玉米秆切成段后，用 2%～3%的盐水 10kg，均匀喷洒在玉米段上，放在 10～15℃的室内 10～15 小时，喂前加 5～7.5kg 玉米面。饲喂时少给勤添，喂精料时不用再加盐。效果每头牛每日比不喂盐的玉米秸的奶牛多产奶 1kg。

(三)黄贮

干玉米秆牲畜不爱吃，利用率不到 30%，但经黄贮后，酸、甜、酥、软，牲畜爱吃，利用率提高到 80%～95%。具体做法为，将玉米铡碎至 2～4cm，装在缸中，加适量温水闷 2 天即可。化验结果表明，黄贮饲料含粗蛋白 3.85%，粗脂肪 2.43%，无氮浸出物 2.9%，灰分 5.99%，水分 51.92%。

三、青贮玉米秸秆的化学处理技术方法

(一)秸秆的碱化处理技术

碱化处理主要包括氢氧化钠处理和石灰处理两种。在此以来源广、价格

低的石灰处理为例加以说明。100 水加 1kg 生石灰，不断搅拌待其澄清后，取上清液，按溶液与饲料 3：1 的比例在缸中搅拌均匀后稍压实。夏天温度高，一般只需 30 小时即可喂饲，冬天一般需 80 小时。这种处理方法可使饲料的营养价值提高 50%～100%。

（二）秸秆氨化技术

在秸秆中加入一定比例的氨水、无水氨、尿素或异尿素等溶液进行处理，以提高秸秆的消化率和营养水平的处理方法。氨化的作用在于使纤维素与木质素分开，让牲畜消化吸收，一般来说，氨化秸秆的消化率可提高 20%，采食量也相应提高了 20%，粗蛋白含量提高 1～1.5 倍，氨化后秸秆总的营养价值可提高 1 倍，达到 0.4～0.5 个饲料单位。

按氨化方式分：有液氨氨化、尿素氨化、碳铵氨化、氨水氨化。

液氨氨化：将秸秆打捆堆成垛，再用黑塑料膜覆盖密封，注入相当于秸秆干物质重量 3% 的液氨进行氨化。氨化所需时间取决于环境温度，通常夏季约需 1 周，春秋季 2～4 周，冬季 4～8 周，甚至更长。如果用氨化炉氨化，由于温度较高(80～90℃)，因此只需 1 天即可完成氨化。

尿素氨化：将秸秆切碎置入氨化池中，用量相当于秸秆干物质重量 4%～5% 的尿素来处理。尿素应预先溶于水中，均匀的喷洒到秸秆上，氨化池装满、踩实后塑料膜覆盖密封即可。处理所需时间同液氨氨化，但稍长。

碳铵氨化：方法与尿素氨化相同，由于碳氨含氨量较低，其用量相应增加，用量相当于秸秆干物质重量 8%～12%。

氨水氨化：方法同液氨氨化，由于碳氨含氨量较低，其用量相应增加，常用量(氨浓度 20%)为秸秆干物质重量的 12%。

四、青贮玉米秸秆的生物学处理技术方法

（一）青贮玉米的一般青贮技术

1. 青贮设备的要求

制作青贮饲料时，对青贮窖的要求是不论其类型和形式如何，都必须达

到下列要求。

（1）选址：一般要在地势较高、地下水位较低、土质坚实、离牛舍较近、制作和取用青贮饲料方便的地方。

（2）设备的形状与大小：窖的形状一般有圆筒形和长方形，可建成地下、地上或半地下式；设备大小可根据所养牛的头数、饲喂期的长短和需要贮存的饲草的数量进行设计。一般每立方米窖可贮玉米秸秆 500kg 左右。

（3）青贮设备要能够密封，并能防止空气的进入，四壁要平直光滑，以防止空气的积聚，并有利于饲草的装填压实。

（4）设备底部一端到另一端需形成一定的斜坡，或一端建成锅底形，以便使过多的汁液能够排除。

2. 青贮饲料的加工过程

适时收割一般青贮玉米适宜收割期为蜡熟期，即玉米谷粒有黑层出现，达到生理成熟期为准，这是玉米最高产量和养分含量的时期，生产上由于收获与调制需要一段时期，收割期可视情况调整为乳熟末期到蜡熟前期。即乳线下移 3/4～1/4 处。

水分指标含水量：青贮原料只有在适当的含水率时，才能保证获得良好的发酵并减少干物质损失和营养物质损失。含水率以 50%～70% 为宜，65% 为最佳含水量。

判定方法：抓一把割下切碎的青贮玉米段，在手里攥紧 1 分钟然后松开，若能挤出汁水，则含水率大于 75%，草团能保持其形状但无汁水，则为 70%～75%，草团有弹性且慢慢散形，则含水率为 55%～65%；草团立即散开，则含水在 55% 左右。

青贮原料的装填。青贮原料入窖前，要清洁青贮设施。在窖的底部铺一层草粉或干草以防底部潮湿、腐烂。有条件的可将窖（塔、壕）用塑料薄膜环四周衬好，沿到地上部分留长些，用于覆盖窖顶，这样以便于密封，青贮质量好。切碎机具最好置放在青贮窖的旁边，便于切碎的原料及时关入窖内，尽量避免切碎的原料在窖外暴晒，青贮窖内应经常有人将装入的原料耙平混匀（注意安全，应戴安全帽）。在圆形窖内装填料时，无论窖的大小，必须将整个窖面一层一层铺平。在沟形窖内装填原料时，可根据原料切碎的速度，将窖分成数段，顺序装填，装满一段就封好这一段的窖顶，再继续装第二段。

青贮原料的压实。在原料装入窖内以后，必须进行原料的压实工作，以便迅速排出原料装入空隙间存留的空气造成有利于乳酸菌繁殖的厌氧条件。原料在压实工作一般均用人踩踏，小型的圆形窖由1～2人在窖内随耙平随踩踏压实，大型窖应根据原料的切碎速度增加人数，有条件时在沟型窖内可利用履带式拖拉机进行压实，但必须注意，不要让拖拉机带进泥土、油垢、金属等污染原料，在拖拉机压实完毕后，仍需用人力踩踏机器所压不到的窖边、窖角等处。

青贮建筑物的密封与管理。当窖内青贮原料装满，并高出窖口20～30cm，并已进行充分的压实工作后，即可封埋窖口。封窖时最好先盖一层塑料膜，并用泥土堆压靠窖壁处，然后用适当的盖子将窖口盖严，最后盖土。如果不用塑料膜，需在原料上面加盖15～20cm的细软青草一层，再在上面覆盖泥土，盖土必须用湿土，干土应先加水闷湿后再用。盖好的土也要踩踏结实，盖土的厚度一般应在40～50cm以上，以利封闭窖口压实原料。

(二)青贮玉米的微贮技术

1. 技术原理

秸秆在微贮过程中，由于秸秆发酵活干菌的作用，在适宜的厌氧环境下，将大量的木质纤维素类物质转化为糖类，糖类又将有机酸发酵菌转化为乳酸和挥发性脂肪酸，使pH值降到4.5～5.0，抑制了丁酸菌、腐败菌等有害菌的繁殖。秸秆微贮饲料的含水量一般为60%～70%。当含水量过多时，降低了秸秆中糖和胶状物的浓度，产酸菌不能正常生长，导致饲料腐烂变质。而含水量过少时，秸秆不易被踩实，残留的空气过多，保证不了厌氧发酵的条件，有机酸含量减少容易腐烂。

2. 秸秆微贮的方法

(1)水泥窖微贮法。窖壁、窖底采用水泥砌筑，农作物秸秆侧切后入窖，按比例喷洒菌液，分层压实，窖口用塑料膜覆盖好，然后覆土密封。

(2)土窖微贮法。在窖的底部和四周铺上塑料薄膜，将秸秆侧切入窖，分层喷洒菌液压实，窖口再盖上塑料薄膜覆土密封。

（3）塑料袋窖内微贮法。根据塑料袋的大小先挖一个圆形的窖，然后把塑料袋放入窖内，再放入秸秆分层喷洒菌液压实，将塑料袋口扎紧，覆土密封。

（4）压捆窖内微贮法。秸秆经压捆机打成方捆，喷洒菌液后入窖，填充缝隙，封窖发酵，出窖时揉碎饲喂。

（三）青贮玉米的单贮和混贮

1. 青贮玉米的单贮

玉米秸秆的青贮主要应用于粮、饲兼用的青贮玉米品种。在收获籽实后茎叶仍保持青绿色的秸秆。含水量可由茎叶青绿程度来判断，茎叶完全青绿秸秆含水量为 75%～80%，叶片枯黄超过 1/2 的含水量为 65%～70%，可根据切碎情况，来确定补加水分的数量。例如，原料含水量为 65%，细切的每 100kg 原料加水 5～10L，粗切的每 100kg 原料加水 13～17L。但注意，加水时必须喷洒搅拌均匀，不要使原料干湿不均。

玉米果穗的青贮应在玉米收割前摘取果穗，不要从刈割下来和收集成堆的玉米植株上摘取果穗。因为成堆青绿的植株迅速发热，未成熟的果穗也会发霉，不宜青贮。青贮果穗必须在 1～2 日之内完成，不得过久。因此，青贮设施的容量不可过大，最合适的青贮壕，每区的容量为 15～25t；将青贮壕中一个区装填封好之后，再开始装填第二区。每天装入的青贮果穗层，在捣实的状态下不得少于 1.5～2m。从最初开始装填起，就要将待贮原料捣实，并一直继续到将青贮设施填满为止；同时要特别注意对靠近墙壁和角落原料的捣实。在将切碎的果穗装填完结捣实后，用切碎的玉米秸覆盖，其厚度不得少于 80～120cm，再覆 1 层厚 15～20cm 的黏土，然后再覆盖 1 层厚 25～30cm 的土。

玉米茎叶和果穗的全株青贮饲料，具有干草和精料两种饲料的特点，产量高，品质好，可大量贮备供冬春饲用。一般 6～7kg 全株玉米青贮料中约含有玉米粒 1kg，饲喂草食家畜甚好。

在欧美一些国家，玉米全株青贮对所有反刍家畜已成为一种非常重要的饲料。用它饲喂再补充足量的精料，能使乳牛保持高产。

2. 青贮玉米混贮

玉米含糖量高，属于易青贮植物，仅用其含糖量的 65%～70%时，就足以供单贮产生乳酸之用，因为它含有过剩的糖，可与不易青贮的植物混贮。

玉米与豆科牧草混贮：豆类牧草中的紫花苜蓿、三叶草、草木樨、野豌豆等富含蛋白质，按干物质计算，其蛋白质含量达 2.1% 之多，且碱性较高，适口性好，适宜作各种家畜的饲料，动物对它的消化率高达 78%，但它含糖量有限，单贮不易发生乳酸发酵作用，易发生腐败发酵，属于不易青贮植物，与玉米混贮，可以制成优质青贮饲料。但混贮用的苜蓿应在开花期以前收割，切碎后与切碎的玉米秸混拌均匀，玉米秸与苜蓿混合比例不应超过 3：1。

豆科植物(不易青贮)的苕子、紫云英、蚕豆苗、大豆等都是各种家畜上好的青贮饲料，都可以与易青贮的植物混贮，但要注意避免用老的豆科植物与玉米秸混贮。

玉米秸与野草野菜混贮：在生长野草野菜较多的地区，可以调制玉米与野草混合的青贮饲料，混合比例根据野草野菜的数量来决定，混贮用的野草野菜应尽量选用嫩绿和多汁的，切碎后与玉米秸混拌均匀。

玉米秸与甘薯混贮：玉米秸与苜蓿、野草野菜、甘薯藤等混贮，可以调节玉米秸水分的不足，并有利于压实，增加青贮料中蛋白质的含量，提高青贮饲料的营养价值。因为玉米秸富含糖分，质地硬，含水量低，而这些原料含糖量较少。质地柔软或蛋白质含量较高，均匀混合青贮，可获得质量较好的青贮饲料。

总之，青贮玉米的加工与贮藏关系到其营养价值、利用效率等多方面因素，采用什么方法要根据当地实际情况确定。

第三节　青贮玉米制造处理程序

青贮饲料不仅味道清香、多汁柔软，并且营养丰富。适口性高且品质好的饲料在通过青贮之后，能够最大程度上的保留原有的养分，维生素与蛋白质等营养成分损失较少，适口性差且品质不高的饲料在青贮之后能够改善原有品质。青贮饲料在环境与气候等方面不受较大影响，能够保证冬春季青绿饲料的充足供给。

一、肉牛养殖中青贮饲料的制作

（一）原料收割

目前，青贮饲料所用原材料主要包括玉米秸秆、小麦秆以及青草等。为保证原材料的品质，必须选择合理的原料收割时间。收割时间过早会影响到产量，而收割过晚会影响到青贮饲料质量。在玉米乳熟末期到蜡熟前期可以进行收割，或者玉米整株茎叶率超过了90％并且含水量保持在70％左右是最佳的玉米收割时期。在收割青贮玉米的过程中，可以选择分段收获法或者是直接收获法完成。分段收获法可以选择收割机把青贮原料收获之后直接运输到贮存位置，通过切碎机切碎之后保管。直接收获法可以利用收割机直接收割，随后进行切碎以及保存。

（二）晾晒处理

玉米秸秆含水量高于规定数值，需要进行4天左右的晾晒，保证秸秆含水量保持在60％左右。玉米秸秆摊晒完成后需要做好切碎以及密封处理，避免秸秆内水分与蛋白质等各类营养成分的大量流失。玉米秸秆切碎过程中需要做好适当揉搓，提高玉米秸秆青贮的发酵率，要求必须密封保存，避免空气进入密封容器当中造成微生物的滋生，必须快速的做好青贮饲料的切碎以及密封处理，保证青贮饲料的品质。

（三）青贮容器的选择

青贮饲料容器的选择至关重要，针对贮藏而言可以利用窖贮、袋贮以及池贮等方式。必须保证贮存容器的容积达标，具备较高的密闭性能。如果选择窖藏，需要把收割以及切割制作之后青贮玉米全部放入到藏窖，避免阳光暴晒以及堆积发热导致饲料变质。装满之后需要利用塑料膜全面密封，同时覆盖30cm厚的细土，之后铺上麦秸等，做好防冻工作，在饲料完全成熟之后才能够开封使用。

二、青贮饲料的管理

(一)增强水分控制

青贮饲料在制作以及管理的过程中，必须严格控制饲料的水分。如果使用两种或者是超过两种的原料混合青贮，必须保证原料之间的充分混合与均匀搅拌，随后全部装入容器中，及时检查原材料的含水量。玉米秸秆的含水量必须控制在65％左右，含水量低会导致原料青贮无法压紧压实，容器内部空气无法全部排出，极易发生变质问题。原料含水量高会导致原料酸性超标，造成青贮饲料的变臭与变烂。如果玉米秸秆含水量较大，需要根据实际情况来添加干草以及粗糠等起到一定的吸水作用。如果玉米秸秆含水量少，需要适当地洒水，保证含水量的及时调节。

(二)规范青贮饲料的制作工艺

近年来，我国青贮饲料在肉牛养殖过程中得到了广泛的应用，对制作技术的要求逐步提高。为了能够保证青贮饲料的整体品质与青贮制作的成功率，有效的控制青贮饲料的制作成本，需要不断规范青贮饲料的制作以及管理流程。首先，需要利用永久窖或者大窖来代替土窖、小窖，利用地上窖来取代地下窖。需要增强紧压性以及密封程度。在专用青贮玉米品种的种植过程中，需要结合节令规律，提高土地资源的有效利用率。或者选择稻草秸秆以及豆藤来完成青贮，将材料切碎到2cm之后完成青贮发酵操作。

(三)青贮饲料质量评价

针对青贮饲料质量进行评价主要包括实验室评定与现场评定。实验室评定可以利用化学分析法，完成pH值检测、铵态氮检测以及有机酸检测等，可以通过铵态氮和有机酸分值来评定青贮饲料内碳水化合物以及蛋白质等各类物质的含量。现场评定过程中，可以通过广谱pH试纸来检测青贮饲料的实际pH值，可以利用感官检查青贮饲料的气味与色泽等。

三、青贮饲料制作技术要点

（一）制作

1. 水

原料的含水量应控制在 60%～70%。陇西每年 8 月、9 月的玉米水分含量在 60%～70%，糖分在 3% 以上，这时的原料质量最好，可保证青贮的质量。水分过高，糖分过少，不利于青贮的厌氧环境。

2. 实

压实，原料备好后，切短即可装填，装填时应将叶片和茎秆搅匀。每次装填 25～30cm 高后逐层压实，不能有空隙，不利于形成厌氧的环境。

3. 快

不管是袋贮还是池贮都要快，在最短的时间内完成。原料不能堆放时间过长，堆积时间过长会导致发热，温度太高不适宜厌氧菌活动，厌氧菌适宜的温度是 20～35℃。长时间堆放会导致发热造成水分流失，原料中的碳水化合物被破坏，达不到青贮的效果。

4. 严

原料装填完毕，立即密封，以防漏气。在原料上盖一层 10～20cm 秸秆或干草，隔离氧气与原料的接触。盖塑料膜，挤压空气封袋，再在上面压 30～50cm 的土，覆土不仅可以增压还可以隔太阳的直射，防止温度过高。

5. 勤

后期的管理要随时检查，发现漏气及时补救。防止青贮饲料的变质。

（二）品质鉴定

原料青贮后，经过 40～50 天即可食用，食用前可以从嗅、看、抓来判断青贮饲料的品质。

1. 嗅

嗅气味，品质好的有芳香酒酸味，气味柔和。中等的酸味重，稍有酒味或酸味，芳香味弱，这种可食用，但一次食喂的量要少。劣质的带有刺鼻味和霉味，这种不能食用。

2. 看

看颜色，品质好的呈绿色或黄绿色，中等的呈黄褐色或暗绿色，品质劣的呈褐色和黑色。

3. 抓

即手感，品质好的松散，柔软，湿润。劣的手抓后成团，手感黏滑或干燥粗硬。养殖户在青贮过程中只要注意把握好以上要点，就不会造成不必要的损失。青贮饲料制作成本低，适口性好，不仅解决了秋冬饲草料短缺的问题，而且减少了资源浪费和环境污染问题。

第四节　青贮玉米贮藏标准

玉米青贮经历了充分的发酵，通常在 3 周内，应获得样品进行饲料分析，以制定饲喂计划。该分析结果还可以为参与青贮饲料生产过程的人员提供反馈。玉米青贮营养价值的一些目标值和可能出现问题的原因见表 7-1。

表 7-1　玉米青贮营养价值目标与可能出现的问题（%）

营养物	含量	所需范围	超出范围的可能原因
干物质	33.0	30～40	收割太早或太迟
CP	8.8	7.2～10.0	施肥不足、大雨造成的氮损失或杂草竞争都会导致蛋白质含量低
蛋白溶解度	48.0	31.9～52.8	
酸洗纤维	28.9	23.6～33.2	酸性洗涤纤维或中性洗涤纤维水平高可能是由于作物胁迫、未成熟或杂交差异导致青贮饲料中的谷物含量低造成的
中洗纤维	49.0	41.3～54.1	

续表

营养物	含量	所需范围	超出范围的可能原因
总消化养分	68.0	66.8~70.9	与酸性洗涤纤维级别相关，高纤维水平导致低总消化养分
泌乳净能	0.69	0.67~0.75	与酸性洗涤纤维级别相关，高纤维水平导致低泌乳净能
非结构性碳水化合物	35.1	23.1~43.7	降低淀粉和糖浓度的压力或不成熟会降低非结构性碳水化合物（可溶性糖、淀粉）水平
钙	0.25		低 pH 土壤，青贮饲料中的杂草污染可能导致高钙
磷	0.23		
镁	0.18		
钾	1.20		钾水平高于 1.0 通常表示土壤试验钾较高
硫	0.13		
锰	34		
铜	5		
锌	0.04		
硒	0.41		

评价青贮饲料的 pH 值和发酵酸可以反馈发酵是否在理想条件下进行。发酵酸水平、pH 值和氨水平最近在一个商业饲料测试实验室提供的大型数据集中进行了调查。这些数据表明，干物质对发酵特性有影响，越潮湿的青贮，pH 值越低，发酵酸含量越高，氨含量越高。一般来说，玉米青贮的 pH 值应在 3.5~4.3 范围内，乳酸水平应在 4%~6% 范围内，乙酸 2% 或以下，

丙酸 0~1%，丁酸小于 0.1%。氨氮含量应低于 5%。

　　其他可以用来评价青贮的因素包括温度、气味和青贮的外观。青贮温度一般应在环境温度的 15~20℃。较高的温度表明氧气正在渗透到青贮饲料中，导致好氧分解。青贮饲料也不应该有腐臭气味，这与湿青贮饲料中的梭状芽孢杆菌发酵有关。醋味也可能与湿青贮有高水平的醋酸有关。酒精气味与酵母发酵有关，这是由于进料速度慢和青贮表面空气渗透。青贮饲料中也不应有任何可见的霉菌，这通常表明青贮时干物质含量高或包装和密封不当。

一、现场评定标准

（一）色泽

　　优质玉米青贮饲料色泽接近原料颜色，呈青绿色或黄绿色；品质良好的玉米青贮饲料呈黄褐色；品质一般的玉米青贮饲料呈褐色；品质低劣的玉米青贮饲料呈黑褐色。

（二）气味

　　品质优良的玉米青贮饲料通常具有酸香味；品质良好的玉米青肥饲料具有酒酸味；品质一般的玉米青贮饲料具有刺鼻酸味；品质低劣的玉米青贮饲料具有腐败霉烂味。

（三）结构

　　优质的玉米青贮饲料结构松软不黏手；品质良好的玉米青贮饲料结构松软无黏性；品质一般的玉米青贮饲料略带黏性；品质低劣的玉米青贮饲料发黏结块。

（四）水分

　　优质的玉米青贮饲料握在手中紧压，湿润但不形成水滴；品质良好的玉米青贮饲料紧压可形成水滴；品质一般的玉米青饲料紧压有水分流出；品质低劣的玉米青贮饲料干燥或者抓握见水。

（五）pH 值

采用 pH 试纸(精度 0.1)测定青贮饲料 pH 值的方法简便易行，适用于现场评定。现场评定时，将青贮料样品的汁液挤出滴到试纸条上或将试纸条插入压紧的青贮料样品中测定，测定过程中避免用手直接接触样品。优质的玉米青贮饲料 H 值范围为 3.4～3.8；品质良好的玉米青贮饲料 pH 值范围为 3.9～4.1；品质一般的玉米青贮饲料 pH 值范围为 4.2～4.7；品质低劣的玉米青贮饲料 pH 值大于 4.8(表 7-2)。

表 7-2　现场评定标准

项目	分值	优质	良好	一般	低劣
色泽	20	青绿色或黄绿色 (14～20)	黄褐色 (8～13)	褐色 (1～7)	黑褐色 (0)
气味	25	酸香味 (18～25)	酒酸味 (9～17)	刺鼻酸味 (1～8)	腐败霉烂味 (0)
结构	10	松软不黏手 (8～10)	松软无黏性 (4～7)	略带黏性 (1～3)	发黏结块 (0)
水分	20	紧压，湿润但不形成水滴(14～20)	紧压，可形成水滴(8～13)	紧压，有水流出 (1～7)	干燥或抓握见水 (0)
pH 值	25	3.4～3.8 (18～25)	3.9～4.1 (9～17)	4.2～4.7 (1～8)	4.8 以上 (0)

注：括号内数值为该项得分。

（六）综合评定

将色泽、气味、结构、水分和 pH 值得分相加，根据综合评定标准将青贮饲料分为优质、良好、一般和劣质 4 级(表 7-3)。

表 7-3   玉米青贮饲料现场综合评定标准

得分	76~100	51~75	26~50	<25
青贮饲料分级	优质	良好	一般	劣质

二、实验室评定标准

青贮饲料实验室评定主要包括氨态氮、有机酸（乳酸、乙酸、丁酸）、黄曲霉毒素 B1 等。

（一）氨态氮

氨态氮与总氮的比值是反映青贮饲料中蛋白质及氨基酸分解的程度，比值越大，说明蛋白质分解得越多，青贮质量不佳。实验室采用分光光度法测定氨态氮的含量，评定标准见表 7-4。

表 7-4   玉米青贮饲料中氨态氮含量的评定标准（%）

氨态氮占总氮的比例	0~5	5.1~10	10.1~15	15.1~20	20.1~30	>30
分值	25	20	15	10	5	0

注：一般蛋白质中含氮量约为 16%，因此总氮的百分含量用此公式计算：总氮（%）=粗蛋白百分含量 * 6.25。

（二）有机酸含量

有机酸总量及其构成可以反映青贮发酵过程的好坏，其中最重要的是乳酸、乙酸和丁酸，乳酸所占比例越大越好。优良的青贮饲料，含有较多的乳酸和少量乙酸，而不含丁酸。品质差的青贮饲料，含丁酸多而乳酸少。实验室采用气相色谱法测定玉米秸秆青贮饲料中的有机酸含量（评定标准见表 7-5）。

表 7-5　玉米青贮饲料中有机酸含量评定标准（%）

项目	占总酸比例	分值	占总酸比例	分值	占总酸比例	分值	占总酸比例	分值	占总酸比例	分值	占总酸比例	分值
乳酸	60.1~70	25	50.1~60	20	40.1~50	15	30.1~40	10	20.1~30	5	<20	0
乙酸	0~20	25	20.1~30	20	30.1~40	15	40.1~50	10	50.1~60	5	>60	0
丁酸	0~2	50	2.1~10	40	10.1~20	30	20.1~30	20	30.1~40	10	>40	0

注：1. 玉米青贮饲料中的总酸以各种有机酸占总酸时比例按毫克当量计算；

2. 鲜样中的有机酸百分含量与毫克当量换算关系如下：

乳酸（mg当量）=乳酸（%）×11.105

乙酸（mg当量）=乙酸（%）×16.658

丁酸（mg当量）=丁酸（%）×11.356

3. 将玉米青贮饲料中乳酸、乙酸、丁酸含量得分分别记为 S_2、S_3、S_4。

(三)黄曲霉毒素 B_1

黄曲霉毒素 B1 是已知的化学物质中致癌性最强的一种国家饲料卫生标准中规定奶牛精料补充料中黄曲霉毒素 B1 最高限为 $10\mu g/kg$ 黄曲霉毒素。B1 的测定方法按照 GB/T 17480-2008 进行，评定标准见表 7-6。

表 7-6　玉米青贮饲料中黄曲霉毒素 B_1 含量的评定标准($\mu g/kg$)

黄曲霉毒素 B_1 含量	0~1	1.1~3	3.1~5	5.1~7	7.1~10	>10
分值	25	20	15	10	5	0

注：将玉米青贮饲料中黄曲霉毒素 B1 含量得分记为 S50

(四)综合评分

将氨态氮评分、有机酸评分与黄曲霉毒素评分结合，规定氨态氮分值占总分的 25%，有机酸占 50%，黄曲霉毒素 B1 占 25%，按式 1 计算得到综合得分。根据综合得分将青贮饲料分为优质、良好、一般、劣质 4 级(见表 7-7)。

式 1：综合得分＝S1×25%＋(S2＋S3＋S4)×50%＋S5×25%

表 7-7　玉米秸秆青贮饲料质量综合评价

综合得分	80~100	60~80	40~60	0~40
质量评价	优质	良好	一般	低劣

第五节　青贮玉米的综合利用

玉米秸秆是工、农业生产的重要生产资源，含有 30% 以上的碳水化合物，2%~4% 的蛋白质和 0.5%~1% 的脂肪。据研究分析，玉米秸秆中所含的消化能为 2 235kJ/kg，营养丰富，总能量与牧草相当。对玉米秸秆进行加工处理，制作高营养性牲畜饲料，不仅有利于发展畜牧业，而且可实现秸秆过腹还田，具有良好的生态效益和经济效益。

一、玉米秸秆青贮技术

玉米秸秆青贮属于生物处理技术，是徐州市当前玉米秸秆利用的主要方式。该项技术是将蜡熟期玉米秸秆收获、铡碎至 $1\sim2cm$ 长，使其含水率为 $60\%\sim75\%$，然后装贮于窖、缸、塔、池或塑料袋中压实，进行密封贮藏，人为造就一个厌氧的环境，使其自然利用乳酸菌厌氧发酵，使大部分微生物停止繁殖，而乳酸菌由于乳酸的不断积累，最后被自身的乳酸所控制而停止生长，既能保持青秸秆的营养，又使得青贮饲料带有轻微的果香味，牛、羊等牲畜比较爱吃。既解决了饲料的贮存，又提高养殖户的经济效益。

二、玉米秸秆压块技术

该项技术是先使用铡草机将玉米秸秆铡成一定长度后，再利用饲料压块机将玉米秸秆制成高密度饼块，压缩比可达 $1:5\sim1:15$，经加工处理后的玉米秸秆成为截面 $30mm\times30mm$，长度为 $20\sim100mm$ 的块状饲料，其密度达 $0.6\sim0.8kg/cm^3$。在加工过程中，因高压产生高温，不仅对原料进行了消毒灭菌，还使秸秆熟化、淀粉糊化，使营养得到充分发挥，适口性好，营养吸收性强，牲畜采食率可达 100%。压块后的饲料适应于奶牛、肉牛、羊等牲畜食用，并便于长途运输和储存。

三、玉米秸秆膨化技术

玉米秸秆膨化技术是一种物理生化复合处理方法，其机理是利用螺杆挤压方式把玉米秸秆送入膨化机中，螺杆螺旋推动物料形成轴向流动，同时由于螺旋与物料、物料与机筒以及物料内部的机械摩擦，物料被强烈挤压、搅拌、剪切，使物料细化、均化，随着压力的增大，温度相应升高，在高温、高压、高剪切作用的条件下，物料的物理黏性发生变化，由粉状变成糊状，当糊状物料从膜孔喷出的瞬间，在强大压力差作用下，物料被膨化、失水、降温，产生出结构疏松，多孔酥脆的膨化物，具有较好的适口性。从 130～160℃不但可以杀灭病菌微生物及虫卵等，而且还可使多种有害因子失活，提高了饲料品质，减少了造成物料变质的有害因素，延长了保质期。

四、玉米秸秆栽培食用菌技术

玉米秸秆中含有丰富的纤维和木质素等有机物，是栽培食用菌的良好材料，传统的食用菌栽培多用木屑与棉籽壳，但是因木材、棉籽壳用途广泛，用量较大，从而造成木削、棉籽壳的价格逐渐上升，增加了食用菌生产成本，严重制约了食用菌的生产。利用玉米秸秆作为食用菌栽培基料，较好地解决了这一问题，大大降低了食用菌生产成本。另外，生产鲜菇后剩余的蘑菇糠是一种带菇香味、营养丰富的菌蛋白饲料，既可养殖牲畜，也可作为优质有机肥还田。该项技术的应用推广可使玉米秸秆资源多级增值，使大量的秸秆得到充分利用，减少环境污染，增加农民收益。把玉米秸秆作为栽培食用菌的原料，首先要将新鲜无霉变的秸秆晒干，然后加工粉碎。可采取不添加其他辅料的栽培方法，对秸秆进行浸泡发酵处理，一般发酵时间为 5～7 天，当发现秸秆长满雪花状物时即可利用栽培。

五、玉米秸秆制板技术

采用玉米秸秆为原料可生产出高强度环保板，产品色泽自然亮丽、密度均匀，可与木质人造板相媲美。高强度环保玉米秸秆板的制作，采用胶黏剂，不含甲醛，防水性能好，吸水膨胀率很低，符合绿色环保要求，可广泛用于建筑、装潢、家具、工艺品、家电外壳和容器制造等。现推广使用的高品质的玉米秸秆板，其性能优越，可替代普通木质中密度板、细木工板。玉米秸秆板还具有质轻、高强、保温、隔音等技术特点，并且有可锯、可粘、可刨、可钉、耐磨、美观、防潮、防蛀、安装便捷、清洁方便及经济实用等优点。

玉米秸秆在制板过程中，首先是将玉米秸秆皮穰分离，把秸秆皮作为制板原料，穰和叶可作为牲畜饲料，从而将玉米秸秆资源细化为商品，变废为宝，提高了玉米秸秆的附加值。其次，以秸秆代木，减少使用木材，可缓解森林资源短缺问题，并可减少焚烧秸秆带来的环境污染等问题。

第八章

青贮玉米饲料
调制及投喂

第一节　青贮玉米饲料的调制

一、青贮玉米饲料的一般调制技术

（一）青贮玉米原料的选择

凡是能充作家畜饲草、饲料的青绿植物的茎叶或块根、块茎等多汁饲料，都可以作为青贮原料，调制成青贮饲料。但必须正确掌握原料的收割时期、水分含量及制作青贮饲料的技术要求，才能获得品质优良的青贮饲料。选择专用的玉米品种可获得较高的产量。也有人员把普通的籽实用玉米提前收割用于青贮，但往往产量较低。一般在中等地力条件下，专用青贮玉米品种亩产鲜秸秆可达 4.5～6.3t。而普通籽实用玉米却只有 2.5～3.5t。种植 2～3 亩地青贮玉米即可解决一头高产奶牛全年的青粗饲料供应。

玉米青贮料营养丰富、气味芳香、消化率较高，鲜样中含粗蛋白质可达 3％以上，同时还含有丰富的糖类。用玉米青贮料饲喂奶牛，每头奶牛一年可增产鲜奶 500kg 以上，而且还可节省 1/5 的精饲料。

青贮玉米制作所占空间小，而且可长期保存，一年四季可均衡供应，是解决牛、羊、鹿等所需青粗饲料的最有效途径。

1. 收割时期

只有选用营养价值高的青贮原料，才能做成营养价值高的青贮饲料。青贮饲料的营养价值，除了与原料的品种有关外，收割时期也直接影响其质量，适时收割能获得较高的收获量和最好的营养价值。过去认为禾本科牧草的收割适期以抽穗期为宜，而豆科牧草则要求在开花初期收割较为适宜。但随着半干青贮技术的普及和饲养技术的改变，总的趋向是禾本科饲料推后，豆科饲料提前。原因是要求青贮饲料的水分少，要躲开雨季。青贮玉米的最适收割期为玉米籽实的乳熟末期至蜡熟前期，此时收获可获得产量和营养价值的最佳值。在黑龙江省的第一、第二积温带可在 8 月中旬收获，而在第三、第四积温带则在 8 月下旬至 9 月上旬收获。收获时应选择晴好天气，避开雨季收获，以免因雨水过多而影响青贮饲料品质。青贮玉米一旦收割，应在尽量短的时间内青贮完成，不可拖延时间过长，避免因降雨或本身发酵而造成损失。

2. 保持原料的青绿和新鲜

青贮的目的，是保存青绿和多汁饲料的优良品质。所以青贮的原料应尽量保持新鲜和青绿，保证原料新鲜和青绿的条件，除选择适当时期进行收割外，还必须做到尽量减少暴晒，避免堆积发热，应以当天运到窖边的原料当天贮完为原则。

3. 掌握原料的含水量

青贮原料的含水量多少，直接影响制成青贮饲料的品质。一般认为青贮原料的水分含量在 70%～75% 为宜。水分含量过高或过嫩的青贮原料，应在制做前进行短时间的晾晒，除去过多的水分，或者与水分含量少的原料进行混贮。如以调制玉米秸青贮饲料为例，水分含量在 75% 以上时，不仅乳酸形成较少，pH 值高，养分也差（表 8-1）。

表 8-1　青贮玉米的含水量对青贮饲料品质及营养价值的影响（%）

青贮料含水量	pH 值	乳酸含量	可消化粗蛋白	消化能（Mcal/kg）
75	3.6	1.29	1.1	0.77
78	3.7	1.34	0.9	0.62
80	3.7	1.16	0.8	0.55
83	3.9	0.91	0.7	0.51
85	4.7	0.45	0.4	0.39

由于水分高的青贮饲料影响家畜实际食入饲料的干物质量，所以逐步发展为半干青贮技术，又称低水分青贮技术。这项技术的要点是对青贮原料采取预干措施，使水分含量降低到 50% 左右再进行青贮。在 20 世纪 60 年代初期，对此项技术曾有过争论，但经过长期实践，目前已被许多先进国家所采纳。

对豆科及禾本科牧草来说，饲草中养分的损失，由两个方面原因造成。

一是收贮晾晒过程中的损失，二是贮藏过程中的损失。高水分青贮收贮晾晒损失较少，但贮藏损失较大，有时如不晾晒或采取混贮降低水分含量，会导致完全腐败。低水分青贮的收贮晾晒损失增加，但贮藏损失会显著降低，两项损失相加往往低于高水分青贮(图 8-1)。另外从实际饲养效果看，半干青贮饲料却比高水分青贮饲料的饲养效果好，但并不是所有青贮饲料都需要作为半干青贮饲料来贮存，必要时还应当在制作时适当补加水分。

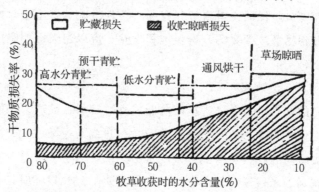

图 8-1 豆科、禾本科牧草在不同收贮条件下的干物质损失(贮藏损失及收贮晾晒损失)

(二)收获方法

大面积青贮玉米地都采用机械收获。有单垄收割机械，也有同时收割 6 条垄的机械。随收割随切短随装入拖车当中，拖车装满后运回青贮窖装填入窖。小面积青贮饲料地可用人工收割，把整棵的玉米秸秆运回青贮窖附近后，切短装填入窖。

在收获时一定要保持青贮玉米秸秆有一定的含水量，正常情况下要求青贮玉米的含水量为 65%～75%，如果青贮玉米秸秆在收获时含水量过高，应在切短之前进行适当的晾晒，晾晒 1～2 天后再切短，装填入窖。水分过低不利于把青贮料在窖内压紧压实，容易造成青贮料的霉变，因此选择适宜的收割时期非常重要。

(三)青贮原料的切碎

原料在装窖以前，一般均需经过切碎，切碎的程度随原料性质而不同，但一般以细碎者为佳，因为切得细碎的原料易于压实和提高青贮窖的利用率；切碎后汁液渗出可以把原料表面全部润湿，有利于乳酸菌的迅速发酵，提高青贮饲料的品质。但在青贮过程中，也必须根据原料的粗细、软硬程度、含水量、饲喂家畜的种类和碎工具等，来决定切碎的长度，以免在人力、物力上造成浪费。一般水分含量多的，质地细软的可以切得长些，反之则应细切。铡碎的理想机具是青贮联合收割机和青饲料切碎机，也可用滚筒式铡草机代替。根据原料的种类，把机器调节到细切或粗切的部位。

（四）青贮原料的装填

切碎机具最好置放在青贮窖的旁边，便于切碎的原料及时送入窖内，尽量避免切碎的原料在窖外暴晒，青贮窖内应经常有人将装入的原料耙平混匀（注意安全，应戴安全帽）。在圆形窖内装填原料时，无论窖的大小，必须将整个窖面一层一层铺平。切短的青贮饲料在青贮窖内要逐层装填，随装填随镇压紧实，直到装满窖为止。装满后要用塑料膜密封，密封后再盖 30cm 的细土。在沟形窖内装填原料时，可根据原料切碎的速度，将窖分成数段，顺序装填，装满一段就封好这一段的窖顶，再继续装第二段。为了避免切碎的原料在空气中曝露过久，造成窖内高温，每日装填原料的厚度不应少于 1m。特别是对切得较长、质地较粗、水分不足的原料，应尽量缩短装填时间。在临时停止装填原料时，要进行表面压实，最好用塑料膜盖上。为了防冻，还可在土上再盖上一层干玉米秸秆、稻秸或麦秸，防止结冻，对冬季取料有利。如此制作完成的青贮玉米料经过 20 天左右发酵即可完成，再经过 20 天的熟化过程即可开窖饲喂。此时的青贮料气味芳香、适口性好、消化率高，是牛、羊、鹿等的极好饲料。

（五）青贮原料的压实

在原料装入窖内以后，必须进行原料的压实工作，以便迅速排出原料空隙间存留的空气，造成有利于乳酸菌繁殖的厌氧条件。在压实原料的时候，愈紧密愈好，特别要注意靠近窖壁、窖角处的压实，以免青贮料与窖壁之间留出空隙，造成青贮料的霉烂。原料的压实工作一般均用人力踩踏，小型的圆形窖由1～2人在窖内随耙平随踩踏压实，大型窖则应根据原料的切碎速度增加人数，有条件时在沟型窖内可利用履带式拖拉机进行压实，但必须注意，不要让拖拉机带进泥土、油垢、金属等污染原料，在拖拉机压实完毕后，仍需用人力踩踏机器所压不到的窖边、窖角等处。

（六）青贮窖的封埋

封埋的目的是隔绝空气继续与原料接触，尽快使窖内呈厌氧状态，抑制好气性发酵。因此，当窖内青贮原料装满，并已进行充分的压实工作后，即可封埋窖口。封窖时最好先盖一层细软的青草，草上再盖一层塑料薄膜，并用泥土堆压靠窖壁处，然后用适当的盖子将窖口盖严，也可以在塑料膜上盖一层苇席、草箔等物，然后盖土。如果不用塑料膜，需在原料上面加盖15～20cm左右的细软青草一层，再在上面覆盖泥土。盖土必须用湿土，干土应先加水闷湿后再用。盖好的土也要踩踏结实，盖土的厚度一般应在70cm以上，以利封闭窖口压实原料。有人在木盖上加重石，但启窖时搬挪重石费工，不如用泥土方便。在青贮窖无盖棚的情况下，窖顶的泥土必须高出青贮窖的边沿，并呈圆坡形，以免雨水流入窖内。在封窖后的一星期中，还需随时注意因青贮料下沉而造成盖土裂缝或下降的现象，一经发现有上述情况，应立即填平并重行压实，以后也应经常注意检查，以防青贮窖透气或漏入雨水。正确掌握和执行这些工作步骤，也是获得良好青贮饲料所必要的条件。

（七）青贮窖内的有害气体

随着青贮原料（植物）细胞的呼吸和发酵作用，常常产生二氧化碳等有害气体，在炎热无风的天气，或带有棚盖的较深的青贮窖中，会使人中毒窒息。因此，在进入装有原料的青贮窖时，如有闷气或不适感，应立即走出青贮窖，并用吹风机或扇车等向窖内吹风，排出有害气体。特别是较深的和带有棚盖的青贮窖，在进入前应先开动青饲料切碎机5～10分钟，把有害气体吹出，然后再进入窖中工作，以保安全。青贮过程一旦完成，只要能保证封闭条件不被破坏即可长期保存，最长有保存50年的记录。

二、半干青贮饲料的调制

半干青贮饲料也称低水分青贮饲料。制作低水分青贮饲料的原料必须经过晾晒，使原料含水量降低到 50％左右，然后装入密闭式青贮窖中进行青贮。钢铁制造的密闭式青贮窖造价昂贵，目前尚难普遍采用，使用一般青贮窖调制低水分青贮饲料时，必须注意青贮窖的密闭性，原料要切得细碎（0.7cm），踩踏压实紧密，窖口封闭严密。利用一般青贮窖调制低水分青贮饲料，开窖后很易产生二次发酵或发霉，应予注意。

三、谷物湿贮饲料的调制

谷物湿贮饲料，即应用青贮技术保存刚收获的含有一定量水分的谷物，主要用于玉米及麦类（燕麦、大麦等）。湿贮谷物的水分含量以 25％～33％最为适宜。湿贮谷物可避免由于收获季节天气条件造成的霉烂和发芽变质，同时还能防止谷物在贮藏过程中，由于黄曲霉菌而生成的毒素。在我国有些地区，谷物收获季节经常遇到阴雨天气，使新收获的谷物不能及时干燥入库，造成霉烂，如果是作为饲料用的谷实类，即可采取湿贮谷物的方法进行贮藏。完整的谷粒或经压扁的谷粒均可湿贮，经过压碎的玉米要比整粒玉米在湿贮时产生的二氧化碳少，同时酪酸的生成量也少，说明碾碎湿贮比整粒湿贮的效果好。

湿贮谷实经 30 天后即可取用，经过湿贮的谷实具有甜酸味，并有果酒的气味；湿贮的谷实消化率高于干燥谷实的消化率，有机酸含量为青贮饲料的 1/5～1/10，其中大部分为乳酸，是优良的自产精饲料。大量试验证明，用湿贮的谷实类（含水分 25.3％～30.8％）饲喂奶牛或肉牛，其效果和喂给干谷实（含水分 12％～15％）的效果近似。

为了预防湿贮谷物的二次发酵，必须严守当天取出当天用完，取出湿贮饲料后，要用塑料膜严密封闭窖口或袋口，严防空气进入引起湿贮饲料二次发酵。

四、玉米青贮饲料的调制

玉米是优良的青贮饲料作物之一，具有茎叶产量高、果穗比重大、容易

235

调制、适口性好等优点。糊熟期至黄熟期青割的玉米，不仅单位面积产量高，而且能调制成品质优良的青贮饲料；玉米成熟后及时地掰取果穗，并及时地收割秸秆，也是调制青贮饲料的良好原料。我国从 20 世纪 50 年代初，即大力推广收获籽实后玉米秸青贮饲料的调制技术，在解决农村冬春季节役畜饲草方面起到了重要作用。现在我国粮食生产有了大幅度提高，玉米生产中用于饲料的比重逐年增加，从饲用角度来看，为了充分利用地上部分的营养物质，青贮技术无疑将会越来越显示其重要作用。

(一)青贮玉米的栽培及适宜的收割时期

青贮用玉米的栽培技术与食用玉米的栽培法基本相同，不过在品种上宜选用植株高大，成熟后茎叶仍能保持青绿的品种。播种量留苗数应根据土地、肥料、水利条件适当增加密度，一般情况下株数应比留种用的多 1/4～1/2，过密则植株细弱，果穗比重降低，反而会降低饲料的收获量。

青贮玉米的收割时期，20 世纪 50 年代多在乳熟期，近年来随着青贮技术条件的提高，逐渐推迟到糊熟期至黄熟期，此时收割的玉米不仅果穗的产量高，也是果穗营养价值最高的时期，因此糊熟期至黄熟期收割的玉米单位面积收获的可消化营养物质最多。在实际生产中，常需根据具体条件和当时的情况确定收割日期。如照顾后作物的播种计划，气候的变化(如旱、涝、霜冻等)，机具设备的工作效率等，适当提前开割是必要的。

(二)青贮原料的切碎与装填

青贮玉米必须进行切碎，切碎的细度以 1～2cm 为宜。切得细碎的原料，不仅有利于压实，排除孔隙间的空气，为乳酸发酵创造良好条件，提高青贮饲料的品质，而且在切碎的同时可把玉米籽实打碎，有利于乳牛的消化利用。特别是水分含量较低的原料更要切得细碎，含水分在 65%～70% 的原料，理想的细度为 0.5～1cm。装填原料时应随时把茎叶和果穗混合均匀，因为在用青饲料切碎机把切碎的原料送入青贮窖内时，特别是有风的时候，很容易把茎叶果穗分离开，不利于原料的压实而造成青贮饲料发霉变质。在装填原料时要特别注意原料的踩踏压实工作，理想的压实标准为含水分 70% 的原料，每立方米的重量为 700kg。

（三）玉米茎叶和果穗的分贮

根据喂饲家畜的不同，可将果穗与茎叶分开进行青贮。玉米果穗制成的青贮饲料是猪的良好饲料。青贮玉米果穗时，应在玉米收割前摘取果穗，可连包叶（不连包叶更好），立即运回切碎，进行青贮。切碎的工具可采用青饲料切碎机，或滚筒式草机。切的细度以 1～2cm 为宜。其他操作要求与整株玉米青贮饲料相同。玉米果穗青贮饲料作为猪的饲料，如能在饲喂前加水打浆，则可降低损耗，提高利用率。

（四）玉米秸青贮

利用收获籽实后的玉米秸调制青贮饲料时，需选用果穗已经枯熟，茎叶仍保持青绿色的秸秆。制作青贮饲料的玉米秸，需先将果穗掰掉，然后再用镰刀自地上部分割取。在收割时最好将完全干枯的植株另堆，不要混在青绿的秸秆内，以保证原料的质量。收割秸秆的数量以当天能铡碎入窖量为准，并做到随收割随装运，运到窖边及时铡碎入窖，不要使秸秆堆积过夜，以免玉米秸枯干或发热变黄。用玉米秸制作青贮饲料，只要有一半的叶片保持青绿，用青饲料切碎机切细，当天铡碎入窖，可以不必加水，否则需在装填原料时补加水分。

（五）补加水分及注意事项

青贮玉米秸适宜的含水量，根据原料切碎的长度而不同，在原料切成极细碎时（机动铡草机细切）含水量以在 70%～75% 为宜，原料切得较长的（人力切碎）含水量以在 78%～82% 为宜，在原料切碎后即可根据原料的含水量补加不足的水分。例如原料含水量为 60%，细切的每百千克原料加水 10～15kg，粗切的每百千克原料加水 18～22kg。加水可以在窖外进行，也可以待原料入窖后再加，但都应注意必须喷洒搅拌均匀，不要使原料干湿不均。在窖内加水时可根据窖的容积，把窖壁分成若干等份，以计算原料的重量。例如容量为 5 000kg 的窖（口径 2m，深 3.6m），把窖壁分成 10 等份，则每个等

237

份的原料为 500kg，根据刻度计算加水量，可以避免加水时先多后少或先少后多之弊病。

第二节　常用青贮玉米饲料添加剂

为了降低饲料在青贮过程中营养物质的损失，防止腐败，保证和提高青贮饲料的质量，在制作青贮饲料时，可使用某些饲料添加剂以尽快降低青贮饲料的 pH 值，抑制青贮饲料中有害微生物，特别是腐败菌的活动，促进发酵，减少营养物质的消耗和损失，防止适口性下降，提高粗饲料的利用价值等。特别是那些含糖量低、含水量高、不易青贮的植物，利用添加剂青贮尤为重要。应用青贮饲料添加剂，可以扩大青贮饲料原料来源。

使用青贮饲料添加剂的主要目的有：降低青贮原料的 pH 值，快速酸化，直接形成适合乳酸菌繁殖的生活环境，使得乳酸菌在短时间内大量繁殖，抑制其他有害菌体的生长；补充青贮原料中不足的营养成分，满足乳酸菌发酵所需要底物的浓度，改善青贮饲料的营养成分；增加乳酸类细菌初始状态的数量，使其快速产生乳酸，缩短满足青贮过程所需 pH 值到达的时间，保护青贮原料中有益的营养成分不被分解；改善青贮饲料的风味。青贮饲料添加剂有 200 多种，下面介绍一些常用的品种。

一、青贮菌剂

青贮饲料发酵剂也叫青贮接种菌。青贮饲料发酵剂是专门用于饲料青贮的一类微生物添加剂，由 1 种或 1 种以上乳酸菌、酶和一些活化剂组成，主要作用是有目的地调节青贮饲料内微生物区系，调控青贮发酵过程，促进乳酸菌大量繁殖更快地产生乳酸，促进多糖与粗纤维的转化，从而有效地提高青贮饲料的质量。在青贮饲料内加入促进发酵的活菌制剂，使青贮饲料在很短的时间内进行强烈的乳酸发酵，pH 值迅速降低，抑制有害微生物的活动，减少营养物质的消耗、分解和流失，降低有毒物质（如胺等）的产生，保证青贮料的质量。应用于难青贮植物的青贮保存时，结合其他添加剂的应用（如糖、酶等)效果更好。适用于青贮发酵的接种物,应对植物原料中碳水化合物的发酵能力强,生长旺盛,形成酸能力强,对腐败微生物区系和真菌有较强的抑制作用,抗噬菌体和饲料抗生物质,耐高温,可在 0～50℃范围内生长,分解蛋白质的能力弱。目前青贮饲料应用的接种菌多是乳酸菌培养物,也有丙酸菌培养物,即植物乳杆菌、嗜酸乳杆菌、保加利亚乳杆菌、棒状乳杆菌、乳酪乳杆菌、乳酸片球菌、乳片球菌、戊糖片球菌、啤酒片球菌、嗜热链球菌、粪链球菌、乳链球菌、淀粉链球菌、植物链球菌及谢曼氏丙酸杆菌等。过去多为单一菌种制剂,近来研究开发的多为上述多种菌的混合制剂,其效果优于单一制剂。有的除含有几种活性菌外,还添加有酶、糖类物质、矿物质等促进发酵的物质的复合添加剂。由于乳酸菌和丙酸菌的发酵都需要糖或淀粉类物质,故接种物不适宜用于刚刈割的含干物质和糖量低的植物青贮。在有些含糖低的原料中,可添加糖类物质或含糖量高的物质混合青贮,再添加接种物可获得好的效果。秸秆发酵微生物活干菌。添加活干菌处理青贮秸秆,可将秸秆中的木质素、纤维素等初步破坏,使秸秆柔软,pH 值下降,有害菌活动受到抑制,糖分及有机酸含量增加,从而提高消化率。用量为每吨秸秆添加活干菌 3g。处理前,先将 3g 活干菌倒入 2kg 水中充分溶解,常温下放置 1～2 小时复活,然后将其倒入 0.8%～1%的食盐水中拌匀,然后将菌液均匀喷洒到秸秆上即可制作青贮饲料。

二、小分子有机酸和无机酸

青贮饲料中添加有机酸及其盐类,主要是用作防霉剂和酸化剂。其主要添加物有甲酸、乙酸、丙酸、苯甲酸、山梨酸等及其盐类,其中以甲酸及其盐类在青贮饲料中应用最为广泛,其次是丙酸及其盐类。有机酸及其盐类的酸化作用较无机酸弱,但有较强的抗菌效果,添加于青贮料中能很好地抑制真菌,防止养分的流失。有的还可作为产乳酸菌的能量和碳源,促进发酵作用,提高乳酸产量。添加量根据青贮原料的不同可有所差异,一般为0.2%～0.5%。甲酸、乙酸、丙酸主要用于含水量高、含糖量低以及粗纤维含量高、难以进行正常青贮的植物,玉米容易制作青贮一般不用添加。据报道,乳熟期或蜡熟期的玉米制作青贮饲料时,添加 0.3%的苯甲酸可提高其青贮饲料的能量价值 12.5％，可消化蛋白质 24.4％。苯甲酸、山梨酸等还适用于刚割下未晒干或稍微变干的牧草。此外，对于干草和紫花苜蓿也有用双乙酸钠处理的。据报道，添加 0.2％的双乙酸钠，可控制温度升高，抑制真菌生长。有机酸及其盐类的添加，可在田间收获、粉碎时或是装填青贮窖时加入原料中。但甲酸、乙酸以及丙酸有强烈的刺激性和腐蚀性，一般在装填青贮窖时喷洒在原料上。注意戴防护面罩、避风。

对于难进行青贮的植物原料(碳水化合物含量低、水分含量高、缓冲度高等)一般可以采用添加甲酸的半干青贮、混合青贮。甲酸的用量一般为青贮原料重量的 0.3％～0.5％，或 2～4mg/kg。甲酸在有机酸中属于强酸，并具有较强的还原能力。添加甲酸比添加无机酸的效果好，因为无机酸只有酸化效果，而甲酸不但能降低青贮饲料的 pH 值，而且还可以抑制植物呼吸和不良微生物(梭状芽孢杆菌、芽孢杆菌和某些革兰阴性菌)发酵。此外，甲酸在青贮饲料和瘤胃消化过程中，能分解成对家畜无毒的二氧化碳和甲烷，甲酸本身也可被吸收利用。加甲酸制成的青贮饲料，颜色鲜绿，有香味，品质高，蛋白质分解损失仅 0.3％～0.5％，而在一般青贮饲料中则达 1.1％～1.3％。苜蓿、三叶草加甲酸青贮，建议适宜的添加量 5～6mL/kg，其粗纤维减少5.2％～6.4％，且减少的这部分粗纤维水解变成低聚糖，可为动物吸收利用，而一般青贮饲料粗纤维仅减少 1.1％～1.3％。另外，加甲酸青贮可以使青贮饲料的胡萝卜素、维生素 C、钙、磷等营养物质的损失比一般青贮少。

除了用有机酸作青贮饲料添加剂外，还可以用甲醛作为青贮防腐剂。甲醛溶液浓度为 40％，每 100kg 青贮原料用量 1.7L。甲醛有抑制杂菌、防腐败以及防止青贮过程中和反刍动物瘤胃中微生物对蛋白质、氨基酸的脱氨基作用，降低氨的产生，提高蛋白质、氨基酸的利用率。甲醛主要应用于豆科牧草等高蛋白饲料或含水量高、嫩叶量大、易腐败植物的青贮。其添加量一般为 0.15％～0.35％甲醛与甲酸、硫酸等无机酸合用，效果更佳。

青贮饲料中常添加的无机酸有盐酸、硫酸和磷酸。主要作为酸化剂，用于高水分青贮饲料，可迅速降低青贮窖内的 pH 值，抑制真菌的活动，防止腐败，并有利于乳酸菌的发酵作用。此外无机酸可以把青贮饲料的质地变软，促进植物细胞壁的分解，提高青贮饲料的消化率和适口性。无机酸都具有很强的腐蚀性,对青贮窖壁、用具有腐蚀作用。对皮肤有刺激作用,使用时应加以注意。硫酸和盐酸用于青贮饲料,在芬兰已使用 50 多年了,现仍在使用。其使用方法:将 1 份硫酸(或盐酸)加 5 份水稀释,将此稀酸按 5%～7% 喷洒在青贮原料上(注意顺风)。青贮原料很快下沉、压紧,植物停止呼吸作用,降低青贮窖内含氧量,降低 pH 值,起到抑制腐败菌、真菌活动,有利于乳酸菌的发酵。硫酸的添加还有补充硫的作用。硫酸或盐酸溶液易溶解钙盐及其他矿物盐而使之流失,应注意添加一定量的矿物元素,防止家畜骨骼发育受到影响和微量元素缺乏。磷酸是非常好的玉米青贮添加剂。添加效果好,腐蚀性较硫酸、盐酸小,且有补充磷的作用,提高青贮饲料的营养价值,但价格较贵。添加磷酸时要注意钙磷比例,需补充一定量的钙。

三、饲用安全的含氮物质

青贮饲料中添加氨水或尿素是反刍动物利用非蛋白氮的一种方便形式。氨水适用于青贮玉米、高粱和其他禾谷类作物。添加后可增加青贮饲料的蛋白质含量,抑制好氧微生物的生长,而对反刍家畜的食欲和消化机能无不良影响。尿素含氮量为 40%,用量为青贮原料重量的 0.4%～0.5%。尿素可以显著提高青贮饲料的粗蛋白质含量,满足肉牛对粗蛋白质的需求,可以在每吨青贮原料中添加 5kg 尿素。添加方法是在原料装填时,将尿素制成水溶液,均匀喷洒在原料上。除尿素外,还可以在每吨青贮原料中加入 3.5～4.0kg 的磷酸脲,不仅能增加青贮饲料的氮、磷含量,还能使青贮饲料的酸度较快地达到标准,有效地保存青贮饲料中的营养。

四、食盐和微量元素

食盐用量为青贮原料重量的 0.2%～0.5%。青贮原料加入食盐,可促使细胞液渗出,有利于乳酸菌发酵。添加食盐还可以破坏某些病毒,提高饲料适口性。添加量为 0.3%～0.5%。

制作青贮饲料时添加微量元素的目的是提高青贮饲料的营养价值,可以在每吨青贮饲料原料中添加硫酸铜 0.5g、硫酸锰 5g、硫酸锌 2g、氯化钴 1g、碘化钾 0.1g、硫酸钠 0.5kg。把这几种微量元素充分混合溶于水后,均匀地喷洒在原料上，然后进行青贮。

五、纤维素酶

青贮饲料酶类添加剂中主要是添加纤维素酶和半纤维素酶。这两种酶将细胞壁中的纤维素、半纤维素转化为动物或乳酸菌可以利用的糖类物质，有利于发酵，同时释放出细胞内的各种营养物质，提高饲料利用率。酶制剂多用于禾本科牧草或其他晚季收割牧草，以及秸秆类原料的青贮调制；含粗纤维量高，含糖量低的秸秆类还常先通过氢氧化钠等碱化处理后，再进行青贮的方法，能促进粗纤维的分解，有利于发酵和提高饲料利用率。除以上添加剂外，在调制青贮料时，有的还添加一定量的尿素、缩二脲。胺盐等非蛋白氮和矿物微量元素添加剂，有利于微生物生长发育以提高青贮料中的营养含量。

这类添加剂有农大利青贮酶。是由基因重组木真菌经液体深层发酵精制而成的饲用酶制剂。适用各种类型的青贮饲料（全株玉米或高粱，玉米或高粱秸秆等）。主要酶种有纤维素酶、木聚糖酶、β－葡聚糖酶、蛋白酶和 α－淀粉酶等。纤维素酶活不低于 5 000 单位/g；青贮保鲜酶——青贮快。含有乳酸菌，能利用水溶性碳水化合物物产生乳酸，乳酸能有效地抑制真菌的生长，从而减少贮窖开封后青贮饲料的有氧霉变。产品含有多种酶，包括淀粉酶、纤维素酶、半纤维素酶等，可将部分多聚碳水化合降解成单糖，保证乳酸菌发酵所需的营养，避免酪酸菌的过量繁殖。细菌生长促进剂含有细菌生长所必需的矿物元素、生长因子及载体，保证了该细菌制剂生长的稳定性和活力。

保康生青贮剂。是一种专门用于提高玉米青贮品质的酶制剂，其主要成分是由纤维酶、木聚糖酶、葡萄糖氧化酶等多种酶发酵组成。"保康生"青贮酶制剂中的纤维和木聚糖酶可以使作物秸秆的纤维素分解成单糖和双糖，供给乳酸菌大量繁殖所需要的营养，由于秸秆的粗纤维被分解，特别是中性洗涤纤维和酸性洗涤纤维的降解率的提高，可以有效地改变秸秆纤维结构，改善青贮饲料的适口性和消化率。葡萄糖氧化酶可以消耗青贮的氧气，提高青贮内的缺氧程度，有利于厌氧性乳酸的浓度，加快了乳酸菌的发酵过程，迅速产生大量乳酸，使青贮的 pH 值很快下降，抑制了有害细菌的繁殖，避免了异常发酵,保证了青贮质量。

酶贮宝。是一种专门用于提高青贮品质的复合酶制剂,其主要成分是纤维酶、木聚糖酶、葡聚糖酶等。实验结果表明,"酶贮宝"可以将秸秆中的纤维素分解成动物可吸收的单糖和双糖,同时还提供了乳酸菌繁殖所需要的营养,由于秸秆的粗纤维被分解,特别是中性洗涤纤维和酸性洗涤纤维降解率的提高,可以有效地改变秸秆纤维结构,改善青贮饲料的适口性和可消化性。

六、糖蜜

糖蜜是甘蔗、甜菜等制糖业的副产品,又称废糖蜜,俗称橘水。含糖量一般在 46%~65%。甘蔗糖蜜为棕黄色至黑褐色、无异臭味的均匀浓稠液体,甘蔗糖蜜呈微酸性,pH 值 6.2,而甜菜糖蜜则呈微碱性,pH 值 7.4。糖蜜是一种物美价廉的饲料原料,使用非常普遍。虽然其能量浓度较玉米低,但与玉米相比,其口感好,消化吸收快且具有价格优势。在青贮饲料中的添加量为原料重量的 1%~3%,因其中含有的大部分糖类物质是极易消化的,可作为发酵促进剂使用。

第三节 青贮玉米饲料投喂注意事项

一、青贮饲料饲喂的注意要点

开窖取出青贮饲料饲喂家畜时应注意采取正确的方法,以免造成不必要的浪费。

训饲:对初次饲用青贮玉米料的家畜,刚开始有些不太适应,一般经过 3~5 天的训饲后,即可大量投喂。对常年饲喂青贮料的家畜则不必训饲。

合理搭配干草:如果青贮玉米秸秆铡得过细,对牛羊的反刍不利,因此在大量投喂青贮玉米料时,每天应适当补饲优质干草。

四季均衡供给:因为青贮饲料可长期保存,不受季节限制,因此一年四季可保证青贮饲料的均衡供应。

青贮饲料饲喂家畜时应以下注意事项：

（一）实行分层取料

取用青贮饲料时，要从窖的一端开始，按一定的厚度，自表面一层一层地往下取，使青饲料始终保持一个平面，切忌由一处挖洞掏取。

（二）注意取料数量

每次取料数量以够饲喂一天为宜，家畜每天吃多少料就取多少料，不要一次取料长期饲喂，以免引起饲料腐烂变质。

（三）及时密封窖口

青贮饲料取出后，应及时密封窖口，以防青贮饲料长期暴露在空气中变质，饲喂时引起中毒或其他疾病。

（四）喂量由少到多

青贮饲料具有酸味。在开始饲喂时，有些家畜不习惯采食，为使家畜有个适应过程，喂量宜由少到多，循序渐进。一般每喂量为：奶牛与育肥牛20～25kg，役牛10～15kg，成年羊2～4kg；马、驴、骡7～12kg。

青贮饲料的饲喂量以湿重计算，推荐各种动物每日每头饲喂量如下：肉牛10～20kg；育成牛6～20kg；奶牛15～20kg；役用牛10～20kg；羊5～8kg；马、驴、骡5～6kg；妊娠母猪3～6kg；育成猪1～3kg；肥育猪2kg。

（五）注意合理搭配

青贮饲料虽然是一种优质粗饲料，但饲喂时须按家畜的营养需要与精料和其他饲料进行合理搭配。将青贮饲料和其他饲料拌在一起饲喂，以提高饲料利用率。

（六）处理过酸饲料

有的青贮饲料酸度过大，应减少饲喂量或加以处理，可用5%～10%的石灰水中和后再喂，或在混合精料中添加 12% 的小苏打，以降低胃中酸度。

（七）勿用变质饲料

如发现青贮饲料外观呈黑褐色或墨绿色，嗅之酸味刺鼻，或有腐臭味，手感发黏，则表明饲料已变质，应扔掉，切勿用其饲喂家畜。

二、青贮失败的原因

青贮饲料是利用微生物的发酵作用来保存多汁饲料的营养特性的。但有时由于操作不当会造成青贮失败。据分析，失败的原因主要有以下几方面。

（一）青贮窖建筑设计不合理

过分追求贮存数量，建池过大，青贮时人力、机械跟不上。建池过宽过深，给装、填、踩、封、取料带来许多不便。

窖口坡度不够或未采取排水措施。青贮成功与否，建池很关键，使用什么样的建筑方式，建多大的青贮池，一定要根据饲养畜禽的种类、数量、人力、机械和自身经济状况来确定，并在技术人员指导下建设。地址最好选择在地势较高，土质坚硬、干燥，离粪坑、污水较远，并且离畜舍较近的地方。为便于排水，还应当在青贮窖四周开挖排水沟，以免渍水。池身建设方面要特别注意，窖口要上大下小，有些坡度。窖的宽度不应超过深度，但也不能太深。四个角宜砌成半圆形，以方便压实。

（二）青贮切割机械选择不当

多数农户都是采用先收割回来，再用铡草机切碎装入青贮建筑物中的方法。铡草机型号比较多，部分农户由于机型选择不当，切割速度慢，装填时间长。还有的农户舍不得投资，使用旧的切割机具或质次价廉的机具，故障多，耽误时间。青贮饲料的收割调制机械化，比一般手工劳动效率高许多倍，质量上也比较有保证，所以青贮机械的研制和推广工作十分重要。对农户来说，一定要选好切割设备。有条件的农户可选购联合收割调制机，收、切、装一次完成。

（三）人力缺乏

秋季农活忙，秋收秋种，再加青贮，若不组织一定的人力和车辆，难免顾此失彼。

（四）单纯追求粮食产量，忽视青贮质量

如果玉米在乳熟后期带果穗青贮，营养最丰富，又利于错开活茬，好处相当多，而不少人对此缺乏认识，或单纯追求粮食产量，结果是收了玉米穗，又遇下雨天，只好让玉米秆烂在地里。

（五）没有做到随收、随运、随切、随装、随压、封严

随收、随运、随切、随装是保证青贮饲料营养多汁的重要环节，切碎、压实、封严则是青贮必须把握的技术要领。部分农户由于疏忽了上述某个环节，而导致青贮失败。

三、青贮饲料中毒的防治

（一）判断青贮饲料质量的好坏

取出的青贮饲料以颜色青绿（若收获时为黄色，则贮后为黄褐色），气味带酒香，质地柔软湿润为最佳；如果颜色发黑或呈褐色，气味酸中带臭，质地粗硬则质量较差；发霉、腐烂、变质的则根本不能喂牛。

（二）尿素青贮时注意尿素的用量

为提高玉米青贮和青草青贮的粗蛋白含量，一般都把尿素加入秸秆中进行青贮，尿素适宜加入量为 1 000kg 青贮饲料加 5～6kg 尿素为宜，先将尿素溶化后，均匀地喷洒到青料中即可。

（三）青贮饲料完成发酵的时间

青贮饲料完成发酵的时间一般为 30～50 天，豆科植物约需 3 个月左右。

取用时，应从上端或一端开始，逐层取用，勿使泥土杂物混入，取后用塑料薄膜将口盖好，每次取出的青贮饲料以当天能喂完为宜。

（四）饲槽要保持清洁卫生

每天必须清扫干净饲槽，以免剩料腐烂变质。

（五）注意饲喂数量

对幼牛及五月龄内的犊牛，要少喂一些青贮饲料，因为犊牛一般从牧草中摄取 1/3 的干物质，从谷物中摄取 2/3 的干物质。

（六）一旦中毒，要及时查找原因并对症治疗

若因为饲料腐烂变质而导致中毒，则应先催泻，待毒素排出后再进行补液，还应注射适量的强心剂。若因为尿素摄入量过多造成氨中毒时，牛则反刍减少或停止，唾液分泌过多，表现不安、肌肉震颤、抽搐等症状，若不及时治疗则会死亡，最简便的治疗方法是用 2% 的醋酸溶液 2～3L 灌服。如果在饲喂过程中发生氨中毒，家畜出现精神萎顿、步态蹒跚、肌肉震颤等症状，可以采用以下方法治疗：灌服大量食醋；静脉注射葡萄糖或 20% 次硫酸钠溶液，或 5% 碳酸钠溶液；发生眼部灼伤可涂敷四环素或可的松眼膏。

处理过酸饲料。若青贮饲料酸度过大，应当减少饲喂量或加以处理。可用 5%～10% 的石灰水中和后饲喂，或在混合精料中添加 1%～2% 的小苏打（碳酸氢钠），以降低胃中酸度。

四、不要用青贮饲料喂兔

青贮饲料是经过发酵以后的青饲料，是牛等家畜的好饲料，但是不可用于喂兔，其原因有 2 个：一是兔是食草动物，主要靠盲肠内的微生物分泌纤维素酶消化粗纤维，盲肠内的微生物生长繁殖需要有一个微碱性的环境，盲肠与回肠连接处有一个膨大、壁厚、中空的圆形球囊，叫圆小囊，它除有压榨食物和消化吸收作用外，还能分泌碱性溶液，中和微生物产生的酸，由于青贮饲料酸性大，圆小囊分泌的碱性液体无法中和，过酸的环境会影响盲肠

内微生物的生长与繁殖，致使微生物分泌纤维素酶的数量减少，往往造成消化不良，甚至引发自体酸中毒。二是青贮饲料暴露在空气中极易变质，兔对这种变质的饲料特别敏感，食后容易下痢甚至中毒死亡。所以不要用青贮饲料喂兔。

五、青贮饲料在渔业生产中的应用

青贮饲料应用于渔业生产，可扩大饲料来源，降低生产成本，增加防治鱼病的途径。青贮饲料可使原来鱼类不易采食或采食较少的植物变得易于为鱼类所采食。例如，多种无毒草类、树叶等青贮发酵之后可用来作饲料，增加鲤的食料来源；原来草鱼和鲤不喜吃的凤眼莲、水浮莲等，经过青贮发酵后，采食量大大增加，使用青贮可以把季节性强的饲料贮藏备用，如蔬菜叶、甘薯茎叶等农作物副产品，收获时数量很大，可通过青贮对它们进行持续的利用。

青贮饲料几乎保持了青绿饲料全部的营养优势，通过发酵，又有自身的优点。青贮过程中乳酸菌的发酵作用，可将青绿植物中的大分子有机物，如纤维素、蛋白质等分解为简单的糖类、氨基酸，易于被鱼类消化吸收，同时有益细菌的大量繁殖。积聚了大量的消化酶、维生素及菌体蛋白，可显著提高饲料的营养价值。乳酸菌的发酵作用使青贮饲料产生芳香性酸味，提高了适口性而更易于被鱼类所吞食。

为防治鱼病提供方便。青贮饲料的调制过程中的厌氧环境及乳酸的产生，使大量的有害细菌死亡，减少鱼类感染疾病的可能。许多中草药中的生物碱、有机酸类等活性物质可调节鱼体免疫力，增加抗病能力，有的中草药含"适应原"物质，可增强鱼体在恶劣环境下的适应能力。中草药对鱼病具有针对性的治疗作用。如乌桕、大黄对鱼类细菌性烂鳃病及白头白嘴病有治疗作用，地锦草、铁苋菜对鱼类细菌性肠炎有治疗作用。

渔业生产中应用青贮饲料应注意，大部分淡水鱼类因不含纤维素分解酶而对纤维素利用率较低，所以对鱼类来说，青贮饲料干物质所含消化能较低。青贮饲料维生素含量丰富，特别是胡萝卜素，鱼类正常利用青贮饲料时，所获得的胡萝卜素含量已超过需要量的100倍。原料选择时应根据鱼类生理特点，尽可能选择纤维素含量较少的豆科植物，或是处于生长盛期，纤维素含量较低时的禾本科植物。青贮中混合中药草时，要根据养鱼户自己的生产目的，有针对性地混合适量的中药草，一般为青贮原料的 1%～2%。混合青贮前要认真研究中药草的毒性影响，避免在生产中影响鱼体健康。饲喂青贮饲料时注意事项。淡水鱼只有草食性鱼对纤维素利用率较高，因此青贮饲料多用于草食性鱼的养殖。饲养过程中若青贮饲料投饲过量，池水中乳酸及其他菌类的积聚，可能引起鱼塘水质酸化及一些微生物衍生。管理不善时，会引起鱼类某些细菌病的发生，所以，青贮饲料投喂时一定要密切注意水质及鱼体鱼群变化，结合水体及鱼体状况合理调整青贮饲料投喂量，最大限度发挥青贮饲料在渔业生产中的优势效应，避免它的负面影响。

第九章

青贮秸秆饲料加工技术

第一节　秸秆青贮技术

长期以来，秸秆作为饲喂草食家畜的主要饲料，一直以直接饲喂为主。直接饲喂时，虽然家畜对秸秆的采食量较高，但消化率偏低，不能充分利用秸秆的营养物质，并且适口性较差。对秸秆采用一定的技术加工后用于饲喂家畜，可克服以下缺点，提高秸秆的利用价值。

粗纤维含量高、适口性差、消化率低。秸秆饲料粗纤维含量较多，尤其是含有相当数量的木质素和硅酸盐，这些物质难以被家畜消化，同时影响对其他营养物质的消化利用，降低了秸秆饲料的利用价值。通过对秸秆进行处理，将其中的粗纤维、无氮浸出物和木质素等复杂碳水化合物分解为动物易吸收的适口性饲料，可大大提高秸秆的利用率。

蛋白质含量很少。秸秆饲料的粗蛋白质含量较低，豆科秸秆的粗蛋白质含量为 4.4%～12.2%，禾本科秸秆为 3%～5%。一般的家畜饲料蛋白质含量应不低于 8%，通过秸秆青贮，可以提高绝大多数秸秆的粗蛋白质含量，从而为瘤胃微生物的迅速生长繁殖提供充足的氮源，满足家畜对蛋白质的需求。

粗灰分含量较高。秸秆中粗灰分含量一般均较高，如稻草的粗灰分含量可高达 17%以上，这些粗灰分中硅酸盐占的比重很大，对家畜来说，不但没有营养价值，而且影响钙和其他营养成分的消化利用。通过青贮可以使秸秆软化、降解，从而便于家畜咀嚼和消化。

缺乏维生素。秸秆中缺乏许多家畜生长所必需的维生素，尤其是秸秆中胡萝卜素含量仅 2.5mg/kg，这就成为秸秆用作饲料的一个限制因素。

一、秸秆青贮的原理

青贮是在适宜的条件下，利用乳酸菌对青饲料进行厌氧发酵，产生乳酸，当酸度降到 pH 值为 4.0 左右时，包括乳酸菌在内的所有微生物停止活动，抑制腐败菌的生长且青饲料养分不再继续分解或消耗，从而长期将青饲料保存的一种简单、经济而可靠的方法。

用作青贮的饲料来源很广，稻草、麦秸、豆科作物，块根、块茎以及水生饲料和树叶等都可用来青贮。青贮是保存家畜饲料的一种手段，需经过复杂的微生物活动和生物化学变化的过程，受化学、微生物和物理因素的影响较大。为了满足乳酸菌发酵，除了厌氧环境与适宜的秸秆含水量外，还需要秸秆含有一定量的可溶性糖分。含糖多的原料，如玉米秸、青草等容易青贮成功，最好的青贮原料是专门用于青贮的玉米。对于稻草、麦秸等含糖量低的就需添加可溶性糖，否则青贮效果就很不理想。

了解不同作物秸秆的特性以及青贮过程中发生的各种变化是制造优质青贮饲料的关键。青贮过程受青贮原料的化学组成、青贮原料中空气的数量、细菌的活性三个相互作用的因素所控制。

二、青贮的发酵过程

青贮的发酵过程根据其环境、微生物种群的变化及其物质的变化可分为呼吸期、乳酸发酵期、稳定期、酪酸发酵期4个时期。为了制作出优质青贮饲料，必须做到：抑制好气发酵，阻止酪酸发酵的产生。前者要求密闭，而后者要求青贮原料含水量低，pH值下降到4.2以下。只要做到这些，就能制作出优质青贮饲料。

(一)呼吸期

当秸秆被收获时，本身是活体，在刈割后的一段时间内，它仍然有生命活动，直到水分低于60%才停止。这个时期由于秸秆刚被密闭，植物体利用间隙的空气继续呼吸，随着呼吸消耗植物体内的可溶性糖，产生二氧化碳和水，并产生热量。待青贮窖内的氧被消耗完后，则变成厌气状态。同时，这个时期好气菌也在短期内增殖，消耗糖，产生醋酸和二氧化碳。此期内蛋白质被蛋白酶水解，当pH值下降到小于5.5，蛋白水解酶的活性停止。通常这个时期在1~3天结束，时间越短越好。影响这个时期发酵的因素主要是密封、材料密度、水分含量和温度。密封好的青贮窖很快达到厌气条件。切细的材料容易压实，减少空隙，同样可以加速达到厌气条件。而高水分有利于微生物的繁殖，可以缩短好气发酵期。

（二）乳酸发酵期

当青贮窖内充满二氧化碳和氮气时，进入厌气发酵期，主要是乳酸发酵。这个时期在青贮窖密封后的 4~10 天内。植物原料中的少量乳酸菌，在 2~4 天之内增加到每克饲料内含有数百万个。乳酸菌把易利用的碳水化合物转化成乳酸，降低了被贮秸秆的 pH 值。较低的 pH 值可抑制细菌生长和酶的活动，从而长时间保存青贮饲料。影响乳酸发酵的因素主要有密封性、切碎长度、糖含量、水分含量和温度等。

（三）稳定期

当青贮饲料中产生的乳酸含量达到 1.0%~1.5% 的高峰时，pH 值下降到 4.2 以下，乳酸菌活动减弱并停止，青贮饲料处于厌气和酸性的环境中，得以安全贮藏。这个时期约在密封后的 2~3 周。如果完全密封无空气进入，这种青贮饲料可以保存数年。

（四）二次发酵

如果由于开窖、密封不严或青贮袋破损，致使空气侵入青贮饲料内，引起好气性微生物活动，分解青贮饲料中的糖、乳酸和乙酸，以及蛋白质和氨基酸，并产生热量，使 pH 值升高，则会导致饲料的品质变坏，这一过程即为二次发酵，也被称为好气性变质。引起二次发酵的微生物主要是霉菌和酵母菌，因此在青贮饲料保存的过程中，要严格密封，防止漏气，保持厌氧环境，防止二次发酵的发生。开窖后要做到连续取用，每日喂多少取多少，取后严实覆盖。此外，也可以喷洒丙酸等，以抑制霉菌和酵母菌的增殖。

三、秸秆青贮的优点

（一）原料来源丰富

青贮可以扩大饲料来源，家畜不喜欢采食或不能采食的野草、野菜、树叶等无毒青绿植物，经过青贮发酵，可以变成家畜喜食的饲料，大大减少秸秆的浪费。

(二)营养丰富

青贮饲料能够保存青绿饲料的营养特性、水分与颜色等。青绿饲料在密封厌氧条件下保藏，氧化分解作用微弱，养分损失少，不受日晒、雨淋、机械损失的影响。青贮过程可增加秸秆的养分含量，如由于乳酸菌的作用，可使秸秆的菌体蛋白含量增加20%～30%。

(三)适口性好，消化性强

青贮饲料经过乳酸菌发酵，秸秆变软，变熟，产生大量乳酸和芳香族化合物，柔软多汁，气味酸甜芳香，适口性好，各种家畜都较喜食青贮秸秆，并且它能够促进牛羊等动物的消化腺分泌，增进家畜食欲，提高采食量，从而也提高饲料的消化率。

(四)制作方法简便、成本低

青贮饲料不受气候和季节限制，久存不霉，经济安全，可以四季供给家畜。制造青贮饲料可就近取材，所需的成本较低，且易于操作。特别是在我国的北方，气候寒冷，青绿饲料生产受限制，青贮饲料可把夏、秋多余的青绿饲料保存起来，供冬春利用，解决冬春家畜缺乏青绿饲料的问题。

(五)消灭秸秆附着的病虫草害

很多危害农作物的害虫，多寄生在收割后的秸秆上越冬。青贮后窖里缺乏氧气，酸度较高，就可将许多害虫的幼虫杀死。例如，玉米螟的幼虫，多半潜伏在玉米秸内越冬，到第二年便孵化成玉米螟继续繁殖危害。经过青贮的玉米秸，玉米钻心虫会全部失去生活能力。还有许多杂草的种子，经过青贮后便失去发芽能力，因此青贮对减少杂草的滋生也可起一定作用。

四、秸秆青贮的设施和方式

（一）青贮设施的设计要求

制作青贮饲料需要有一定的容器，如青贮窖、青贮池和青贮塑料袋等，这些都要提前选择购置或建造。要根据饲养家畜头数的多少设计青贮容器的大小，每立方米青贮池可容 500~700kg 原料，青贮玉米秸秆 500kg。要能够密封，防止空气进入，青贮窖四壁要平直光滑，以防止空气积聚，并有利于饲草的装填压实。窖底部从一端到另一端需有一定的坡度，或一端建成锅底形，以便排除多余的汁液。青贮窖最好是用砖砌，水泥抹面，并选择地势高、土质坚实、地下水位低和不透气、不漏水、运送原料和取用青贮饲料方便的地方，以防渗水，倒塌。挖好之后，应晾晒 1~2 天，以减少窖壁水分，增加窖壁硬度，窖的四周应有排水沟，以防雨水流入窖内。

（二）青贮设施的种类

1. 青贮土窖

土窖建造成本低，在雨水较少和排水良好的山区较为适用。地窖的四壁要光滑平直，以免四周塌土混入饲草中，泥土混入可造成饲草腐烂变质；窖底需形成斜坡，利于排除饲草中多余的汁液。把塑料薄膜铺在挖好的地窖内，使所贮的饲草全部被塑料薄膜封口盖实。同时，地窖不宜过大，每个窖内青贮饲料的数量不宜过多，可挖建多个，用完一个再启用一个，以保证青贮饲料的质量。

2. 水泥青贮池

在雨水较多和地下水位较高的地区较为适用，有条件的地区，也可建地面永久窖。青贮窖底部在地面以上或稍低于地面，整个地下、地面砌成水泥池，将切碎的青贮原料装入池内封口。水泥池底部不能渗水，除有一定坡度外，四周应设有排水道，要防止地面水从一端的入口处灌入。这种青贮法的优点是不易进气、进水，经久耐用，成功率高。

3. 青贮袋

选用无毒聚乙烯塑料布，厚 1.2mm 以上，无沙眼，制成直径 100cm、长 160～180cm 筒式袋形薄膜。将薄膜的一端末梢扎实，制成口袋，不漏空气。每个青贮袋装切碎的青料 200～250kg。青贮原料要新鲜清洁，无污染，无腐败霉变。青鲜料晾晒 1～2 天，使水分保持在 70%～75%，青鲜料要切短到 1～2cm，切短后晾晒再装袋。装袋时先将袋的底部边角填满，分层填料，用手按压，不留空隙，排尽料间空气，装满后扎紧袋口堆放。这种青贮法的优点是花工少、成本低、方法简单、取喂方便，适合一家一户贮存。

五、秸秆青贮的步骤

（一）秸秆青贮的必要工序

制作青贮饲料主要有以下工序：适时收割、适当晾晒、运输、切短、装窖、封顶。具体操作如下。

1. 适时收割

利用农作物秸秆青贮，要掌握好收割时机。收割过早会影响作物产量，收割过晚则会影响青贮质量。玉米秸的收割时间应从以下两个方面掌握：一是看作物籽粒成熟程度，一般以种子到达蜡熟期最为适合，过早或过晚都会影响秸秆青贮的效果；二是看青秸秆青叶的比例，一般以青叶占总叶片面积的 60% 以上为宜。

2. 适当晾晒

收割后的青贮原料水分含量较高，可在田间适当摊晒 2～6h，使水分含量降低到 65%～70%。

3. 运输

收割后的青贮原料适当晾晒后，要及时运到铡草地点，若相隔时间太久，易加剧养分的流失。

4. 切短

原料运到后要及时用铡草机切短，青玉米秸切短至 1～2cm，鲜甘薯秧和苜蓿草切短至 2～4cm，切得越短，装填时可压得越结实，有利于缩短青贮过程中微生物有氧活动的时间。此外，青贮原料切得较短，有利于以后青贮饲料的取用，也便于牛羊采食，减少浪费。用铡草机切短时，除了要掌握长短外，还要注意同时集中人力和机器设备，以便及时装窖和封窖。

5. 装窖

切短后的青贮原料要及时装入青贮窖内，可采取边切短、边装窖、边压实的办法。将切碎的原料填入窖池，用人力或机械充分压紧踏实，以创造窖池内的无氧条件，要特别注意踩实青贮窖的四周和边角，以后每添一次压紧一遍。如秸秆的含水量低，可在装填过程中每填入 30cm 深度，根据秸秆的水分状况，用喷雾器或手工加入适当的清洁水，使青贮的秸秆湿度达到60%～75%，即用手紧握原料，以指缝露出水珠而不下滴为宜。如果两种以上的原料混合青贮，应把切短的原料混合均匀装入窖内。如果当天或者一次不能装满全窖，可在已装窖的原料上立即盖上一层塑料薄膜，次日继续装窖。

6. 封顶

尽管青贮原料在装窖时进行了踩压，但经数天后仍会发生下沉，这主要是受重力的影响和原料间空隙减少引起的。因此，在青贮原料装满后，还需再继续装至原料高出窖的边沿 40～60cm，然后用整块塑料薄膜封盖，再在上面盖上 5～10cm 厚的侧短的湿麦秸或稻草，最后用泥土压实，泥土厚度 30～40cm，并把表面拍打光滑，窖顶隆起呈馒头状。然后表面覆盖一层塑料布，在上面覆盖厚约 0.5m 的泥土，北方寒冷地区可覆盖 1m，将泥土盖拍打成半圆形，以利排水。检查有无裂缝，并随时加土覆盖，以防空气或雨水进入。青贮饲料装窖密封，经一个半月后，乳酸菌的发酵过程完成，青贮饲料制成，便可以开窖使用。

（二）青贮饲料的添加剂

为了使青贮饲料营养更加完善，抑制窖内有害微生物活动，减少营养成分损失，防止青贮原料霉变，可在青贮过程中加入一些特定添加剂，以便保证青贮原料养分不受损失，达到长时间保存饲料的目的。青贮添加剂分为生物性添加剂和化学性添加剂两大类。

1. 生物添加剂

生物添加剂主要有乳酸菌制剂和酶制剂。生物添加剂具有使用方便、用量少、安全、无毒副作用、并且效果显著的特点。

(1)乳酸菌制剂．主要作用是提供青贮料中足够的乳酸菌，使乳酸菌在发酵开始就占绝对优势，将腐败菌抑制在最初状态，一方面减少了腐败菌对营养的消耗，另一方面降低了青贮饲料中的腐败菌数量，防止霉菌毒素的产生，降低开窖后二次发酵的风险。

(2)酶制剂．应用最多的是纤维素酶。其主要作用是分解纤维素、半纤维素，产生单糖，一方面使饲料更容易消化，另一方面为乳酸菌提供了糖分，促进了乳酸菌的发酵。但是研究表明，制作青贮饲料时单独使用酶制剂，不如与乳酸菌复配使用效果更好。现在乳酸菌青贮剂一般都复配了酶制剂。

2. 化学添加剂

化学添加剂主要有无机酸、有机酸、含氮化合物。

化学添加剂是早期发展出的青贮添加剂，它的主要作用是抑制腐败菌的生长，降低代谢能和蛋白质的损失，促进乳酸菌的发酵，对生产优质青贮饲料具有很大作用。但是，由于化学添加剂具有腐蚀性，刺激性气味或价格昂贵，所以现在逐渐被生物添加剂所取代。

(1)有机酸。主要包括乳酸、乙酸、丙酸和丁酸，这些有机酸可以抑制微生物的活动。

(2)无机酸。主要为硫酸和盐酸，可以迅速降低 pH 值，以达到杀灭杂菌，促进乳酸发酵的目的，有利于制造出优质青贮饲料。在 100kg 青贮料中添加 5～7kg 稀酸，可使青贮料变软，秸秆更易于压实，增加窖池贮量，使青贮物迅速停止呼吸作用。

(3)尿素。可弥补青贮料氮元素的不足，一般添加 0.5%～0.7%左右的尿素，同时还可以提高青贮料中粗蛋白的含量。加入尿素青贮后，每千克青贮料中可消化蛋白质增加 8～11g。

(三)秸秆青贮的注意事项

青贮原料的密封程度、水分含量、糖分含量等诸多因素都会影响青贮饲料的质量。即使同一原料，收割时期不同，其营养含量也不同，导致青贮饲料的质量存在差异。因此，在制造青贮饲料时，应注意以下几点。

第一，青贮窖内的原料要层层压紧。尽量减少空隙，窖顶必须密封严实，防止空气侵入窖内。乳酸菌是厌氧菌，只有在没有空气的条件下才能繁殖，青贮原料必须切碎处理（最好不超过 1cm，整株玉米秸打捆青贮除外），因为细碎可便于压实，否则将留存过多的空气，使呼吸作用延长，糖分被消耗，形成高温发酵，乳酸菌不能存活，并且会导致霉菌和腐败菌的产生，使青贮失败。青贮饲料经过 40～50 天封存后可开池饲喂。开封后不可将青贮饲料全部暴露在空气中，取完后应立即封口压实。取出的青贮饲料应尽快喂完，切勿长时间放置，以免变质。

第二，掌握好青贮料的水分。一般认为乳酸菌繁殖的适宜水分为 70%，如果水分过多，糖类被稀释，发酵延长。并且青贮原料的汁液易被压挤出来，使养分渗漏出来而流失。水分过少，则不易压实，窖内空气难以完全排出，温度易升高，导致青贮料的腐败霉烂。所以，一般青贮料的水分都宜在 65%～75%，半干青贮料可以到 50%～55%。测定青贮料的含水量可以用手挤压法，如果水分从指缝间滴出，其水分在 75%～85%；松手仍呈球状，手无湿印，其水分为 68%～75%；松手后球状慢慢膨胀，其水分为 60%～67%。过湿则酸度大牲畜不爱吃。新鲜的玉米秸秆的含水量在 70% 左右，相当于玉米植株下边有 3～5 片干叶，全株青绿，砍后可晾半天；青黄叶比例各半，只要设法踏实，不加水分同样可获成功。

第三，青贮原料要有一定的含糖量。乳酸菌发酵需要一定的糖分，这样才能保证乳酸菌的正常发酵，以生成乳酸，降低 pH 值，并抑制丁酸菌的发酵，防止蛋白质降解为氨。不同的原料含糖量也不同，如玉米植株和高粱植株含糖量达 26.8% 和 20.6%，而草木樨和苜蓿分别为 4.5% 和 3.72%。玉米秧、瓜秧、青草等含糖多的易贮存，青贮饲料品质就好，属于易青贮类饲料，劣质青贮饲料产生的概率很小；而对于含糖量低的，如花生秧、大豆秸等，青贮质量差，属于不易青贮类饲料，含糖少的原料可以和含糖多的原料混合青贮，也可添加 3%～5% 的玉米面或麦麸混合青贮。

第四，创造适宜的温度环境。青贮料装入窖中后，植株仍在呼吸，碳水化合物经氧化生成二氧化碳和水，同时放出热量。随着时间的推移，窖内温度不断升高，原料温度在 25～35℃，乳酸菌会大量繁殖，很快占主导优势，其他一切杂菌便无法活动。如果原料温度在 50℃ 以上时丁酸菌就会生长繁殖，青贮料发热，同时霉菌繁殖，温度可迅速升高到 60℃。因此要控制好窖池内的温度，防止温度升高过快，导致青贮料腐败变质。

（四）青贮饲料品质鉴定

优质的青贮饲料非常接近于作物原先的颜色。若青贮前作物为绿色，青贮后仍为绿色或黄绿色为佳。品质优良的青贮通常具有轻微的酸味和水果香味，类似于刚切开的面包味和香烟味（由于存在乳酸所致），而玉米秸秆青贮带有很浓厚的酒香味。植物的结构（茎、叶等）应能清晰辨认或保持原状，池内压得非常紧密，拿到手里却松散，均为品质优良，即可饲用。结构破坏、有臭味、质地黏软呈黏滑状态是青贮严重腐败的标志，切勿饲喂，以防中毒。

六、秸秆青贮饲料的取用方法

（一）取料方法

青贮饲料封窖后，一般经过 40～60 天便可开窖饲喂。开窖时间以气温较低而又值缺草季节较为适宜。开窖前应清除封窖时的盖土，以防与青贮料混杂变质。取用时，长方形窖应从一头开始分段垂直挖取，分段取料时，从上到下，分层取草，要把窖周围发白长毛或腐烂的青贮饲料剔除，切勿全面打开，防暴晒、雨淋、结冻，严禁掏洞取草，每次取料后，青贮窖要用塑料薄膜及时盖严并压实，防止产生二次发酵。如果中途停喂间隔较长，必须按原来封窖方法将青贮窖盖好、封严，不透气，不漏水。

（二）取料量

每次取料数量以够饲喂 1 天为宜，家畜每天吃多少就取多少料，不要一次取料长期饲喂，以免引起饲料腐烂变质。一般犊牛每头每天喂 5～10kg，奶牛 20～30kg，成年育肥牛每头每天喂 5～12kg，羊每只每天喂 5～8kg。青贮饲料的用量应视牛的品种、年龄、用途和青贮饲料的质量而定，除高产奶牛外，一般情况可以作为唯一的粗饲料使用。鲜嫩的青草、菜叶青贮后仍然含有大量轻泻物质，喂量过大往往造成拉稀，影响消化吸收。

(三)饲喂方法

初次用青贮饲料喂牛羊，应经过几天训练，使牛羊逐渐习惯采食青贮饲料，喂量由少到多，逐渐增加，与其他饲料配合饲喂。青贮饲料是优质多汁饲料，经过短期训饲，所有家畜均喜采食，待牛羊适应后再单喂青贮饲料，也应由少到多，使牲畜有一个适应过程，防止暴食和食欲突然下降。青贮饲料虽是一种优质粗饲料，但饲喂时须按家畜的营养需要与精料合理搭配，将青贮饲料与其他饲料拌在一起饲喂，以提高饲料利用率。可将青贮料与精料混拌后喂，或将青贮料与草料拌匀同时饲喂。

第二节　秸秆氨化处理技术

一、秸秆饲料氨化处理的原理

秸秆饲料氨化处理，就是在作物秸秆中加入一定比例的氨水、液氨、尿素或尿素溶液等，以改变秸秆的结构形态，提高秸秆的营养价值和家畜对秸秆的消化率的一种化学处理方法。它是迄今最经济简便，而又实用的处理方法。该种方法简单易行，成本低廉，不污染环境，各种农作物秸秆都可进行处理。

秸秆的主要成分是粗纤维，而粗纤维中所含的纤维素和半纤维素是可以被草食家畜消化利用的，木质素则基本上不能利用。秸秆氨化处理，就是在作物秸秆中加入一定剂量的化学药剂，使其发生一系列的化学反应，来提高秸秆的消化率、营养价值和适口性。秸秆中的纤维素和木质素结合紧密，难以被牲畜消化吸收，氨化作用可打破木质素和纤维素的镶嵌结构，溶解半纤维素和一部分木质素，使纤维素部分水解和膨胀，造成适宜瘤胃微生物活动的微碱性环境，致使家畜胃液易于渗入，从而提高秸秆的消化率。氨化还增加秸秆中的粗蛋白含量，改善适口性，采食率也相应提高，使秸秆的总营养价值可提高近1倍。此外，含水量高的秸秆经氨化后可防止霉变，杀死寄生虫卵及病菌。

二、秸秆饲料氨化处理的过程

秸秆氨化的效果，主要是氨化中三种作用的结果，即碱化作用、氨化作用和中和作用。

（一）碱化作用

氢氧化铵，俗称氨水，是一种碱性物质，其中的 OH^- 能使秸秆的木质素与纤维素之间的醋键断裂，破坏其镶嵌结构，促使木质素与纤维素、半纤维素分离，被分离出的纤维素及半纤维素部分分解，细胞膨胀，结构疏松，然后在牛羊瘤胃中与微生物直接接触，纤维素酶将其分解成为畜体可消化利用的营养物质，同时少部分木质素被溶解，形成羟基木质素，从而提高了消化率。

（二）氨化作用

当氨遇到秸秆时，就与秸秆中的有机物质发生化学反应，NH_4^+ 吸附在秸秆上形成铵盐(醋酸铵)。铵盐是一种非蛋白氮化合物，是反刍家畜瘤胃微生物的氮素营养源。在瘤胃中，在瘤胃脉酶的作用下，铵盐被分解成氨，同瘤胃中的有机酸作为营养物质，被瘤胃微生物利用，并同碳、氧、硫等元素合成氨基酸，进一步合成菌体蛋白质，被消化利用。

尽管瘤胃微生物能利用 NH_3 合成蛋白质，但非蛋白氮在瘤胃中分解速度过快，特别是在饲料可发酵能量不足的情况下，不能被微生物利用，多余的氨则被瘤胃壁吸收，有中毒危险。通过氨化处理秸秆，则可延缓氨的释放速度，促进瘤胃内微生物的活动，进一步提高秸秆的营养价值和消化率。

（三）中和作用

氨化时氨与秸秆中的有机酸结合，消除了醋酸根，中和了秸秆中的潜在酸度，造成适宜瘤胃微生物的碱性环境，同时，铵盐又可改善秸秆的适口性，因而提高家畜对秸秆的采食量和利用率。

三、氨化饲料的优点

提高秸秆的营养价值，改善秸秆中的营养成分。氨化处理可将秸秆有机物消化率提高 8%～12%，甚至更高，秸秆的含氮量能提高 0.8%～1%，粗蛋白质的含量提高 4%～6%，使秸秆的粗蛋白质超过了反刍家畜饲料中蛋白质含量不得低于 8% 的限定值，总营养价值可提高 1 倍。因此减少了对粗蛋白的供给量。经处理后的秸秆，基本上相当于中等干草，可作为牛羊的主要粗饲料。

提高秸秆的消化利用率。秸秆氨化处理后变得软化，具有糊香味，秸秆的适口性得到改善，牛羊等家畜非常喜食，采食量可提高 20%～40%，氨化秸秆比未氨化秸秆的消化率高 10%～20%，用氨化秸秆喂家畜，可促进增重，降低饲料成本。秸秆中潜在的部分营养物质能够被家畜利用。可使含水量较高的秸秆直接贮存，免除翻晒造成的营养损失。试验表明，饲喂氨化稻草组羊日增重高于干草组，而稻草组为零。饲喂氨化稻草组奶牛产奶量比未饲喂氨化稻草组的每头每天多 1kg 以上。

不污染环境。氨化秸秆饲喂家畜，过量的氨很快可以散发掉，家畜尿液中含氮量也不同程度地提高，不对土壤造成污染，反而使土壤的营养成分增加。

减轻病虫草害。氨化处理具有杀菌作用，可杀死秸秆中一些虫卵和病菌，减少家畜疾病，可预防农作物病虫害的传播并能使含水量 30% 左右的秸秆得以很好地保存而不发霉变质。另外，氨化处理还能杀死秸秆中夹杂的杂草子，使其丧失发芽力，从而起到控制农田杂草的作用。

成本低廉，方法简单，投资少。秸秆氨化处理的设备比较简单，操作方法容易掌握，适宜广大农村使用。

四、秸秆氨化的方法和设施

秸秆氨化技术在我国广泛采用的方法主要有：堆垛法、窖池法、氨化炉法和塑料袋氨化法。在北方寒冷地区，冬春季节小规模饲养户也采用氨化炕法。各地可根据具体条件，选择适宜的氨化方法。

（一）堆垛法

堆垛氨化法又称堆贮法或垛贮法，是指在地平面上铺放厚度为 $0.15\sim$ $0.2mm$ 的塑料膜，大小视秸秆堆规模而定，将秸秆堆成长方形垛，秸秆码到一定高度后，加水调整含水量，用塑料薄膜覆盖，上下两块塑料膜的四周重叠卷边，并用重物压住或用塑料胶带密封进行氨化的方法。堆垛氨化最好使用氨水或液氨，通过氨枪加入秸秆垛中。加完氨后，取出氨枪，用胶布将注氨孔密封。有时塑料膜被扎破、冻破或老鼠咬破，发现后应立即修补，防止漏氨。垛的高度一般不超过 $2.5m$。垛底四周的塑料膜应留一定的宽度。这种方法的优点是不需建造基本设施，投资较少，适于大量制作，堆放与取用秸秆时方便，适于我国南方在夏季气温较高的时节采用。用液氨作氨源氨化秸秆是今后的发展方向，而且氨化效果也较好，国外一些发达国家也多采用此方法。而主要的缺点是塑料薄膜容易破损，使氨气逸出，影响氨化效果；在北方仅能在 6、7、8 三个月使用，气温低于 $20℃$ 时就不宜采用。

主要的操作步骤包括：

1. 选择地址

秸秆堆垛氨化的地址，要选择地势高燥、向阳、背风、鼠害较少的平地，排水良好，地方较宽敞，距畜舍较近，交通方便，方便取用，有围栏保护，防止牲畜破坏。

2. 秸秆处理

秸秆应选择新鲜、干净、干燥、色鲜的，不能使用发霉变质的秸秆进行氨化。麦秸和稻草等比较柔软的秸秆，可以铡碎 $2\sim3cm$，也可以不铡碎整秸堆垛。堆垛的秸秆应打成 $15\sim20kg$ 重的捆。但玉米秸高大、粗硬，整捆堆贮不易压实，体积太大，应铡成 $1cm$ 左右碎秸。边堆垛边调整秸秆含水量，再混匀打垛。如用液氨作氨源，含水量可调整到 20% 左右，若用尿素、碳铵作氨源，含水量应调整到 $40\%\sim50\%$。加水要用清洁无污染的井水、自来水或河水。水与秸秆要搅拌均匀。

3. 注入液氨

主要氨化剂有尿素、氨水、液氨和碳酸氢铵等，各种氨化剂的使用量不同。秸秆堆垛氨化法最好使用氨水或液氨处理，这种氨化剂效果好，作用快，价格便宜，尤其液氨是最经济的氨源，应用较广泛。将碎并调整好水分的秸秆一层层摊平、踩实，每30～40cm厚及宽度，放一木杠（比液氨钢管略粗一些），待插入液氨钢管时拔出。先计算好秸秆的重量，然后液氨注入量为秸秆干物质重量的3%，由下层开始，逐渐上移注液氨。喷洒尿素最常用的浓度为1%～2%，应尽可能分层、均匀、细雾化地喷洒在秸秆上。

4. 覆盖膜罩

选用无毒、抗老化和密封性能好的聚乙烯塑料薄膜。使用聚乙烯膜的厚度、宽度和颜色视具体情况而定，如氨化麦秸、稻草等较柔软的秸秆，可选择厚度在0.12mm以下的薄膜，若为较粗硬的玉米秸，应选择厚度在0.12mm以上的薄膜。在室外氨化时，膜的颜色应以黑色为佳，既抗老化，又便于吸收太阳光热量，可缩短氨化时间。在室内使用，则颜色影响不大。所需薄膜的多少，则视垛的大小而定，所用膜尺寸应比垛的长宽多半米的余边。

5. 管理措施

在整个氨化过程中，应加强全程式管理，以防人畜和冰雹、雨雪的破坏，防止漏入雨水，引起秸秆霉变。氨化秸秆成熟后，将塑料薄膜掀开一边，充分放走余氨，1～3天后即可饲喂。如果暂时不饲用，不要开封，继续密封，长期贮存不会变质。启封后的氨化秸秆，最好不超过1个月即饲喂完，以防止营养物质损失过多。同时应防止雨淋。

（二）窖池法

利用砖、石、水泥等材料建筑的地下或半地下容器称为窖。氨化池一般是用水泥制成的，一次性投资大，但可连续使用多年。窖池式的氨化设施有壕、窖、池。地下水位高的地方不宜挖氨化窖，窖池应选在地势高燥的地方。窖口四周用砖坯等砌垒，并高出地面0.5～1m，以免雨水、雪水流入。窖贮氨化法是我国目前推广应用较普遍的一种秸秆氨化方法。在温度较高的黄河以南的许多地方，多数是在地面上建池，利用春、夏、秋气温高，氨化速度快的有利条件；而在北方较寒冷地区，夏季时间太短，多利用地下或半地下窖制作氨化饲料，以便冬季利用，防止地面上结冻。

窖贮氨化的优点是水泥窖壁可防止饲料受泥土污染，还可节省塑料薄膜（仅封顶时需塑料薄膜），占地也少，而且可以防鼠咬、防害虫蛀，不受水、火等灾害威胁。另外，还可以一池多用，与青贮饲料轮换使用，即夏秋季氨化，冬春季青贮，并且可以长年使用。此外，容易测定秸秆的质量，是我国广大农村中小规模饲养户理想的氨化法。主要的操作步骤包括：

1. 窖池的设计

窖的大小可根据需要设计，通常每立方米装切碎的干秸秆（麦秸、稻草、玉米秸）100kg 左右，如果青贮饲料，每立方米可制作 650kg（秸秆干物质25%）左右。窖的形式多种多样，可建在地上、地下或半地下。一般建成长方形为好。若在窖的中间砌一隔墙，建成双联窖则更好。双联窖可轮换处理秸秆，1 个 2m³ 的窖可装麦秸 300kg，可供 2 头牛吃 1 个月。若用此窖搞青贮，还可减轻取用青贮喂畜过程中的二次发酵。

2. 秸秆处理

采用窖、池容器氨化秸秆，首先把秸秆侧碎，麦秸、稻草较柔软，可侧成 2~3cm 的碎草，玉米秸较粗硬，以 1cm 左右为宜。

3. 配制氨液

用尿素氨化秸秆，每吨秸秆需尿素 40~50kg，溶于 4 000kg 清水中，搅拌至完全溶化后待用。氨化剂的用量与环境温度有关。氨化效果随温度提高而改进。温度愈高，氨化效果愈快愈好。所以，不同季节和不同温度下，同一秸秆量所需用的尿素（或碳酸氢铵）量不同。有时为了使尿素分解加快，需加点脉酶丰富的东西，如黄豆面等。总的来说，氨化剂的用量，以不超过秸秆干物质重量的 5%，一般为秸秆干物质重量的 3%~4%为宜。尿素（或碳酸氢铵）氨化秸秆所需要的时间大体与液氨氨化相同或稍长。

4. 密闭窖池

用喷雾器或水瓢将氨液泼洒至秸秆堆上，并与秸秆搅拌均匀后，一批批装入窖内，摊平、踩实。原料要高出窖口 30~40cm，覆盖塑料薄膜。盖膜要大于窖口，封闭严实，先在四周填压泥土，再逐渐向上均匀填压湿润的碎土，轻轻盖上，切勿将塑料薄膜打破，造成氨气泄出。

267

（三）氨化炉法

氨化炉是用金属、土建或金属拼装式制成的封闭式氨化容器，人工加热可在较短时间（15～30h）完成氨化过程。目前，我国的氨化炉有三种形式，即金属箱式（类似集装箱）、砖石水泥结构房屋式和可拆卸、用金属板制成的拼装式三种。氨化炉由炉体、加热装置、空气循环系统和秸秆车等组成。对炉体的要求是：保温、密闭和耐酸碱腐蚀。加热装置视当地情况而定，可以用电、煤作燃料，通过小蒸汽加热。对秸秆车的要求是：便于装卸、运输和加热，带有铁轮架，可在铁轨上运行。若氨化切碎的秸秆，则秸秆车应装有网状围栏，便于碎秸秆氨化。

具体操作方法如下：

1. 秸秆装炉

在炉外将碳铵溶液与秸秆混拌均匀，碳铵用量相当于秸秆干物质重量的8％～12％（或尿素5％），准备好使秸秆的含水量达到45％所需的清水，均匀喷洒在秸秆上。然后将秸秆打成捆装入炉内，或在炉内外地面铺设轨道，把秸秆装入料车，压实后推入炉中进行快速氨化处理。

2. 加热

启动通风机，然后接通电热器，调节炉温至85～90℃，使秸秆在炉内加热15小时，然后关掉风扇和加热器，继续密封5～6小时后，开门放氨。如用煤或木柴加热，温度达不到95℃时，根据温度高低，可适当延长加热时间。种植烤烟的地区，利用烤烟炉经过稍微改造可用于氨化秸秆，以煤为燃料，既节约了设备投资，也减少了能源开支。

3. 出炉

将秸秆车拉出，任其自由通风，使余氨散出后即可饲喂。

利用氨化炉氨化秸秆，适用于规模较大的饲养场及集约化水平较高的肉牛育肥场，尤其在冬春气候寒冷地区，秸秆需用量大，利用窖式氨化需时间较长的地方。但在广大农村分散饲养的小饲养户，应用氨化炉尚有不少实际困难，一是往返运输秸秆去氨化站氨化较麻烦；二是氨化成本较高，尤其是用电作热源的氨化炉费用更高，故目前应用较少。

（四）塑料袋氨化法

在我国南方或北方地区的夏季气温较高季节，饲养草食家畜较少的农户，利用塑料袋进行氨化秸秆，灵活方便，不需特殊设备。对塑料袋的要求是无毒的聚乙烯薄膜，厚度在 0.12mm 以上，韧性好，抗老化，黑颜色。袋口直径 1～1.2m，长 1.3～1.5m。用烙铁粘缝，装满饲料后，袋口用绳子扎紧，放在向阳背风、距地面 1m 以上的棚架或房顶上，以防老鼠咬破塑料袋。氨化方法：可用相当于秸秆风干重量 4%～5% 的尿素或 8%～12% 的碳铵，溶在相当于秸秆重量 40%～50% 的清水中，充分溶解后与秸秆搅拌均匀装入袋内。昼夜气温平均在 20℃ 以上时，经 15～20 天即可喂用。此法的缺点是氨化数量少，每袋饲料一般只能用 2～3 天，成本相对较高。另外，塑料袋易破损，需经常检查粘补。

五、氨化饲料的注意事项与品质鉴定

（一）氨化饲料的注意事项

1. 温度

氨化处理秸秆要求有较高的温度，氨化时间的长短，要依据气温而定，气温越高，完成氨化所需的时间越短；相反，氨化时气温越低，氨化所需的时间就越长。据报道，液氨注入秸秆垛中后，温度的上升取决于开始的温度、氨的剂量、水分含量和其他因素，但一般在 40～60℃ 变动。最高温度在草垛顶部，1～2 周后下降并接近周围温度。周围的温度对氨化起重要作用。所以氨化应在秸秆收割后不久、气温相对高的时候进行最为适宜。

2. 处理的时间

处理时间长短一般取决于温度。使用尿素处理秸秆，因其有一个分解的过程，一般比用氨水要延长 5～7 天。尿素首先在脲酶作用下释放氨，温度越高，脲酶作用的时间越短。只有释放出氨以后，才能真正起到氨化的作用。一般来说，所有氨化处理时间，夏季 10 天，春、秋季半个月，冬季 30～45 天。

3. 秸秆水分控制

秸秆含有一定的水分，有利于增加其有机物消化率。含水量过低，水都吸附在秸秆中，氨化效果差。但含水量过高，不但开窖后需延长晾晒时间，而且由于氨浓度低会引起秸秆发霉变质，因此，在不致引起霉变的条件下，应尽量提高含水量。据试验，秸秆氨化以含水量 15%～35% 较为合适；尿素与碳酸氢铵处理秸秆的含水量，以 45% 左右较为合适。水在秸秆中的均匀分布，也是影响氨化结果的因素，如上层过干，下层积水，都会妨碍氨化的效果。

4. 秸秆的类型

由于各类秸秆的营养价值不同，其氨化效果也不同。所选用的秸秆必须无发霉变质。最好将收获籽实后的秸秆及时进行氨化处理，以免堆积时间过长而霉烂变质。一般说来，品质差的秸秆，氨化后可明显提高消化率，增加非蛋白氮含量。目前用于氨化的原料主要有禾本科作物及牧草的秸秆，如麦秸(小麦秸、大麦秸、燕麦秸、老芒麦秸)、玉米秸、稻草秸等。此外，还有向日葵秆、油菜秆及其他作物秸秆。用作氨化的秸秆不能发霉变质。最好收获籽实后及时进行氨化处理。如能很好保存，也可根据利用时间分批进行氨化处理。

5. 氨的用量

一般以秸秆干物质重的 3% 为宜，最多不超过秸秆干物质重量的 5%，超过 5% 的无益，应根据氨源的种类来确定具体使用量。用量过小，达不到氨化的效果；用量过大，会造成浪费。

6. 秸秆的粒度

用尿素或碳铵进行氨化，秸秆铡得越短越好，用粉碎机粉碎成粗草粉效果最好。用液氨进行氨化时，粒度应大一点；过小则不利于充氨。麦秸完全可以不铡。

(二)氨化饲料的品质鉴定

1. 质地

氨化秸秆柔软蓬松，用手紧握没有明显的扎手感。氨化好的秸秆，质地变软，颜色呈现出棕黄色或浅褐色，释放出余氨后气味糊香。如果秸秆变为白色、灰色，发黏或结块等，说明秸秆已经霉变，不能喂牲畜。当然，这种情况很少发生。发生这样的问题，通常是因为秸秆含水量过高、密封不严或开封后未及时晾晒。如果氨化后秸秆的颜色同氨化前基本一样，虽然可以饲喂，但说明没有氨化好。

2. 颜色

不同秸秆氨化后，其颜色与原色相比，都有一定的变化。经氨化的麦秸，颜色为杏黄色，未氨化的麦秸为灰黄色；氨化的玉米秸为褐色，其原色为黄褐色。

3. pH 值

氨化秸秆偏碱性，pH 值为 8.0 左右；未氨化的秸秆偏酸性，pH 值为5.7 左右。

4. 发霉情况

一般氨化秸秆不易发霉，因加入的氨具有防霉杀菌作用。有时有局部发霉现象，但内部秸秆仍可用于饲喂。若大部分已发霉，则不能饲喂家畜。

5. 气味

氨化成功的秸秆，一般都有糊香味和刺鼻的氨味。氨化玉米秸的气味略有不同，既具有青贮的酸香味，又有刺鼻的氨味。

六、氨化秸秆的取用方法

（一）取用方法

氨化设备开封后，经品质检验合格的氨化秸秆，需放氨 1~2 天，待消除氨味后，方可饲喂。放氨时，应将刚取出的氨化秸秆放置在远离畜圈和住所的地方，以免释放出的氨气刺激人畜呼吸道和影响家畜食欲。秸秆湿度较小，天气寒冷，通风时间应稍长。取喂时，应将每天饲喂的氨化秸秆提前 1~2 天取出放氨，其余的再密封起来，以防放氨后含水量仍很高的氨化秸秆在短期内饲喂不完而发霉变质。

（二）饲喂方式

氨化秸秆只适用于反刍家畜牛、羊，不适宜喂单胃家畜马、骡、驴、猪。初喂氨化秸秆时，家畜不适应，需在饲喂氨化秸秆的第一天，将 1/3 的氨化秸秆与 2/3 的未氨化秸秆混合饲喂，以后逐渐增加。数日后，家畜则不再愿意采食未氨化秸秆。氨化秸秆的饲喂量一般可占牛、羊日粮的 70%～80%。这一喂量对牛、羊的增重，维持过冬，产羔及提高羊羔初生重等方面的效果均较好。在其他饲料相同的情况下，奶牛饲喂氨化秸秆比对照组提高产奶量约 10%，且氨化秸秆为奶牛提供了优质纤维，使泌乳初期和放牧饲养的奶牛保持高乳脂率，牛奶没有任何异常味道；用氨化秸秆饲喂阉牛、犊牛和羊，要比对照组日增重提高 30%～80%，提高屠宰率 2%～4%。为使家畜获取的营养趋于平衡，在饲喂氨化秸秆的同时，应尽可能注意维生素、矿质元素和能量的补充，以便取得更好的饲养效果。

（三）保存方式

氨化秸秆在垛中、窖中或其他容器中可保存很长的时间，只要塑料薄膜不破、不漏气漏氨，就不会发霉变坏。但必须经常检查，以防鼠害、人畜践踏、风吹雨打等损坏塑料薄膜。氨化秸秆到期后，就可以开窖或开垛。如是用液氨处理的，秸秆的含水量在 20% 以下时，就可以打开一部分晾晒一两天，放走剩余的氨，接着就可投喂家畜。用完一部分后，再打开另外一部分晾干投喂，直到用完。如果用尿素或其他氨源处理，含水量大，可以将垛上的塑料薄膜全部取掉，整垛的草全部晾晒，干燥后放入草棚或房舍内备用。也有的群众用水泥池晾干。氨化秸秆发霉可能是塑料膜破损或覆盖不严，漏了气，跑了氨，加之秸秆的含水量大，有利于霉菌大量繁殖，造成霉变。如果跑氨后又渗入雨水，更易腐败。氨化加水不宜过多，因为开垛后余氨蒸发，给干燥带来困难，也会给运输保管带来诸多不便。如果含水量大，应开垛一次晾晒，干燥后保存，可长期饲喂。如用液氨处理的秸秆，含水量又不高，可以边开垛，边干燥，边饲喂。

第三节　秸秆微贮技术

一、秸秆微贮的原理

秸秆微贮就是把农作物秸秆经过碱化处理后，加入一定量的生物转化剂（微生物活性菌种），在密闭的容器(窖、缸、塑料袋等)厌氧环境中进行发酵，使秸秆变成带有酸、香、酒味，家畜喜吃、易消化和营养成分高的饲料的一种处理方法，是外加微生物发酵的一种。因为它是通过微生物使贮藏中的饲料进行发酵，故称微贮，其饲料叫微贮饲料。

微贮实质是利用微生物将秸秆中的纤维素、半纤维素和部分木质素降解并转化为菌体蛋白的方法。一般农作物秸秆、藤蔓、杂草均可作微贮原料，但以豆科秸秆营养价值最好。经微生物发酵处理的玉米秸秆，粗蛋白含量提高，粗纤维含量降低，氨基酸含量提高，B族维生素增加。经生物发酵处理的秸秆还富含菌体蛋白以及许多酶和辅酶，从而大大提高了秸秆的营养价值。经微贮技术处理的秸秆，不但是反刍家畜的好饲料，也是马属动物及兔、鹅能直接食用的饲料。

二、微贮饲料的优点

成本低，效益高。微贮饲料与尿素氨化饲料相比，成本仅为尿素氨化饲料的70%。氨化饲料一般要在秸秆中加入4%左右的尿素，即每1 000kg秸秆需用40kg的尿素，而微贮饲料仅需加入3kg高效活性秸秆发酵活干菌，既降低了成本，又缓解了与畜牧业争化肥的矛盾。

秸秆的适口性好。微贮处理的秸秆，由于发酵过程中高效活性菌种的作用，使硬秸秆变软，具有酸香味，牛羊喜食，采食量增加。一般采食速度可提高43%，采食量可增加20%，长期饲喂无毒无害，安全可靠。

秸秆的消化利用率高。微贮饲料含有丰富的蛋白质、维生素、矿物质、有机酸等，而粗纤维素少，适口性好，易于咀嚼。同时，微贮饲料能利用牛、羊瘤胃可利用有机酸这一功能，加上所含的酶与菌素的作用，激活牛、羊瘤胃微生物区系，在提高对秸秆消化利用率的同时，又提高了对精料的消化利用率。据实验，麦秸微贮消化率提高 24.14%，有机物消化率提高 24.9%。

原料来源广，可长期贮存。玉米秸、高粱秸、小麦秸、大麦秸、稻草以及藤蔓类、青干草等，无论干秸秆或青秸秆都可用微贮方法变成优质饲料，可长时间保存不变质。

可产出的时间长，技术简单易掌握。微贮发酵温度适应范围广，室外平均气温 10～40℃ 均可进行。因此在我国北方地区除冬季外，春、夏、秋三个季节均可制作微贮饲料，南方部分省区全年可以制作。微贮饲料制作技术简单，操作人员经短期培训即可掌握，易于推广应用。

三、秸秆微贮的设施和操作方法

（一）微贮的准备

建造微贮池。饲养规模大、饲料用量多时，应建发酵池或塔、窖；饲养规模小、饲料用量少，需备好发酵缸、桶，也可用小发酵窖或塑料袋进行微贮。发酵池一般采用砖、沙、水泥制作，池的大小可根据用量来定。如装 2t 秸秆的发酵池，需建成长 5m、宽 2m、深 1.5m 的规格。发酵池要求坚固，池底、池壁光滑，不漏气。建池应选在地势高、土质硬、向阳干燥、排水容易、地下水位低、靠近畜舍且制作取用方便的地方。也可建成直径 2m、深 3m 的圆形池，如果是旧池，在使用前必须清扫干净。

秸秆准备。微贮原料应选用发育中等以上，清洁、无霉变腐败的各种作物秸秆。微贮前一定要切（侧）短，养牛一般 5～8cm 长，养羊 3～5cm 长。有条件的最好选用豆科牧草、豆科秸秆作为微贮原料。

复活菌种。微贮秸秆饲料的关键技术是选取好菌种。按秸秆发酵活干菌 3g 溶于 250mL 水中，最好是在水中先加入 2g 白糖（不能多加），溶解后再加入活干菌，这样可提高干菌的复活率，保证微贮饲料质量。然后在常温下放置 1～2h，使菌种复活，复活好的菌液，一定要当天用完。

配制菌液。将复活好的菌液倒入充分溶解的 1% 食盐水中拌匀，食盐水及菌液量根据秸秆的种类而定，1 000kg 稻草或麦秸加 3g 活干菌、12kg 食盐、1 200L 水；1 000kg 黄玉米秸秆加 3g 活干菌、8kg 食盐、800L 水；1 000kg 青玉米秸加 1.5g 活干菌，水适量，不加食盐。

（二）秸秆装池

将切短的秸秆先在池或窖、塔底铺一层，厚 20～30cm，均匀喷洒配好的菌液，压实后再铺一层秸秆，再喷菌液压实，铺一层、喷洒一层、压实一层，直到池内微贮原料高出池口 40～50cm 后封口。为在发酵初期给菌种的繁殖提供一定的营养物质，以提高微贮料的质量，在微贮麦秸和稻秸时可加入 5％的玉米粉、麦麸或大麦粉，一般采取铺一层秸秆撒一层粉，再喷洒一次菌液的方法。

（三）贮料水分控制

微贮饲料的含水量是否合适是决定微贮饲料好坏的主要条件之一。因此，在喷洒和压实过程中，要随时检查秸秆的含水量是否合适，各处是否均匀一致，特别要注意层与层之间水分的衔接，不要出现夹干层。微贮饲料含水量在 60％～65％最为理想。

（四）封顶

待微贮原料装到高出池（窖、塔）口 40～50cm 时，再充分压实后，在最上面按 250g/m² 的用量撒上一层细食盐，压实后盖上塑料薄膜。然后在塑料薄膜上再铺上 30cm 厚的秸秆，覆土 15～20cm，密封封顶。封顶后如发现微贮原料下沉，应及时用土填平，防止中部凹陷存水。池（窖、塔）周围最好要挖排水沟，防止雨水渗漏。

（五）开池

封窖后经过 2 周生物发酵即可开窖，宜采取大揭盖开窖法，每天根据喂料需要取料 1 层，取后再把窖口封好。对于长方形窖，应从窖的一端或阴面开窖，上下垂直逐段取用。每次取完料后，要立即用塑料薄膜继续封好。有条件的最好在窖上面搭建防雨棚，以防雨、雪水渗入窖内，造成微贮原料变质。

四、微贮饲料的品质鉴定

秸秆微贮饲料封窖 2 周左右，就可完成发酵制作过程。开窖后可根据微贮饲料的外部特征，通过看、嗅和手感的方法鉴定其质量的好坏。

用眼观察微贮饲料的颜色变化，来判定其质量的好坏。由于微贮原料不同，其微贮后的颜色有异。优质微贮玉米秸呈橄榄绿色，稻草、麦秸呈金黄色或浅褐色。如果变成褐色或墨绿色则质量低劣，不能用于饲喂家畜。

嗅闻微贮饲料发出的气味，来判定其质量的好坏。优质秸秆微贮饲料具有醇香味和果香气味，并带有弱酸味。若有强酸味，表明醋酸较多，这是水分过多和高温发酵所造成的；若有腐臭味、发霉味，则表明腐烂变质，这可能是由于压实程度不够和密封不严，由有害微生物发酵所致，这种饲料不能用于饲喂家畜。

用手触摸微贮饲料，以感觉其软硬、湿干及粗度，来判定其质量的好坏。优质的微贮饲料拿到手里时，感到很松散，不黏手，且质地柔软、湿润；如拿到手里发黏或者饲料黏在一块，说明饲料开始腐烂；有的饲料虽然松散，但干燥、粗硬，这多是熟化不良的表现，也属于不良饲料。

五、微贮饲料的取用方式

（一）取用方式

微贮秸秆封窖（池、塔）后经 30 天左右即可完成发酵过程，便可开窖取出饲喂家畜。开窖时应从窖的一端开始，先去掉上边覆盖的部分土层、草层，然后揭开薄膜，从上到下垂直逐段取用。每次取完后，要用塑料薄膜将窖口封严，尽量避免与空气接触，以防二次发酵和变质。

（二）饲喂方式

秸秆微贮后具有特殊的气味，所以，开始饲喂时，家畜对微贮饲料有一个适应过程，应循序渐进，逐步增加微贮饲料的饲喂量。也可采取先将少量的微贮饲料混合在原喂饲料中，以后逐渐增加微贮饲料量的办法，经1周左右的训练，即可达到标准喂量。冬季饲喂时，可在头1天将微贮饲料取出，放在塑料棚舍或室内提温后再喂，不能直接用冰冻饲料饲喂家畜。为进一步提高家畜的消化率，微贮饲料在饲喂前，最好再用高湿度茎秆揉搓机进行处理，将其制成细碎丝状物后，再饲喂，效果会更佳。家畜一般每头每日饲喂量为：奶牛 15～20kg，育肥牛 10～15kg，马、驴、骡 5～10kg，家兔 2～5kg。

农作物秸秆经过微贮处理后，适口性增加，营养成分提高，易消化吸收，不仅是反刍家畜的好饲料，也是马属动物以及兔、鹅的好饲料。饲喂时可以与其他草料搭配，也可以与精料同喂。但微贮饲料不是全价饲料，只能代替部分蛋白质和能量饲料。所以用微贮饲料饲喂家畜时，还必须根据各种家畜不同阶段的生长发育需要，添加一些其他辅料，配成全价饲料饲喂。

第四节　秸秆碱化处理技术

秸秆的碱化处理通常指用氢氧化钠、氢氧化钙和过氧化氢等碱性物质进行处理的技术，而用氨水和尿素等去处理秸秆则应列入氨化处理秸秆范围内讨论。

一、碱化处理

用碱处理秸秆主要是提高消化率，从处理效果和实用性看，目前在生产实践中用得较多的有氢氧化钠处理和石灰水处理两种。

（一）氢氧化钠处理

用氢氧化钠处理秸秆，又可分为碱的湿法处理和碱的干法处理两种。

1. 碱的湿法处理

第一，用氢氧化钠进行湿法处理。先配制 1.5% 氢氧化钠溶液，再用相当于秸秆 10 倍量的氢氧化钠溶液在室温下浸泡秸秆 3 天，多余的碱用水冲洗掉，最后用经处理后的秸秆喂畜。据报道，用这种方法处理的黑麦秸，其有机物消化率由 45.7％提高到 71.2％。这种处理方法的优点是能维持饲草原有结构，有机物质损失较少。经此法处理的秸秆，纤维素成分全部保存，干物质大约只损失 20％。它能提高消化率；有芳香味，适口性好；设备简单，花费较低。但是，用这种方法处理秸秆，在用水冲洗过程中，将有 25％～30％的木质素、8％～15％的戊聚糖物质损失掉。而且用大量的水冲洗，也易造成环境污染。所以这种方法没有得到广泛应用。

第二，轮流喷洒法。方法是用 1.5％的氢氧化钠溶液轮流喷洒秸秆，喷洒碱液后，不用水冲洗，而用磷酸中和。中和溶液中可加入适量的微量元素、尿素、糖蜜和维生素物质。用此法处理，有机物质消化率可提高到 66％。

第三，浸泡法。方法是将秸秆放在 1.5％氢氧化钠溶液中浸泡 0.5～1 小时，再晾干 0.5～2 小时，随之在 10℃左右的气温下堆放"成熟"3～6 天，最后用经堆放的秸秆喂畜。进行第二批浸泡时要添水，并按每千克秸秆加 60～65g 氢氧化钠，以保持氢氧化钠溶液 1.5％的浓度(图 9-1)。

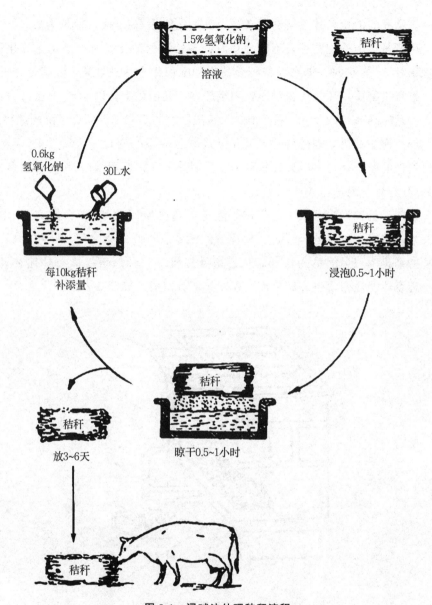

图 9-1 浸碱法处理秸秆流程

经浸泡法处理的秸秆，有机物质消化率可提高 20%～25%。如果在浸泡液中加入 3%～5% 的尿素，则处理效果会更好。用氢氧化钠处理秸秆，秸秆的消化率与氢氧化钠数量有关。只有当每 100kg 秸秆用 6kg 以上氢氧化钠处理时，秸秆的消化率才显著的提高；当氢氧化钠达 12kg 时，效果为最好。

用氢氧化钠处理秸秆，不同处理时间与秸秆的消化率有关。用氢氧化钠处理秸秆 3～6 小时，即可使秸秆中的粗纤维消化率达到最高。经综合分析，无论是有机物质，还是无氮浸出物和粗纤维，其消化率均以处理 12 小时为最佳，处理时间过长(3 天)，粗纤维和无氮浸出物的消化率反而有下降的趋势。

经浸泡法碱化处理的秸秆，其化学成分有明显的变化。一般说来，与未碱化处理的秸秆相比，碱处理秸秆干物质明显下降，但粗蛋白(特别是尿素的碱处理)都有所增加。

第四，机械"掺擦"法。其工作原理是通过机械掺擦和"强力拌和"作用，将碱溶液掺擦在秸秆的碎段上，以促进纤维素、半纤维素水解和降解，提高秸秆的消化率。最简单的秸秆碱化掺擦处理机是一种碱溶液撒布处理装置，由处理容器、撒布设备和碱溶液贮存器 3 部分组成。如图 9-2 所示。

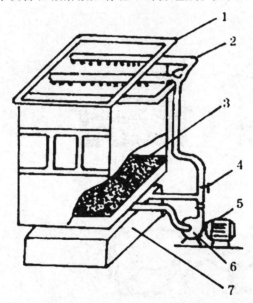

图 9-2 碱液容器撒布处理装置

1. 处理容器；2. 撒布管；3. 多孔板；4. 阀；5. 电动机；6. 液泵；7. 贮液器

贮液器内有浓度为 1％～2％氢氧化钠溶液，启动电机，溶液经液泵打入撒布管撒在容器内的秸秆上，再经一定时间碱化即可获得 pH 值 7.9～10.3

的碱化秸秆。按此原理，我国机电部已研制成 93JH400 型秸秆化学处理机。据报道，经该机处理后的秸秆含氮量增加 1.4 倍，每千克处理秸秆的营养价值相当于 0.45 个饲料单位(1 饲料单位＝11.8 兆焦)。经此机型处理的稻草，其干物质和粗纤维消化率分别达到 70.5％和 64.4％，比未处理稻草分别高12.5％和 31.6％。用此稻草喂牛，采食量提高 48％，日增重提高 100％，达 0.8kg。

2. 碱的干法处理

用氢氧化钠进行干法处理时，先按每 100kg 秸秆用 1.5％氢氧化钠溶液30 升喷洒于秸秆，且边喷洒边搅拌，使之充分混合，以便碱溶液渗透于秸秆中。处理后的秸秆不需用水冲洗就直接堆存在仓库或地窖里，也可压制成颗粒饲料，需用时即可取出来直接饲喂家畜。据报道，用此种方法处理的秸秆，其消化率一般可提高 12％～15％。但是，由于这种秸秆其碱的残余量较多，家畜饲用后引起饮水、排尿增多，且容易污染环境，因此在生产实践中应用价值不大。

(二)石灰处理

此方法就是用氢氧化钙处理秸秆的方法。它又可以分为石灰乳碱化法和生石灰碱化法两种。

1. 石灰乳碱化法

先将 45kg 石灰溶于 1t 水中，调制成石灰乳(即氢氧化钙微粒在水中形成的悬浮液)，再将秸秆浸入石灰乳中 3～5 分钟。随之把秸秆捞出放在水泥池上晾干，经 24 小时后即可饲喂家畜。捞出的秸秆不必用水清洗，石灰乳可继续使用 1～2 次。为了增加秸秆的适口性，可在石灰乳中加入 0.5％的食盐。在生产中，为了简化手续和设备，可采用喷淋法，即在铺有席子的水泥地上铺上切碎的秸秆，再用石灰乳喷洒数次，然后堆放，经软化 1～2 天后即可饲喂家畜。

2. 生石灰碱化法

按每 100kg 秸秆加入 3～6kg 生石灰，且搅拌数次使之拌匀，再放适量的水使秸秆浸透，随之在潮湿状态下保持 3～4 昼夜使之软化，最后分批取出晾干即可给家畜饲用。

石灰处理的秸秆，效果虽不及氢氧化钠处理的好，且易发霉，但石灰来源广，成本低，对土壤无害，且钙对家畜也有好处，故可使用，但使用时要注意钙、磷平衡，补充磷酸盐。

二、过氧化氢处理

用碱性过氧化氢处理秸秆时，按过氧化氢的用量占秸秆干物质的 3% 计。将过氧化氢溶液均匀喷洒在经切细的秸秆上，再用水将秸秆的含水量调至 40% 左右，在 15～25℃ 条件下密闭保存 4 周左右，最后开封将秸秆放在水泥地上晾干即可饲喂家畜。

试验证明，当用过氧化氢处理秸秆时，如果与尿素配合在一起进行，其效果更好。例如，用 6% 尿素＋3% 过氧化氢处理玉米秸秆，与未处理者比，其粗蛋白提高 17.7%，而纤维素下降 9%，干物质消化率却提高 4%。当用占日粮比例分别为 36% 和 72% 的经上述处理的秸秆喂羔羊时，其日增重分别达 339g 和 341g。

三、碳酸钠处理

用碳酸钠处理秸秆时，按每千克秸秆干物质用 80g 碳酸钠（即 8%）计，再按上述湿法碱化处理法进行即可。试验证明，按每千克秸秆干物质用 80g 碳酸钠处理秸秆，秸秆有机物质消化率达 68.9%，动物自由采食时，每千克体重秸秆食入量达 15.9g。用 4% 碳酸钠溶液处理玉米秸、稻草和小麦秸时，其干物质消化率分别达 78.7%，64.7% 和 44.2%，有机物质消化率分别达 80.3%，74.4% 和 47.5%。

第五节　秸秆 EM 菌液处理技术

一、EM 生物技术简介

EM 是"有效微生物"Effective Microorganisms 的英文缩写。它是日本琉球大学比嘉照夫教授研制出来的新型复合微生物菌剂。这种菌剂是由光合细菌、放线菌、酵母菌和乳酸菌等多种微生物复合培养而成。它是一种活菌制剂，不含任何化学物质，依靠改善动植物体内和环境微生态而发挥作用。10多年来，EM技术已在日本、泰国、美国和法国等90多个国家和地区广泛应用。我国自1991年起引进EM生物技术，已在广西、福建、江苏和北京等10多个省、自治区、直辖市推广。据报道，用EM饲养生长猪，表现为生长快，出栏早，很少患病，猪粪不臭；用EM处理小麦和玉米秸秆，并饲喂牛羊，表现为成本低，营养丰富，适口性好，牛羊不患病，粪便无臭味。用EM饲喂蛋鸡，产蛋高峰期可由29周延至37周，鸡很少发病，鸡舍有害气体——氨气浓度下降50.3％。综合国内有关报道，EM在畜牧业上的应用效果，主要表现在以下几个方面：

一是可促进畜禽生长速度。在畜禽饲料或饮水中添加EM菌液后，有益微生物占据微生态环境，可提高动物的食欲，改善消化吸收功能，从而提高饲料利用率。同时，能使畜禽舍内外的环境卫生大为改善，提高动物的免疫力，从而使畜禽生长速度加快，起到增重效果。据报道，用EM喂养丝毛乌骨鸡，每只鸡平均增重比对照组鸡多150g。用EM饲喂肉鸡，与对照组比，每只鸡每周多增重20g。用EM饲喂生长猪，与对照组比，平均日增重多102g，料肉比下降36％左右。

二是能去除畜禽舍恶臭。畜禽场（舍）所产生的恶臭不仅对周围空气产生污染，而且臭气及其所产生的氨气、硫化氢和硫酸等有害物质严重影响畜禽的生长与健康。据报道，使用EM饲喂畜禽1个月后，畜舍内恶臭下降了97.7％，恶臭强度降到2.5级以下，达到国家一类标准。

三是能防治畜禽疾病。据报道，应用EM养鸡，鸡群发育整齐，毛色光亮，鸡抗病力提高、雏鸡死亡率降低80％。用EM饲养肉鸡，肠道疾病发病率减少了30％，其中大肠杆菌和沙门氏细菌减少50％以上。由于鸡群疾病减少，使每只鸡可节省药费0.5～0.6元。

四是可改善畜产品的品质。在养殖业中应用EM菌液后，可提高肉产品的品质和风味，表现为猪、鸡的肉质鲜嫩，鸡蛋呈自然品味。肉产品中的胆固醇、脂肪含量降低，蛋白质含量提高。同时，由于不用或少用抗生素等药品，故肉、蛋产品中很少有药品残留。

二、EM 微贮秸秆饲料制作机理

组成 EM 有效微生物菌液的有效微生物群是由光合菌、乳酸菌、纤维素分解菌、半纤维素分解菌、酵母菌、放线菌、固氮菌等 5 个科、10 个属的 80 多种有效微生物组合而成。通过这些对分解秸秆有效、对动物生长和防病有益的微生物群的作用，在一定温度和厌氧的条件下，第一，秸秆中的纤维素的木聚糖链和木质素聚合物酯键被酶解，增加秸秆的柔性和膨胀度，大大提高秸秆的消化利用率。因为使牛羊胃内的微生物能直接与纤维结构键接触，加快和提高对纤维素的消化利用率，借助 EM 菌群与牛羊胃内的纤毛虫等微生物的共同协作消化分解粗纤维。同时将部分木质素和纤维素类物质转化为糖类，糖类又被有机酸发酵菌转化为乳酸和挥发性脂肪酸，使秸秆的 pH 值降到 4.0～5.0，抑制腐败菌和病原菌等有害菌的繁殖，使秸秆能够长期保存不变质。在酸性的环境下，又能进一步促进淀粉、纤维素被糖化，并促进氮素合成菌体蛋白质和促使无机盐营养元素被更有效地利用，改善秸秆品质和提高秸秆营养价值。第二，是通过 EM 有效微生物的作用，对秸秆进一步分解，把秸秆中的纤维素、淀粉、蛋白质等复杂的大分子有机物逐渐地降解为容易消化吸收的单糖、双糖和氨基酸等小分子物质。这样更进一步地提高了饲料的消化吸收率和营养价值，起到了饲料机械起不到的深度生物加工的作用。第三，在 EM 有效微生物群的生长发育过程中为秸秆饲料增加了大量菌体蛋白质及营养价值极高的代谢产物，如氨基酸、有机酸、醇、醛、酯、维生素、激素、微量元素及酶类，为秸秆饲料增添了丰富的营养物质，提高了秸秆饲料的营养价值和品位，使秸秆成为软、香、甜、酸的营养好、易消化的优质粗饲料，起到了动物营养工厂的作用。第四，在 EM 有效微生物群的生长发育繁殖过程中，还产生了大量对动物具有促生长、防疫病、防饲料霉变的有用物质。如乳酸、醋酸、乙醇，这些物质能防饲料霉变，使 EM 微贮秸秆生物饲料耐保存，同时又可作为营养物质供给动物的营养。如多种的抗生素类物质被动物吸收后能提高动物的免疫力，增强抗病力，起到预防各种疫病的动物医院的作用。如维生素、激素、微量元素、酶类能刺激动物发育，促进生长，提高增重，提高繁殖力，使养畜获得高产的独特作用。第五，由于各类纤维素分解菌与牛羊胃内的纤毛虫的协同作用，极大地提高了动物对纤维素的利用率，使纤维素的消化率提高到 65.2％，从而提高了秸秆饲料的消化利用率。

三、EM 微贮秸秆饲料的特点

(一)扩大饲料来源，节省饲料

粮用 EM 菌秆料，可变废弃的秸秆为优质粗饲料，摆脱粮食对畜牧业生产的制约，加速畜牧业发展。

(二)改善秸秆饲料的适口性

用 EM 处理秸秆，使秸秆料变得既香又甜，而且略具酸味，提高了秸秆营养价值。

(三)增加动物的免疫力和抗病力

用 EM 菌秆料喂畜·能提高动物对各种疾病的抵抗能力，具有显著的防病作用。

(四)节省开支，降低养畜成本

EM 微贮秸秆生物饲料能代替一定量的精料，并减少兽药开支，大量降低养畜成本，显著提高养畜经济效益。

(五)安全、有效、无污染

EM 菌秆料由于是纯微生物加工饲料，不含任何化学有害物质，无污染、无残留、无任何毒副作用，并能消除粪臭，净化环境，所生产的畜产品有益于人们的身体健康。

(六)制作方法简便易学，便于推广

制作 EM 菌秆料，可就地取材，适合全年生产制作，制作方法简便，易

学、易懂、易推广，具有广泛的实用价值。

四、EM 微贮秸秆饲料制作方法及操作要领

（一）贮制容器的准备

可用水泥池、土窖、塑料袋和大型微贮窖等容器，也可用其他能达到压实、密封条件的容器进行微贮。

（二）EM 菌液增活及菌液稀释

微贮 1t 秸秆时，先将营养糖液 500mL 倒入 5L 温水中充分溶解，再将溶解后的营养糖液倒入装有 25L 的 30℃左右的温水容器中搅拌，当容器中糖液的温度在 30℃时，将 2L 的 EM 原液倒入容器中搅拌，待糖液与菌液混匀后，加盖保温，静置 2～3 小时增活。另在 1 200L 水中加入食盐 9kg 搅拌，使其彻底溶解、最后将增活后的菌液倒入 1 200L 水中搅匀备用。稀释后的菌液必须当天用完。

（三）秸秆切碎

将 1 000kg 秸秆切成 3～5cm（牛用为 5～8cm）备用。

（四）秸秆入窖（装池）

在窖底（池底）铺放 20～30cm 厚的切碎秸秆，均匀喷洒菌液水，并按 1% 的量撒入大麦粉或玉米粉与麦麸配成 1∶1 的混合粉，搅拌秸秆并压实秸秆，直至高出窖口 40cm，最后封窖。分层压实的目的是排除秸秆中的空气，为 EM 有效微生物群的繁殖造成厌氧条件。

（五）封窖

在秸秆分层压实直到高出窖口 30～40cm，再最后加力压实，上面均匀撒上食盐粉（食盐用量每平方米 250g，以防上层秸秆发霉变质），再压实后盖上塑料膜。薄膜上面再加上 20cm 厚的秸秆，再覆盖上 15～20cm 厚的土，密封

窖顶。

(六)贮料水分控制与检查

水分含量和湿度是否合适是决定贮料质量的重要条件。在喷洒菌液与压实过程中，要随时检查秸秆的含水量是否合适，各处是否均匀一致。特别要注意层与层之间水分的衔接，不得出现夹干层。含水量的检查方法是抓住秸秆试样，用双手拧扭，若有水下滴，含水量为 80%以上，是含水量过多的表现；若无水滴，松手后手上水分很明显，则为 60%左右，此为适宜含量：若手上仅有水分沾湿，为 50%～55%，为水含量偏低；若手上仅仅有湿感，含水为 40%～50%，为水分不足的表现：若无潮湿感，水分为 40%以下，为水分严重不足的表现。水分在 60%～70%为最理想。

(七)挖排水沟

秸秆微贮后，窖池内贮料会慢慢下沉，应及时加盖土使之高出窖口。简易土窖周围要挖排水沟，以防雨水渗入。

五、EM 微贮秸秆生物饲料的质量鉴定与使用注意事项

(一)EM 微贮秸秆生物饲料的质量鉴别方法

总的说是一看，二嗅，三手感。优质 EM 微贮秸秆生物饲料呈金黄色或茶黄色，具有醇香味(酒香味)和苹果香味，口尝有弱酸香甜味(主要尝贮入的精料)。若温度过高或水分过多酸味加重。若有腐臭味、发霉味，则不能饲用。在手感方面，手感松散湿润而柔软为优质；手感发黏则质地不佳；手感虽然松散，但干燥粗硬，也属于质地不良。

(二)使用 EM 微贮秸秆生物饲料的注意事项

①一定要待发酵全部完成后才能取用，夏季 3～4 天，春秋季 5～7 天，冬季 10～15 天。

②筒窖取料由上往下取，沟槽窖从一头开始取料，切忌将窖料全部暴露，取料后立即密封窖口。

③每次取出的料必须当天喂完，不喂隔天料。

④每次取料喂料时要检查，发霉变质料不能饲用。

⑤加入的食盐必须从食盐喂量中扣除。

⑥及时检查窖况。如排水沟是否通畅，未取料的窖是否有裂缝、破损、漏气等现象。

第六节　秸秆热喷处理技术

一、热喷饲料的概念

热喷是将物料(秸秆、饼粕和鸡粪等)装入饲料热喷机内，向机内通入热饱和蒸气，经过一定时间后使物料受高压热力的处理，然后对物料突然降压，迫使物料从机内喷爆出大气中，从而改变其结构和某些化学成分，并经消毒、除臭，使物料变为更有价值的饲料的一个压力和热力加工过程。因此，饲料热喷技术是由特殊的热喷装置及其特有工艺流程来完成的。目前，国内生产的饲料热喷机是由内蒙古畜牧科学院发明(专利号 8520477)，由呼和浩特市锅炉厂生产的热喷 6 型饲料加工机，实际上是一种间歇式气流膨化机。

二、热喷饲料的工作原理

物料在热喷处理时，利用蒸气的热效应，在高温下使木质素熔化，纤维素分子断裂、降解，同时因高压力突然卸压，产生内摩擦力喷爆，使纤维素细胞撕裂，细胞壁疏松。从而改变了粗纤维的整体结构和化学链分子结构。因为在热喷处理时，物料在高压罐内经受 1～15 分钟、压力 0.39～1.18MPa、温度 145～190℃、含水量 25%～40%的状态，使物料纤维细胞间木质素溶解，氢链断裂，纤维结晶度降低。当突然喷爆时，木质素就会熔化，同时发生若干高分子物质的分解反应；再通过喷爆的机械效应，应力集中于熔化木质素的脆弱结构区，导致壁间疏松、细胞游离，物质颗粒便会骤然变小，而总面积增大，从而达到质地柔软和味道芳香的效果，提高了家畜对秸秆饲料的采食量和消化率。

三、热喷的效果

热喷后由于秸秆的物理性质发生了变化，其全株采食率由 50% 提高到 90% 以上，消化率提高了 50% 以上。热喷装置还可以对菜籽饼、棉籽饼进行脱毒，对鸡、鸭、牛粪进行去臭、灭菌处理，使之成为正常蛋白质饲料。

研究表明，热喷工艺条件主要包括 3 个要素，即处理的压力、保温时间和喷放压力。因此，其热喷的效果在于选择适当的上述 3 项指标及其配合应用。经探索中压区(1.57～3.33MPa)、短时间(1～5 分钟)处理的效果，发现各类秸秆(葵花盘除外)经处理后，其消化率均有较大的提高。但是，在生产中应用时，出于对设备安全、价格和管理等因素的考虑，多采用低压力区(小于 1.57MPa)和长时间(3～10 分钟)的处理工艺，其消化率提高的幅度小于中压区(约相当于中区效果的 60%～80%)，但适合于我国目前的实际情况。

用热喷小麦秸秆饲喂羊羔，与用粉碎的小麦秸比，羔羊增重提高 50% 以上；用热喷荆棘饲喂乳牛，每千克可代替 1.2～1.7kg 青干草，同时增加了产奶量。将混合精料热喷，用来补饲羔羊，与未处理者比，羔羊增重提高 22%。用 28.5% 的热喷玉米秸饲喂单产 7 000kg 的奶牛群，与喂羊草比，不但不会降低产奶量和乳脂率，而且每头成年母牛年节省羊草 1 000kg，每 100kg 奶成本可降低 2.4 元。

第十章

青贮玉米性状遗传分析

第一节　青贮玉米农艺性状研究进展

　　全株玉米是我国常用的调制青贮饲料原料。青贮饲料是将新鲜的青绿饲料进行加工处理后，在厌氧条件下经过微生物发酵调制而成的多汁饲料。青贮饲料不仅能保持原料青绿多汁的特性，而且具有特殊的酸香气味，营养丰富、适口性好、可长期保存。

　　青贮饲料在畜牧业，特别是反刍动物养殖生产中有重要作用。青贮饲料可以补充季节性饲草料短缺，有利于科学管理农田生产，为奶牛提供高质量、低成本饲料。青贮技术的核心是提高青贮品质，而青贮饲料的品质主要取决于原料的营养价值和加工调制条件。原料的营养价值是决定青贮饲料价值的前提条件，而加工调制条件的控制则是影响青贮品质优劣的关键因素。全株青贮玉米品种的研究，对提高粮改饲政策实施效果，促进养殖业提质增效，助力畜牧业振兴具有重要实践意义。欧洲畜牧业发达国家，培育了大量的饲料专用型玉米品种进行全株玉米青贮的加工，成为反刍家畜日粮中主要的有效能量成分和幼畜育肥的强化饲料。笔者经文献调查，通过比较不同收获期2个玉米品种不同部位农艺性状和生物学产量，分析2种玉米用作青贮饲料的优劣以及最佳收获期。

一、测定指标及方法

（一）试验材料

　　试验地供试玉米品种为全株青贮玉米吉东81和粮用玉米甘优702；吉东81播种时间为4月26日，甘优702播种时间为4月25日。采用机播，种植密度为6万株/hm²，行距50cm，株距30cm。根据环境温度与湿度变化，适当选择浇水灌溉，通过田间管理技术，适宜地进行病害防治。

（二）试验设计

　　试验期为9月5日至10月5日，设11个收获日期，分别为9月1、3、

5、8、11、14、17、20、23、26、29 日，10 月 2、5 日。在试验地选择 10m×
10m 范围，每个收获日期随机选取 20 株完熟期吉东 81 和甘优 702，每个品
种 10 株，2 株为一个重复，每个品种共 5 组样品。

（三）测定指标

农艺性状的测定：测量从地面到雄穗顶端的株高。鲜物质产量的测定：
从离地面 15cm 处切割样品，分别测量整株、茎叶、秆、果穗样品的重量。
干物质产量的测定：每个品种的茎叶、秆鲜样切成 1～2cm 碎块，混匀；果
穗自然风干后，分为玉米棒芯和玉米籽粒，用四分法采集样品，放入 105℃
烘干箱进行恒重后称重，分别测定各组样品干物质产量。干物质含量计算公
式：干物质含量＝干物质产量/鲜物质产量×100%。

（四）数据统计分析

试验数据采用 Excel 进行初步整理后，用 SAS9.4 进行单因素方差分析，
用邓肯氏多重比较法对同一品种不同收获期样品进行显著性检验，用 t 检验
对两个品种进行比较。试验结果以"平均数±标准差"的形式表示，$P<0.05$
表示差异显著，$P>0.05$ 表示差异不显著。

二、不同收获期 2 种玉米株高的变化

由表 10-1 可见，2 种玉米株高随着收获期的延长呈现出先增加后平稳趋
势。9 月 17 日吉东 81 和甘优 702 的株高最高，分别为 3.51m 和 2.94m，之
后株高呈平稳趋势。9 月 17 日吉东 81 株高显著（$P<0.05$）高于 9 月 5 至 14
日各收获日期和 9 月 20 日，与其他各收获日期株高差异不显著（$P>0.05$）。
9 月 17 日甘优 702 株高显著（$P<0.05$）高于 9 月 5 日和 9 月 20－26 日各收获
日期，与其他各收获日期株高差异不显著（$P>0.05$）。根据 2 种玉米品种株
高，刈割日期在 9 月 17 日以后为合理。由表 10-2 可知，试验期间吉东 81 的
平均株高显著（$P<0.05$）高于甘优 702。

表 10-1　不同收获日期 2 种玉米的株高（m）

收获日期	吉东 81	甘优 702
9 月 5 日	3.27 ± 0.13^{BCD}	2.78 ± 0.09^{B}
9 月 8 日	3.19 ± 0.12^{CD}	2.81 ± 0.15^{AB}
9 月 11 日	3.08 ± 0.12^{D}	2.79 ± 0.07^{AB}
9 月 14 日	3.21 ± 0.28^{CD}	2.89 ± 0.13^{AB}
9 月 17 日	3.51 ± 0.04^{A}	2.94 ± 0.10^{A}
9 月 20 日	3.19 ± 0.07^{CD}	2.75 ± 0.10^{B}
9 月 23 日	3.37 ± 0.11^{ABC}	2.74 ± 0.18^{B}
9 月 26 日	3.34 ± 0.17^{ABC}	2.73 ± 0.11^{B}
9 月 29 日	3.47 ± 0.14^{AB}	2.83 ± 0.02^{AB}
10 月 2 日	3.37 ± 0.13^{ABC}	2.84 ± 0.04^{AB}
10 月 5 日	3.42 ± 0.11^{AB}	2.79 ± 0.03^{AB}

注：同列数字肩标字母不同表示差异显著（$P<0.05$），肩标字母相同表示差异不显著（$P>0.05$）。表 10-3、表 10-5、表 10-7、表 10-9、表 10-11、表 10-13、表 10-15、表 10-17、表 10-19、表 10-21、表 10-23、表 10-25、表 10-27 同。

表 10-2　试验期间 2 种玉米平均株高（m）

项目	吉东 81	甘优 702
株高	3.31 ± 0.18^{A}	2.81 ± 0.11^{B}

注：同行数字肩标字母不同表示差异显著（$P<0.05$），肩标字母相同表示差异不显著（$P>0.05$）。表 10-4、表 10-6、表 10-8、表 10-10、表 10-12、表 10-14、表 10-16、表 10-18、表 10-20、表 10-22、表 10-24、表 10-26、表 10-28 同。

三、不同收获期 2 种玉米各部位鲜物质产量的变化

（一）不同收获期 2 种玉米茎叶鲜物质产量的变化

由表 10-3 可见，随着收获期的延长，2 种玉米茎叶鲜物质产量呈现先增

加后下降趋势。9 月 11 日吉东 81 茎叶鲜物质产量最高，为 245.86g/株；9 月 17 日甘优 702 茎叶鲜物质产量最高，为 219.74g/株。9 月 8－14 日和 9 月 20 日吉东 81 茎叶鲜物质产量显著($P<0.05$)高于 9 月 29 日至 10 月 5 日各收获日期。9 月 17 日甘优 702 茎叶鲜物质产量显著($P<0.05$)高于其他各收获日期。由表 10-4 可知，试验期间吉东 81 的平均茎叶鲜物质产量显著($P<0.05$)高于甘优 702。

表 10-3　不同收获日期 2 种玉米茎叶的鲜物质产量（g/株）

收获日期	吉东 81	甘优 702
9 月 5 日	215.08±23.28[CDE]	176.40±7.40[F]
9 月 8 日	228.94±31.07[ABC]	203.60±13.24[BC]
9 月 11 日	245.86±23.45[A]	207.40±10.69[B]
9 月 14 日	240.26±9.49[AB]	206.20±9.20[B]
9 月 17 日	219.08±10.56[BCD]	219.74±3.89[A]
9 月 20 日	234.40±5.24[ABC]	208.74±2.64[B]
9 月 23 日	214.74±11.49[CDE]	199.84±0.70[BCD]
9 月 26 日	225.35±7.77[ABC]	194.77±2.63[CD]
9 月 29 日	200.69±4.06[DE]	191.35±2.61[DE]
10 月 2 日	193.39±7.39[EF]	185.38±6.63[E]
10 月 5 日	173.97±24.39[F]	173.20±5.42[F]

表 10-4　试验期间 2 种玉米茎叶平均鲜物质产量（g/株）

部位	吉东 81	甘优 702
茎叶	217.43±25.62[A]	196.97±15.19[B]

（二）不同收获期 2 种玉米秆鲜物质产量的变化

由表 10-5 可见，随着收获期的延长，2 种玉米秆鲜物质产量呈现先增加后下降趋势。9 月 20 日吉东 81 秆鲜物质产量最高，为 477.63g/株；9 月 17 日甘优 702 秆鲜物质产量最高，为 424.46g/株。9 月 29 日和 10 月 5 日吉东

81秆鲜物质产量显著（$P<0.05$）低于9月20日。9月17—23日甘优702秆鲜物质产量显著（$P<0.05$）高于9月5日和10月5日。由表10-6可知，试验期间吉东81平均秆鲜物质产量显著（$P<0.05$）高于甘优702。试验后期2种玉米秆鲜物质产量呈下降趋势，可能是因为随着收获期的延长，秸秆中的水分含量下降，使其鲜物质产量下降，营养物质缓慢向果穗转移。

表10-5 不同收获日期2种玉米秆的鲜物质产量（g/株）

收获日期	吉东81	甘优702
9月5日	444.40±52.74[AB]	366.78±29.06[CD]
9月8日	456.48±83.26[AB]	375.32±34.22[BCD]
9月11日	463.50±13.14[AB]	378.30±95.01[ABCD]
9月14日	465.08±46.15[AB]	396.70±7.07[ABCD]
9月17日	468.26±5.12[AB]	424.46±15.26[A]
9月20日	477.63±8.05[A]	419.76±3.56[AB]
9月23日	464.98±25.41[AB]	416.28±1.82[AB]
9月26日	463.06±10.66[AB]	410.79±1.35[ABC]
9月29日	422.45±4.17[B]	407.44±2.56[ABCD]
10月2日	431.60±4.76[AB]	393.25±8.23[ABCD]
10月5日	423.81±3.95[B]	362.24±8.53[D]

表10-6 试验期间2种玉米秆平均鲜物质产量（g/株）

部位	吉东81	甘优702
秆	452.61±36.31[A]	395.57±36.09[B]

（三）不同收获期2种玉米果穗鲜物质产量的变化

由表10-7可见，随着收获期的延长，2种玉米果穗鲜物质产量呈现先上升后下降趋势。9月26日吉东81果穗鲜物质产量最高，为317.78g/株；9月17日甘优702果穗鲜物质产量最高，为345.32g/株。9月20—26日吉东81果穗鲜物质产量显著（$P<0.05$）高于9月5—14日和9月29日—10月5日

各收获日期；9 月 17—20 日甘优 702 果穗鲜物质产量显著（$P<0.05$）高于 9 月 5 日和 10 月 5 日。由表 10-8 可知，试验期间甘优 702 平均果穗鲜物质产量显著（$P<0.05$）高于吉东 81。随着生长期的延长果穗鲜物质产量呈上升趋势，表明茎叶和秸秆中的干物质随着生长期的延长向果穗转移，青贮玉米茎叶和秸秆中的水分含量下降，使茎叶和秸秆的鲜重下降。

表 10-7　不同收获日期 2 种玉米果穗的鲜物质产量（g/株）

收获日期	吉东 81	甘优 702
9 月 5 日	241.98±17.51[D]	292.38±25.48[D]
9 月 8 日	260.68±31.89[CD]	312.96±57.05[ABCD]
9 月 11 日	274.54±9.48[BC]	313.38±29.25[ABCD]
9 月 14 日	276.78±6.39[BC]	319.82±21.46[ABCD]
9 月 17 日	293.26±6.83[AB]	345.32±10.22[A]
9 月 20 日	304.13±32.24[A]	342.36±2.12[AB]
9 月 23 日	307.93±33.60[A]	337.38±1.39[ABC]
9 月 26 日	317.78±11.96[A]	326.43±8.72[ABC]
9 月 29 日	272.95±4.59[BC]	316.50±8.15[ABCD]
10 月 2 日	276.74±2.82[BC]	310.69±9.28[BCD]
10 月 5 日	265.74±4.52[CD]	307.19±4.45[CD]

表 10-8　试验期间 2 种玉米果穗平均鲜物质产量（g/株）

部位	吉东 81	甘优 702
果穗	281.14±27.49[B]	320.40±25.58[A]

（四）不同收获期 2 种玉米整株鲜物质产量的变化

由表 10-9 可见，随着收获期的延长，2 种玉米整株鲜物质产量呈先上升后下降趋势。9 月 20 日吉东 81 整株鲜物质产量最高，为 1016.16g/株；9 月 17 甘优 702 整株鲜物质产量最高，为 988.64g/株。9 月 11—26 日吉东 81 整株鲜物质产量显著（$P<0.05$）高于 9 月 5 日和 9 月 29 至 10 月 5 日各收获日

期。9月17日甘优702整株鲜物质产量显著($P<0.05$)高于9月5—14日和9月29日至10月5日各收获日期。由表10-10可知,吉东81平均整株鲜物质产量显著($P<0.05$)高于甘优702。试验期间2种玉米整株鲜物质产量随着收获期的延长而下降,表明整株干物质含量增加。各部位鲜物质产量占整株鲜物质产量的大小依次为秆>果穗>茎叶。

表10-9　不同收获日期2种玉米整株鲜物质产量(g/株)

收获日期	吉东81	甘优702
9月5日	901.46±65.63[BC]	827.29±27.97[E]
9月8日	946.10±134.10[AB]	907.08±78.45[BC]
9月11日	983.90±35.35[A]	901.02±116.68[C]
9月14日	982.56±53.53[A]	916.16±26.13[BC]
9月17日	980.60±16.12[A]	988.64±19.16[A]
9月20日	1016.16±30.88[A]	971.01±3.93[AB]
9月23日	987.65±52.87[A]	953.48±2.57[ABC]
9月26日	1006.19±21.23[A]	931.44±7.49[ABC]
9月29日	896.09±7.07[BC]	915.74±9.10[BC]
10月2日	901.73±12.48[BC]	892.36±16.37[CD]
10月5日	863.52±27.78[C]	839.49±7.76[DE]

表10-10　试验期间2种玉米整株平均鲜物质产量(g/株)

部位	吉东81	甘优702
整株	951.45±69.81[A]	913.06±62.44[B]

四、不同收获期2种玉米各部位干物质含量的变化

(一)不同收获期2种玉米茎叶干物质含量的变化

由表10-11可见,随着收获期的延长,2个品种茎叶干物质含量呈递增趋势。由表10-12可知,试验期间吉东81茎叶干物质含量显著($P<0.05$)高于

甘优 702。

表 10-11 不同收获日期 2 种玉米茎叶的干物质含量(%)

收获日期	吉东 81	甘优 702
9 月 5 日	21.45±2.57[H]	21.58±1.82[C]
9 月 8 日	23.06±2.31[H]	20.89±6.98[C]
9 月 11 日	24.97±2.95[GH]	23.29±2.14[C]
9 月 14 日	27.79±2.75[FG]	22.87±1.18[C]
9 月 17 日	30.45±2.36[DEF]	25.88±1.10[BC]
9 月 20 日	29.89±2.32[DEF]	29.26±0.68[AB]
9 月 23 日	34.37±2.68[CD]	32.44±3.66[A]
9 月 26 日	33.26±1.08[CDE]	31.98±3.92[A]
9 月 29 日	36.22±2.08[BC]	32.71±5.01[A]
10 月 2 日	38.74±1.33[AB]	32.87±6.59[A]
10 月 5 日	42.00±7.19[A]	32.63±5.95[A]

表 10-12 试验期间 2 种玉米茎叶平均干物质含量(%)

部位	吉东 81	甘优 702
茎叶	31.11±6.88[A]	27.85±6.11[B]

(二)不同收获期 2 种玉米秆干物质含量的变化

由表 10-13 可见,随着收获期的延长,2 种玉米秆干物质含量呈递增趋势。由表 10-14 可见,试验期间吉东 81 和甘优 702 平均秆干物质含量差异不显著($P>0.05$)。

表 10-13 不同收获日期 2 种玉米秆的干物质含量(%)

收获日期	吉东 81	甘优 702
9 月 5 日	15.05±3.48[C]	13.46±2.97[E]
9 月 8 日	15.08±3.41[C]	13.64±4.18[E]

收获日期	吉东 81	甘优 702
9 月 11 日	16.07 ± 0.62^{C}	14.97 ± 2.91^{DE}
9 月 14 日	16.73 ± 2.19^{C}	16.45 ± 2.29^{CDE}
9 月 17 日	17.26 ± 1.32^{C}	17.31 ± 0.67^{CD}
9 月 20 日	17.42 ± 0.45^{BC}	18.12 ± 0.14^{BCD}
9 月 23 日	20.04 ± 1.07^{AB}	18.88 ± 0.64^{ABC}
9 月 26 日	20.07 ± 2.24^{AB}	19.85 ± 0.11^{ABC}
9 月 29 日	20.59 ± 2.38^{A}	19.65 ± 3.21^{ABC}
10 月 2 日	20.92 ± 0.22^{A}	20.90 ± 1.72^{AB}
10 月 5 日	20.87 ± 0.62^{A}	22.01 ± 3.56^{A}

表 10-14　试验期间 2 种玉米秆平均干物质含量(%)

部位	吉东 81	甘优 702
秆	18.19 ± 2.88^{A}	17.75 ± 3.55^{A}

（三）不同收获期 2 种玉米果穗干物质含量的变化

见表 10-15，随着收获期的延长，2 种玉米果穗干物质含量呈递增趋势。由表 10-16 可知，试验期间甘优 702 平均果穗干物质含量显著($P<0.05$)高于吉东 81。

表 10-15　不同收获日期 2 种玉米果穗的干物质含量(%)

收获日期	吉东 81	甘优 702
9 月 5 日	41.06 ± 5.57^{D}	48.95 ± 7.53^{E}
9 月 8 日	43.59 ± 4.45^{CD}	52.83 ± 5.81^{DE}
9 月 11 日	44.36 ± 8.23^{BCD}	53.68 ± 4.30^{CDE}
9 月 14 日	45.94 ± 8.80^{BCD}	54.66 ± 1.97^{CD}
9 月 17 日	45.54 ± 5.83^{BCD}	55.45 ± 3.18^{CD}

收获日期	吉东 81	甘优 702
9 月 20 日	48.56±3.03[BCD]	57.94±1.11[BCD]
9 月 23 日	50.86±5.45[BC]	58.29±1.25[BC]
9 月 26 日	52.12±3.36[B]	61.39±1.60[AB]
9 月 29 日	59.56±4.48[A]	62.00±3.43[AB]
10 月 2 日	59.45±5.75[A]	64.29±2.84[A]
10 月 5 日	62.54±2.25[A]	64.56±3.10[A]

表 10-16　试验期间 2 种玉米果穗平均干物质含量(%)

部位	吉东 81	甘优 702
果穗	50.32±8.63[B]	57.64±5.93[A]

(四)不同收获期 2 种玉米整株干物质含量的变化

由表 10-17 可知,随着收获期的延长,2 种玉米整株干物质含量呈递增趋势。青贮玉米最佳干物质含量为 30%~35%。根据整株干物质含量,吉东 81 和甘优 702 收获期分别在 9 月 14—26 日和 9 月 11—20 日时符合青贮玉米干物质含量要求。由表 10-18 可知,试验期间甘优 702 平均整株干物质含量高于吉东 81,但差异不显著($P>0.05$)。各部位干物质含量占整株干物质含量的大小依次为果穗>茎叶>秆。

表 10-17　不同收获日期 2 种玉米整株的干物质含量(%)

收获日期	吉东 81	甘优 702
9 月 5 日	25.85±0.02[F]	28.29±0.02[E]
9 月 8 日	27.24±0.02[EF]	28.55±0.05[E]
9 月 11 日	28.47±0.03[DEF]	30.67±0.02[DE]
9 月 14 日	30.16±0.04[CDE]	31.58±0.01[DE]
9 月 17 日	31.08±0.02[CD]	32.83±0.01[CD]

续表

收获日期	吉东 81	甘优 702
9 月 20 日	31.95 ± 0.01^{BC}	35.08 ± 0^{BC}
9 月 23 日	35.09 ± 0.03^{B}	36.55 ± 0.01^{AB}
9 月 26 日	35.15 ± 0.02^{B}	37.78 ± 0.01^{AB}
9 月 29 日	38.79 ± 0.02^{A}	38.06 ± 0.02^{AB}
10 月 2 日	39.70 ± 0.02^{A}	39.18 ± 0.03^{A}
10 月 5 日	41.81 ± 0.02^{A}	39.79 ± 0.03^{A}

表 10-18　试验期间 2 种玉米整株平均干物质含量（%）

部位	吉东 81	甘优 702
整株	33.21 ± 5.56^{A}	34.40 ± 4.60^{A}

五、不同收获期 2 种玉米各部位干物质产量的变化

（一）不同收获期 2 种玉米茎叶干物质产量的变化

由表 10-19 可见，随着收获期的延长，吉东 81 和甘优 702 茎叶干物质产量呈先增加后平稳趋势。由表 10-20 可见，试验期间吉东 81 平均茎叶干物质产量显著（$P<0.05$）高于甘优 702。

表 10-19　不同收获日期 2 种玉米茎叶的干物质产量（g/株）

收获日期	吉东 81	甘优 702
9 月 5 日	45.94 ± 5.83^{C}	38.02 ± 2.91^{C}
9 月 8 日	52.24 ± 2.70^{C}	42.60 ± 14.79^{C}
9 月 11 日	60.92 ± 3.50^{B}	48.33 ± 5.27^{BC}
9 月 14 日	66.78 ± 7.13^{AB}	47.08 ± 0.89^{BC}
9 月 17 日	66.54 ± 3.11^{AB}	56.86 ± 2.23^{AB}
9 月 20 日	70.10 ± 6.31^{A}	61.06 ± 0.77^{A}

收获日期	吉东 81	甘优 702
9 月 23 日	73.56±2.38^A	64.84±7.38^A
9 月 26 日	74.97±4.25^A	62.32±8.06^A
9 月 29 日	72.64±2.97^A	62.60±9.81^A
10 月 2 日	74.90±3.28^A	60.78±11.69^A
10 月 5 日	72.60±13.46^A	56.44±9.94^{AB}

表 10-20　试验期间 2 种玉米茎叶平均干物质产量（g/株）

部位	吉东 81	甘优 702
茎叶（g/株）	66.47±10.71^A	54.63±11.39^B

（二）不同收获期 2 种玉米秆干物质产量的变化

由表 10-21 可见，随着收获期的延长，吉东 81 和甘优 702 秆干物质产量呈先增加后平稳趋势。由表 10-22 可见，试验期间吉东 81 平均茎叶干物质产量显著（$P<0.05$）高于甘优 702。

表 10-21　不同收获日期 2 种玉米秆的干物质产量

收获日期	吉东 81	甘优 702
9 月 5 日	65.49±7.44^F	48.82±8.07^D
9 月 8 日	66.58±4.16^F	51.98±20.29^D
9 月 11 日	74.54±4.67^E	54.46±2.70^{CD}
9 月 14 日	77.10±3.85^{DE}	65.16±8.51^{BC}
9 月 17 日	80.88±6.95^{CDE}	73.44±1.90^{AB}
9 月 20 日	83.16±0.99^{BCD}	76.06±1.11^{AB}
9 月 23 日	93.00±2.50^A	78.60±2.87^A
9 月 26 日	92.80±8.93^A	81.54±0.45^A
9 月 29 日	87.06±10.85^{ABC}	80.08±13.25^A

续表

收获日期	吉东 81	甘优 702
10 月 2 日	90.28±1.13[AB]	82.18±6.90[A]
10 月 5 日	88.46±2.81[ABC]	79.58±11.78[A]

表 10-22 试验期间 2 种玉米秆平均干物质产量(g/株)

部位	吉东 81	甘优 702
秆	81.76±10.81[A]	70.17±14.85[B]

(三)不同收获期 2 种玉米棒芯干物质产量的变化

由表 10-23 可见，随着收获期的延长，吉东 81 和甘优 702 玉米棒芯干物质产量呈先增加后平稳趋势。由表 10-24 可见，试验期间甘优 702 平均玉米棒芯干物质产量显著($P<0.05$)高于吉东 81。

表 10-23 不同收获日期 2 种玉米棒芯的干物质产量(g/株)

收获日期	吉东 81	甘优 702
9 月 5 日	27.56±2.13[A]	30.79±7.19[A]
9 月 8 日	28.88±2.89[A]	31.14±4.39[A]
9 月 11 日	28.16±5.85[A]	31.03±0.33[A]
9 月 14 日	28.16±9.27[A]	31.98±1.34[A]
9 月 17 日	29.70±4.95[A]	32.08±0.78[A]
9 月 20 日	29.73±2.62[A]	33.60±1.20[A]
9 月 23 日	31.03±1.90[A]	33.46±1.12[A]
9 月 26 日	30.68±4.04[A]	33.17±0.64[A]
9 月 29 日	30.20±4.62[A]	33.52±2.42[A]
10 月 2 日	30.73±1.10[A]	33.74±2.82[A]
10 月 5 日	30.59±3.99[A]	32.96±6.56[A]

表 10-24 试验期间 2 种玉米棒芯平均干物质产量（g/株）

部位	吉东 81	甘优 702
玉米棒芯（g/株）	29.58±4.23^{B}	32.50±3.33^{A}

（四）不同收获期 2 种玉米籽粒干物质产量的变化

从表 10-25 可见，随着收获期的延长，吉东 81 和甘优 702 玉米籽粒干物质产量呈先增加后稳定趋势。从表 10-26 可见，试验期间甘优 702 平均玉米籽粒干物质产量显著（$P<0.05$）高于吉东 81。

表 10-25 不同收获日期 2 种玉米籽粒的干物质产量（g/株）

收获日期	吉东 81	甘优 702
9 月 5 日	71.30±12.87^{E}	110.92±8.89^{C}
9 月 8 日	83.88±8.10^{DE}	132.00±12.50^{B}
9 月 11 日	94.10±20.00^{CD}	136.24±5.46^{B}
9 月 14 日	98.74±14.89^{CD}	142.54±6.21^{B}
9 月 17 日	103.88±13.97^{BC}	159.26±8.35^{A}
9 月 20 日	118.71±22.18^{AB}	164.78±3.36^{A}
9 月 23 日	124.13±3.95^{A}	163.22±4.43^{A}
9 月 26 日	135.03±9.98^{A}	167.13±2.35^{A}
9 月 29 日	132.31±7.20^{A}	162.56±8.16^{A}
10 月 2 日	133.87±17.44^{A}	166.19±14.16^{A}
10 月 5 日	135.65±6.64^{A}	165.26±11.78^{A}

表 10-26 试验期间 2 种玉米籽粒平均干物质产量（g/株）

部位	吉东 81	甘优 702
玉米籽粒	111.96±25.14^{B}	151.83±19.57^{A}

（五）不同收获期 2 种玉米整株干物质产量的变化

由表 10-27 可见，随着收获期的延长，吉东 81 和甘优 702 整株干物质产量呈先增加后平稳趋势。9 月 23 至 10 月 5 日吉东 81 整株干物质产量显著（$P <$ 0.05）高于 9 月 5—17 日；9 月 17 日至 10 月 5 日甘优 702 整株干物质产量显著（$P < 0.05$）高于其他各收获期。从表 10-28 可见，试验期间甘优 702 平均整株干物质产量显著（$P < 0.05$）高于吉东 81。各部位干物质产量占整株干物质产量的大小依次为玉米籽粒 > 秆 > 茎叶 > 玉米棒芯。

表 10-27　不同收获日期 2 种玉米整株的干物质产量（g/株）

收获日期	吉东 81	甘优 702
9 月 5 日	210.29±14.96[E]	228.55±18.07[D]
9 月 8 日	231.58±7.33[E]	257.72±33.68[C]
9 月 11 日	257.72±27.23[D]	270.06±6.43[BC]
9 月 14 日	270.78±33.05[D]	286.76±14.62[B]
9 月 17 日	281.00±18.53[CD]	321.64±10.06[A]
9 月 20 日	301.70±19.61[BC]	335.50±4.04[A]
9 月 23 日	321.72±6.85[AB]	340.12±11.39[A]
9 月 26 日	333.48±20.21[A]	344.16±8.42[A]
9 月 29 日	322.21±19.21[AB]	338.76±20.29[A]
10 月 2 日	329.78±18.23[A]	342.89±23.48[A]
10 月 5 日	327.30±17.21[AB]	334.24±22.94[A]

表 10-28　试验期间 2 种玉米整株平均干物质产量（g/株）

部位	吉东 81	甘优 702
整株	289.78±44.86[B]	309.13±42.68[A]

六、不同收获期和不同种对产量的影响

（一）不同收获期对农艺性状与生物学产量的影响

青贮玉米品种的鲜物质产量、干物质产量、干物质含量以及株高是评价生物学产量与农艺性状的重要指标。在生产中除了品种本身的特性，青贮玉米收获时期对产量和品质也有很大影响。该试验结果显示，试验期间 2 种玉米株高随着收获期的延长呈先增加后平稳趋势。9 月 17 日吉东 81 和甘优 702 的株高最高，分别是 3.51m 和 2.94m，之后呈平稳趋势，表明 2 种玉米刈割时期在 9 月 17 日后为合理。青贮玉米的鲜重产量与干物质含量、呈显著负相关，这表明鲜重产量越高，干物质含量越低。干物质产量与株高、干物质含量呈正相关，与鲜物质产量呈负相关。该试验结果显示，随着收获期的延长，2 种玉米茎叶、秆、果穗和整株鲜物质产量呈先上升后下降趋势、干物质含量呈递增趋势，干物质产量呈先增加后平稳趋势。研究表明，随着收获期的延长，青贮玉米干物质产量增加，到生长后期趋缓平衡。研究表明，随着收获期的延长干物质产量变化呈先增加后稳定的趋势，与本试验结果一致。干物质积累是青贮玉米产量形成的前提，提高干物质产量可以促使青贮玉米高产稳产。生育期内干物质积累水平决定籽粒产量的高低。该试验结果显示，吉东 81 茎叶、秆和玉米棒芯干物质产量从 9 月 23 日开始呈平稳趋势，玉米籽粒干物质产量从 9 月 26 日开始呈平稳趋势。甘优 702 茎叶和玉米棒芯干物质产量从 9 月 17 日开始呈平稳趋势；秆和玉米籽粒干物质产量从 9 月 20 日开始呈平稳趋势。研究发现，干物质分配率表现为籽粒最高，其次是茎秆，叶片干物质分配率最低。该试验结果表明，随着收获期的延长 2 种玉米果穗干物质积累水平最高，其次是秆，最后是茎叶。干物质含量达到 30%～35% 为青贮玉米最适宜的收获期，青贮玉米水分在 65%～70% 时最适合乳酸菌繁殖。综合分析可知，在该试验条件下，全株青贮玉米吉东 81 最佳收获期为 9 月 23－26 日，粮用玉米甘优 702 最佳收获期为 9 月 17－20 日。

（二）不同品种对农艺性状与生物学产量的影响

青贮玉米是反刍动物主要青绿饲料来源，不同青贮玉米品种各类性状差

异较大。青贮玉米植株高大，茎叶繁茂，生育期长，生物产量高，主要用作饲料青贮。普通粮用玉米则是在苞叶枯黄时对籽粒进行收获，主要作为粮食及工业原料。青贮玉米品种不同，生物指标会有差异，产量会有所不同。在相同的收获期吉东81茎叶、秆和整株鲜物质产量显著($P < 0.05$)高于甘优702，吉东81果穗鲜物质产量显著($P < 0.05$)低于甘优702。吉东81各部位鲜物质产量在整株鲜物质产量中的比例为茎叶占22.85%，秆占47.57%，果穗占29.55%；甘优702各部位鲜物质产量在整株鲜物质产量中的比例为茎叶占21.57%，秆占43.32%，果穗占35.09%。吉东81茎叶和秆干物质产量显著($P < 0.05$)高于甘优702，吉东81玉米棒芯，玉米籽粒和整株干物质产量显著($P < 0.05$)低于甘优702；吉东81各部位干物质产量在整株干物质产量中的比例为茎叶占22.94%，秆占28.21%，玉米棒芯占10.21%，玉米籽粒占38.64%；甘优702各部位干物质产量在整株干物质产量中的比例为茎叶占17.67%，秆占22.70%，玉米棒芯占10.51%，玉米籽粒占49.12%。该试验研究结果与青贮玉米品种和粮用普通玉米品种性状特征一致。影响玉米生物学产量高低的主要因素是植株性状，株高是主要因素。研究表明，生物学产量和株高呈正相关，选育青贮品种时可以优选株高较高的品种，有利于提高生物学产量。试验期间，吉东81的平均株高显著($P < 0.05$)高于甘优702。较高的农艺性状和生物学产量是选择优良青贮玉米品种的重要条件。在本试验条件下，比较2个不同类型的玉米品种，吉东81茎叶和秆产量高，植株高大，收获期长更适合用作青贮玉米；而甘优702玉米籽粒产量高，茎叶枯黄时间相对较早，更适合用于原料加工。

通过比较不同收获期2种玉米的农艺性状和生物学产量，全株青贮玉米品种吉东81最佳收获期为9月23—26日，粮用玉米品种甘优702最佳收获期为9月17—20日。在此收获期2种玉米各部位及整株干物质产量、鲜物质产量、干物质含量和株高最为适宜，且在相同种植条件下全株青贮玉米品种吉东81更适合在内蒙古乌兰察布市凉城县推广。

第二节 青贮玉米品质性状研究进展

青贮玉米又称饲料玉米，是用于畜牧养殖中反刍动物优质饲料以提高动物生产性能的一种绿色饲料作物。青贮玉米具有种植成本低、生产风险低、产量高及收割方便等优点。高营养价值的青贮玉米品种选育至关重要。大量使用玉米制作青贮饲料主要因其化学成分符合制作良好青贮饲料的要求，具有高生产率、低缓冲能力和足够的可溶性碳水化合物，使粗饲料保持高质量属性。鉴于青贮玉米对畜牧养殖业的重要性，挖掘兼顾茎、叶和籽粒的良好比例，以及高消化率的青贮玉米品种对提高畜牧生产力具有重要意义。青贮玉米籽粒的比例越高越好，有助于增加青贮饲料的干物质含量。植株中的干物质通过抑制不良微生物或细菌的生长，利于青贮保存。青贮玉米的选育必须兼顾植株的形态建成性状，以获得较好的抗倒伏、持绿性好等优良性状，提高整个植株的营养质量。Sebastiao 等认为，增加青贮玉米中穗的比重有助于提高青贮的营养品质。该研究目的是比较 8 个青贮玉米杂交品种的品质特性，为挖掘青贮玉米优良基因源提供科学依据。

一、数据统计与方法

（一）试验材料

供试 8 份材料全部来源于黑龙江省农业科学院草业研究所玉米育种圃，见表 10-29。

表 10-29 供试青贮玉米品种及收获时干物质占比（%）

编号	品种名称	干物质占比	编号	品种名称	干物质占比
1	LY18	31.64	5	YG1	33.43
2	LY19	32.05	6	16X259	31.38
3	LY20	36.51	7	XY696	36.55

编号	品种名称	干物质占比	编号	品种名称	干物质占比
4	LY105	33.76	8	XY1331	37.11

（二）试验方法

1. 试验地概况

试验地为中温带季风气候，冬季寒冷漫长，夏季高温多雨。年均气温3.6℃，无霜期150天，降水量为500mm。试验地土壤类型为黑钙土和黑土，前茬作物为玉米。

2. 试验设计

试验品种采用4行区种植，行距50cm，行长10m，种植密度为75 000株/hm²，不设对照，试验周边设置4行保护行。播种前起垄并施用玉米复合肥(15－15－15)675kg/hm²，管理方式同大田。

3. 试验测定方法

鲜重和干重测量方法：田间观察籽粒乳线1/2时期，在每个小区中间2行选取长势均匀植株3株，取样留茬高度为20cm，用铡刀切碎至10cm小段，混合后称鲜重，置于烘箱105℃杀青2h，降温至60℃烘干至恒重，记录干重。

品种性状测量方法：利用秸秆粉碎机全株粉碎混匀，每个材料随机取8份采用近红外光谱检测品质性状，所用仪器为福斯FOSSDS2500，取平均值作为每份材料最终的性状值，相关性状及其缩略词见表10-30。

表10-30　各品种青贮玉米性状及描述统计（%）

性状	缩略词	平均值±标准误	最小值	最大值
干物质	DM	92.73±0.04	92.55	92.86
灰分	Ash	6.73±0.20	6.29	8.11
脂肪	Fat	2.30±0.09	1.90	2.73
粗蛋白	CP	6.45±0.20	5.72	7.08
淀粉	Starch	33.12±1.46	25.57	36.24

续表

性状	缩略词	平均值±标准误	最小值	最大值
木质素	Lignin	2.39±0.13	2.01	3.05
酸性洗涤纤维	ADF	26.52±0.75	24.22	30.98
中性洗涤纤维	NDF	46.39±1.15	42.57	51.69
30 小时 NDF 的可消化率（% of DM）	dNDF30	24.35±0.58	22.99	27.50
48 小时 NDF 的可消化率（% of DM）	dNDF48	29.56±0.80	27.44	33.93
体外 30 小时干物质的消化率（% of DM）	IVTDMD30	75.20±0.74	71.37	77.44
体外 48 小时干物质的消化率（% of DM）	IVTDMD48	79.27±0.68	75.50	81.10
钙	Ca	0.08±0.01	0.03	0.13
磷	P	0.210±0.003	0.200	0.220
钾	K	1.14±0.04	1.03	1.39
镁	Mg	0.120±0.004	0.110	0.140
非纤维性碳水化合物	NFC	39.44±1.21	32.52	42.75
体外 30 小时 NDF 的消化率（% of NDF）	NDFD30	52.53±0.54	50.82	55.16
体外 48 小时 NDF 的消化率（% of NDF）	NDFD48	63.78±1.15	59.33	67.10
总可消化养分（% of DM）	TDN	61.92±0.75	57.88	63.63
产奶净能（MJ/kg）	NEL	5.27±0.08	4.90	5.44
维持净能（MJ/kg）	NEM	6.32±0.08	5.82	6.53
增重净能（MJ/kg）	NEG	3.51±0.12	2.97	3.93
相对饲喂价值	RFV	137.60±4.35	116.56	153.03
相对牧草质量	RFQ	109.96±2.02	98.66	117.84

性状	缩略词	平均值±标准误	最小值	最大值
产奶量/吨干物质(kg)	Mp	1 240.29±24.75	1 098.96	1 304.49

二、青贮玉米品质性状

我国国家青贮玉米审定标准从 2002 年下达以来，经过 2011 年和 2016 年两次修订，将青贮玉米的审定和分级标准细化。标准明确了品质性状中粗蛋白含量≥7%，淀粉含量≥25%，中性洗涤纤维（NDF）含量≤45%。该试验材料的平均粗蛋白含量[(6.45±0.20)%]和平均中性洗涤纤维含量[(46.39±1.15)%]均未达标，尽管平均淀粉含量[(33.12±1.46)%]超过国家审定标准，但仍有材料未达标（最小值为 25.57%）（表 10-30），表明供试部分材料还需品质改良。

青贮玉米的品质性状间存在明显的相关性，整体表现两类，第一类性状有：Fat、NFC、RFV、Starch、NDFD30、NDFD48、RFQ、NEG、IVTDMD30、IVTDMD48、NEL、Milkpton、TDN 和 NEM，这类性状是青贮玉米营养价值的直接体现元素，涉及营养物质本身（如脂肪、碳水化合物、淀粉等）及其能量消耗指标（如：体外干物质消化率、净能及相对饲喂价值等），特别是 TDN 作为饲料能量含量的指标，青贮饲料中 TDN 的测定对平衡和优化饲料至关重要。第二类性状有：dNDF30、dNDF48、DM、ADF、NDF、P、CP、Ca、Mg、Lignin、Ash 和 K，这类性状大多涉及青贮玉米植物形态建成必不可少的构成元素，部分性状在类群内部表现明显正相关，如干物质含量是所有性状的考量基准，其含量与洗涤纤维及消化率呈显著正相关。

三、供试材料的品质结构

为进一步挖掘不同青贮玉米品质性状结构组成，利用品质性状对参试材料进行热图聚类。性状间也明显分为两类，结果与性状相关性一致。供试材料分为两类，一类中的 3 份材料分别为 LY19、LY20 和 YG1，LY19 和 LY20 的各项性状更为接近；另一类中 XY696 和 XY1331 较近，LY18、

LY105 和 16X259 各性状较近。值得关注的是，LY19 具有明显的性状特异性，第一类性状较弱，第二类性状优势较强。

青贮玉米的种植，品种选择很关键。只有选择合适的品种，才能获得最大的投入产出比。青贮玉米的品种选育工作中产量和品质并重，在保证青贮玉米产量的基础上，品质性状的选育尤为重要。该试验对 8 份青贮材料的 26 个品质性状分析发现，品质性状的选育和植株形态建成存在明显的拮抗作用，两大类性状整体表现明显的负相关，即在提高青贮玉米营养价值的同时会对其形态建成方面产生一定的影响。供试材料的中性洗涤纤维含量在 42.57%～51.69%，酸性洗涤纤维含量在 24.22%～30.985%。NDF 和 ADF 含量通常用于估计饲料摄入量和消化率。提高中性洗涤纤维和酸性洗涤纤维的比例会降低饲料的消化率，给动物以饱腹感，限制动物的饲料消耗。RFV 值作为 NDF 和 ADF 的复合指数，常用来评估饲料摄入量和能量值，供试材料的 RFV 值在 116.56～153.03，根据 Rohweder 等的饲料品质划分研究，该试验中仅有 16X259 达到了优质饲料的范畴（RFV>151）。

供试材料可以分成 2 类。LY19、LY20 和 YG1 的营养价值偏低，尤以 LY19 的营养价值最低，但其形态建成性状优势明显，这也正好合理解释了 LY19 和 LY20 倒伏率较低的原因。另一类材料的营养价值性状均突出，表现最佳的是 16X259，所有性状优于其他材料，表明该材料在营养价值性状和形态建成性状之间达到了较好的平衡，可以作为优势基因源加以创新和利用。

第三节 青贮玉米品质性状遗传变异及主成分分析

为了鉴定青贮玉米品质性状间的相关和依附关系，通过 14 份黑龙江省农业科学院草业研究所自育青贮玉米材料的 22 个品质性状检测分析，进行一般描述统计、遗传变异、相关性及主成分分析。结果表明，参试青贮玉

米各品质性状中，脂肪、钾、木质素、淀粉含量的变异系数较大，分别为
0.20、0.19、0.17 和 0.16，表明这些性状在品种遗传选育进程中有较大
的改良空间；而消化率及能量品质相关性状的变异系数介于 0.03～0.08，
表明这部分性状难以得到显著的遗传改良；青贮玉米品质性状间相关性较
大，适宜采用主成分分析保留品质性状的最重要方面。通过对测试的 22 个
品质性状进行主成分提取，前 3 个主成分的累积贡献率达到 91.29%，分
别代表了青贮玉米的饲用价值、微量元素及粗蛋白成分。本研究利用较少
的性状来反映青贮玉米的综合品质，为青贮玉米的遗传改良和品种选育提
供理论基础。

一、试验时间和地点

供试的玉米材料均来源于黑龙江省农业科学院草业研究所饲用玉米研究
室资源圃，2017 年种植于黑龙江省哈尔滨市道外区民主乡，即黑龙江省农业
科学院国家高新技术产业示范园区试验基地。实验田海拔 140m，东经 126°
63′，北纬 45°45′。试验材料全部按常规标准进行田间管理。

图 10-3　试验基地

二、试验材料

选用的试验材料为自育 14 份青贮玉米品种，材料编号及来源见表 10-31。

表 10-31　参试青贮玉米编号及来源

材料编号	来源(♀×♂)	材料编号	来源(♀×♂)
17J401	P7×KWS8855M	17J413	KW−18×BY815
17J402	P7−6×KWS8855M	17J414	88L378×BY815
17J403	DK1411×187M	17J417	88L378−3×BY815
17J405	696F×88L378	17J421	88L378×BY4944
17J407	88L378×KWS8855M	17J422	88L378−1×BY815

续表

材料编号	来源(♀×♂)	材料编号	来源(♀×♂)
17J411	88L378×707M	17J424	P7×BY815
17J412	阳光1号	17J425	龙育15

三、试验方法

玉米成熟 3/4 乳线期进行取样，8 次重复，全株同期收获。整株粉碎烘干至恒重作为后续品质性状的干物质基准重量，所用仪器为 Perten 8620 型近红外谷物品质分析仪，仪器操作及参数设置参考文献报道。利用 Microsoft Excel 2010 软件加载宏数据分析工具和 IBM SPSS Statistics v19.0.0.329 数据处理系统进行数据整理及分析：取各性状测试结果项 8 次重复的平均值进行一般统计量描述及分析，各指标进行相关性分析，对青贮玉米品质相关性状进行主成分分析，探讨各相关性状对青贮玉米品质的影响作用，进行青贮玉米品质的综合评价。

四、结果与分析

(一)青贮玉米品质性状描述

测试所得 22 个青贮玉米品质性状描述见表 10-32，各品质性状均基于干物质(DM)计算。体外 48 小时干物质消化率是玉米青贮的重要性状，可以作为青贮玉米的主要评价指标。测试材料中平均体外 48 小时干物质消化率(IVDMD48)为 81.04%±2.50%，其变异幅度为 74.82%～84.59%，表明所测试青贮玉米材料的动物饲养营养价值较好，为进一步分析干物质其他营养提供前提保证。

表 10-32　青贮玉米品质性状及描述值(%)

性状	缩写	平均值±标准差	变幅	最小值	最大值	变异系数
灰分	Ash	5.24±0.45	1.90	4.26	6.16	0.09
脂肪	EE	2.66±0.52	1.70	1.86	3.56	0.20

性状	缩写	平均值±标准差	变幅	最小值	最大值	变异系数
粗蛋白	CP	7.50±0.94	4.13	4.42	8.55	0.13
淀粉	SC	32.14±5.16	19.31	18.91	38.22	0.16
木质素	CX	2.94±0.50	2.03	2.18	4.21	0.17
酸性洗涤纤维	ADF	22.21±2.81	11.01	18.04	29.05	0.13
中性洗涤纤维	NDF	39.56±4.75	19.66	31.69	51.35	0.12
48 小时 NDF 可消化率（% of DM）	dNDF48	27.54±2.28	8.81	23.92	32.73	0.08
体外 48 小时干物质消化率（% of DM）	IVDMD48	81.04±2.50	9.77	74.82	84.59	0.03
钙	Ca	0.25±0.03	0.08	0.20	0.28	0.11
磷	P	0.26±0.01	0.04	0.24	0.28	0.05
钾	K	0.74±0.14	0.44	0.48	0.92	0.19
镁	Mg	0.24±0.01	0.02	0.23	0.25	0.04
非纤维性碳水化合物	NFC	46.13±4.44	18.42	35.22	53.64	0.10
体外 48 小时 NDF 可消化率（% of DM）	dvNDF48	69.92±2.91	11.74	63.74	75.48	0.04
总可消化养分（% of DM）	TDN%	68.21±2.36	8.00	63.00	71.00	0.03
产奶净能（Mcal/kg）	NE_L	1.41±0.06	0.20	1.28	1.48	0.04

续表

性状	缩写	平均值±标准差	变幅	最小值	最大值	变异系数
维持净能(Mcal/kg)	NE_M	1.69±0.07	0.25	1.53	1.78	0.04
增重净能(Mcal/kg)	NE_G	1.02±0.08	0.34	0.84	1.18	0.08
相对饲喂价值	RFV	170.93±24.31	100.00	120.00	220.00	0.14
相对牧草价值	Rpv	141.64±8.44	30.00	125.00	155.00	0.06
产奶量/吨干物质(kg)	Mp	1 341.93±81.69	294.00	1 152.00	1 446.00	0.06

蛋白、淀粉和脂肪含量是青贮玉米品质的重要指标。本组测试材料平均粗蛋白含量为 7.50%±0.94%，淀粉含量为 32.14%±5.16%，脂肪含量为 2.66%±0.52%。这三个性状的变异幅度分别为 4.42%～8.55%，18.91%～38.22% 和 1.86%～3.56%。非纤维性碳水化合物(NFC)是可以被有机体迅速吸收利用的有效碳水化合物(主要是淀粉和糖分)，是可以提供热能的糖类营养素，青贮玉米中淀粉含量(SC)平均为 46.13%±4.44%，表明青贮玉米的碳水化合物利用率较高。测试材料灰分含量平均值为 5.24%±0.45%，其变异幅度为 4.26%～6.16%。矿物质元素作为灰分的一部分对青贮玉米饲料利用价值具有重要意义。本研究中主要测量了四种元素：钙、磷、钾、镁，其中钾含量平均值最高，为 0.74%±0.14%，钙、磷和镁元素含量比较一致，集中在 0.24%～0.26%，表明青贮玉米全生育期需钾量较其他三种元素大，其栽培过程中要重视钾肥的投入，这一结果与已有报道一致。

中性洗涤纤维(NDF)和酸性洗涤纤维(ADF)分别是指不溶于中性洗涤剂和酸性洗涤剂的那部分物质，包括纤维素、半纤维素、木质素、硅酸盐等。本研究中青贮玉米中性洗涤纤维含量平均为 39.56%±4.75%，变异幅度为 31.69%～51.35%，酸性洗涤纤维含量平均为 22.21%±2.81%，变异幅度为 18.04%～24.09%，材料间中性洗涤纤维和酸性洗涤纤维含量差异较大，表明不同材料纤维质量差异明显，因此青贮玉米作为动物饲喂日粮时要考虑不同品种间的洗涤纤维差别。木质素是植物形态建成的重要成分，维持植物木质部硬度以承载植株重量，青贮玉米木质素含量平均为 2.94%±0.50%，就饲喂价值而言，这部分成分无法被利用。

总可消化养分、能量、每吨干物质的产奶量是衡量青贮玉米品质高低的重要指标。总可消化养分（TDN）是可消化粗蛋白、可消化粗脂肪、可消化粗纤维和可消化无氮浸出物的综合表现指标，是评定青贮玉米饲用价值的重要单位。青贮玉米的总可消化养分平均为 68.21%±2.36%，该数值接近体外 48 小时 NDF 可消化率，表明其测试标准的准确性及可靠性，两者间的微小差异可能是由于总可消化养分测试中未涉及样品内部的化学反应及动物的代谢过程。

青贮玉米的能量品质主要有产奶净能、维持净能和增重净能。产奶净能，也叫泌乳净能（NE_L），一般用于泌乳奶牛，估计奶牛维持需要加上产奶需要以及孕胎生长需要所需的饲料中可获得的能量。维持净能（NE_M）用于评估饲料的能量，包括维持动物体重不变时的组织发育需要和怀孕胎儿发育需求及泌乳的能量需求。增重净能（NE_G）用于估计饲料原料的能量，在维持净能需要的基础上，加上对体重增长的能量需求。本组测试青贮玉米的产奶净能、维持净能和增重净能平均值分别为（1.41±0.06）Mcal/kg、（1.69±0.07）Mcal/kg 和（1.02±0.08）Mcal/kg，表明本组测试青贮玉米的能量品质比较一致。

产奶量/吨干物质（Mp）是青贮玉米每吨 100% 干物质饲料可产牛奶量（kg），这一指标是奶牛饲喂人员最关心的要素。表 10-33 数据显示，本组测试青贮玉米材料的产奶量/吨干物质平均值（1 341.93±81.69）kg，最小值 294.00kg，最大值 1 446.00kg，变幅为 1 152kg，表明不同材料间每吨干物质产奶量差异很大。

表10-33 青贮玉米品质性状相关分析（%）

	Ash	EE	CP	SC	CX	ADF	NDF	dNDF48	IVDMD48	Ca	P	K	Mg	NFC	dvNDF48	TDN	NE_L	NE_m	NE_g	RFV	Rpv
EE	-0.610*																				
CP	-0.567*	0.191																			
SC	-0.450	0.691**	0.322																		
CX	0.347	-0.392	-0.296	-0.877**																	
ADF	0.413	-0.594**	-0.454	-0.965**	0.854**																
NDF	0.302	-0.498	-0.418	-0.952**	0.872**	0.987**															
dNDF48	0.183	-0.415	-0.413	-0.889**	0.762**	0.950**	0.972**														
IVDMD48	-0.468	0.676**	0.368	0.971**	-0.908**	-0.963**	-0.941**	-0.849**													
Ca	-0.678**	0.319	0.167	-0.083	0.091	0.231	0.305	0.435	-0.094												
P	-0.646*	0.425	0.595**	0.360	-0.219	-0.332	-0.271	-0.226	0.317	0.485											
K	0.881**	-0.833**	-0.334	-0.552*	0.310	0.458	0.343	0.248	-0.518	-0.630*	-0.555*										
Mg	-0.341	0.224	0.193	-0.239	0.364	0.333	0.378	0.432	-0.269	0.768**	0.571*	-0.397									
NFC	-0.339	0.468	0.438	0.942**	-0.873**	-0.982**	-0.995**	-0.964**	0.932**	-0.280	0.264	-0.354	-0.386								
dvNDF48	-0.451	0.536**	0.378	0.893**	-0.922**	-0.891**	-0.886**	-0.760**	0.952**	-0.051	0.296	-0.438	-0.215	0.891*							
TDN	-0.608*	0.741**	0.391	0.937**	-0.850**	-0.874**	-0.848**	-0.725**	0.942**	0.186	0.483	-0.663**	0.016	0.846**	0.930**						
NE_L	-0.644*	0.783**	0.425	0.954**	-0.821**	-0.904**	-0.865**	-0.762**	0.948**	0.152	0.531	-0.696**	-0.023	0.861**	0.895**	0.984**					
NE_m	-0.628*	0.755**	0.396	0.956**	-0.859**	-0.902**	-0.868**	-0.753**	0.957**	0.155	0.487	-0.675**	-0.045	0.866**	0.920**	0.992**	0.995**				
NE_g	-0.445	0.537*	0.384	0.895**	-0.919**	-0.892**	-0.889**	-0.765**	0.952**	-0.054	0.310	-0.432	-0.203	0.892**	1.000**	0.932**	0.897**	0.921**			
RFV	-0.282	0.462	0.445	0.920**	-0.839**	-0.973**	-0.986**	-0.963**	0.921**	-0.343	0.267	-0.319	-0.370	0.983**	0.892**	0.826**	0.836**	0.836**	0.895**		
Rpv	-0.695**	0.690**	0.425	0.791**	-0.785**	-0.705**	-0.659**	-0.508	0.815**	0.401	0.657*	-0.660**	0.172	0.650*	0.799**	0.909**	0.904**	0.911**	0.802**	0.614*	
Mp	-0.627**	0.763**	0.419	0.961**	-0.845**	-0.916**	-0.880**	-0.775**	0.961**	0.128	0.495	-0.677**	-0.052	0.878**	0.917**	0.989**	0.998**	0.998**	0.918**	0.854**	0.897**

注："*"表示在0.05水平相关显著（双尾测验），"**"表示在0.01水平相关显著（双尾测验）。

相对饲喂价值(RFV)是饲料饲喂动物生产潜能的一项饲草评价重要指标，这项指标主要考虑了动物体内粗纤维的消化率，可以更准确地反映饲草的饲喂价值。相对牧草价值(Rpv)是相对特定标准牧草(紫花苜蓿 Medicago sativa)的青贮玉米可消化干物质的采食量。相对饲喂价值和相对牧草价值，这两个指标是青贮玉米饲喂价值的重要指标。相对饲喂价值品种间差异较大，变幅为 100.00，相对牧草价值品种间差异较小，变幅为 30.00。

对 22 个青贮玉米品质性状遗传变异分析(表 10-32)，其中变异系数较大的性状主要有脂肪(20%)、钾(19%)、木质素(17%)、淀粉(16%)等；变异系数较小的性状主要有总可消化养分(3%)、体外 48 小时干物质消化率(3%)、体外 48 小时 NDF 可消化率(4%)、镁(4%)、产奶净能(4%)、维持净能(4%)、磷(5%)等。表明青贮玉米的品质改良方面，脂肪、钾、木质素、淀粉含量等性状有较大的改良空间，而消化率及能量品质方面的性状难以得到显著改良。其余的相关性状变异系数在 6%～14%，这些性状通过改良措施也有一定的优化空间。

(二)性状相关分析

将青贮玉米各性状进行遗传相关分析，由表 10-33 可见，灰分与钾含量呈极显著正相关，与钙、相对牧草价值呈极显著负相关，与脂肪、粗蛋白、磷、品质净能、产奶量等呈显著负相关，说明当灰分或钾含量过高时，势必会使青贮玉米的脂肪、蛋白、产奶量及钙磷等含量受限，造成其品质性状欠佳；脂肪与淀粉、体外 48 小时干物质消化率、总可消化养分、品质净能、产奶量、相对价值等相关性状极显著，与酸性洗涤纤维呈显著负相关，表明脂肪在青贮玉米的品质性状中占重要作用，适当提高其含量是青贮玉米饲用品质改良的可行途径；粗蛋白仅与磷含量存在显著相关，与其他性状间的相关性均较小，表明粗蛋白含量的改良受其他性状影响不大，主要是由材料本身的遗传效应决定。

由表 10-33 中不同性状间相关显著水平的整体概况可见，青贮玉米品质性状组成遗传相关比较密切的性状主要有：淀粉含量、消化率、碳水化合物、产奶量、净能、相对价值、木质素、洗涤纤维等，其中淀粉含量和体外 48 小时干物质消化率达到极显著正相关，这两个性状与碳水化合物、总消化养分、体外可消化率（体外 48 小时干物质消化率 IVDMD48、48 小时 NDF 可消化率 dvNDF48）、产奶量、净能、相对价值均达极显著正相关，这些性状可作为正面效应的一组；而木质素含量、洗涤纤维及其消化率与以上这些品质性状之间均达到极显著负相关，且其内部均达到极显著正相关，表明这些性状可作为负面效应的一组。

微量元素中，磷素比较稳定，与其他性状相关度均不高。钙和镁元素含量之间达到极显著正相关，与钾元素及灰分含量达极显著负相关。钾是灰分的主要化学成分，其与可消化养分、净能及产奶量均为极显著负相关。

（三）主成分分析

对青贮玉米品质相关性状进行主成分特征值累积结果见表10-34。利用初始特征值提取前 3 个主成分的累积贡献率达到 91.29%，其中第一主成分的贡献率最大，达 67.66%，第二主成分的贡献率为 18.33%，第三主成分的贡献率为 5.30%。

表 10-34　提取主成分及特征值的累积（%）

成分	初始特征值			提取平方和载入		
	合计	方差的	累积	合计	方差的	累积
1	14.88	67.66	67.66	14.88	67.66	67.66
2	4.03	18.33	85.99	4.03	18.33	85.99
3	1.17	5.30	91.29	1.17	5.30	91.29
4	0.70	3.18	94.47			
5	0.55	2.50	96.97			
6	0.28	1.29	98.25			
7	0.18	0.83	99.08			
8	0.13	0.59	99.68			

成分	初始特征值			提取平方和载入		
	合计	方差的	累积	合计	方差的	累积
9	0.04	0.20	99.88			
10	0.01	0.06	99.94			
11	0.01	0.03	99.97			
12	0.01	0.03	99.99			
13	0.001	0.01	100.00			
14	5.00×10^{-16}	2.27×10^{-15}	100.00			
15	3.44×10^{-16}	1.56×10^{-15}	100.00			
16	2.85×10^{-16}	1.30×10^{-15}	100.00			
17	8.19×10^{-17}	3.72×10^{-16}	100.00			
18	4.65×10^{-17}	2.11×10^{-16}	100.00			
19	-1.27×10^{-16}	-5.76×10^{-16}	100.00			
20	-1.86×10^{-16}	-8.44×10^{-16}	100.00			
21	-3.31×10^{-16}	-1.50×10^{-15}	100.00			
22	-6.00×10^{-16}	-2.73×10^{-15}	100.00			

所有品质性状在各个主成分上的特征向量见表10-35，主成分1中载荷较高且为正值的性状有脂肪、淀粉、体外48小时干物质消化率、非纤维性碳水化合物、体外48小时NDF可消化率、总可消化养分、产奶净能、维持净能、增重净能、相对饲喂价值、相对牧草价值和产奶量/吨干物质，载荷较高且为负值的性状有木质素、酸性洗涤纤维、中性洗涤纤维和48小时NDF可消化率，表明主成分1体现了青贮玉米的饲用价值，其中脂肪、淀粉和非纤维性碳水化合物是主要的营养成分，体外48小时干物质消化率、总可消化养分含量是青贮玉米营养成分利用体现，净能及相对价值是青贮玉米利用的衡量指标，产奶量是青贮玉米体现价值的最直接表现，因此这些成分越高青贮玉米的利用价值就越高。相反地，木质素、洗涤纤维及其消化率是青贮玉米利用

的限制因素，这些成分值越低越好。主成分 2 中载荷较高且为正值的性状有钙、磷和镁，载荷较高且为负值的性状有钾和灰分，表明这一主成分是青贮玉米微量元素的集中体现。主成分 3 中只有粗蛋白含量的载荷较高，因此这一主成分可以解释青贮玉米品质中的粗蛋白性状。

表 10-35　性状因子的载荷矩阵

性状	主成分		
	1	2	3
灰分（%）	− 0.576	− 0.687	− 0.076
脂肪（%）	0.694	0.402	− 0.361
粗蛋白（%）	0.470	0.256	0.778
淀粉（%）	0.974	− 0.118	− 0.105
木质素（%）	− 0.883	0.236	0.069
酸性洗涤纤维（%）	− 0.958	0.231	− 0.075
中性洗涤纤维（%）	− 0.932	0.329	− 0.097
48 小时 NDF 可消化率（% of DM）	− 0.842	0.425	− 0.189
体外 48 小时干物质消化率（% of DM）	0.980	− 0.133	− 0.097
钙（%）	0.025	0.939	− 0.129
磷（%）	0.462	0.631	0.440
钾（%）	− 0.606	− 0.665	0.203
镁（%）	− 0.139	0.860	0.123
非纤维性碳水化合物（%）	0.930	− 0.320	0.114
体外 48 小时 NDF 可消化率（% of DM）	0.939	− 0.126	− 0.055
总可消化养分（% of DM）	0.972	0.137	− 0.116
产奶净能（Mcal/kg）	0.982	0.140	− 0.078
维持净能（Mcal/kg）	0.984	0.115	− 0.111
增重净能（Mcal/kg）	0.941	− 0.124	− 0.042
相对饲喂价值	0.912	− 0.348	0.147
相对牧草价值	0.862	0.358	− 0.059
产奶量/吨干物质（kg）	0.989	0.104	− 0.085

（四）讨论

青贮玉米是鉴于农业生产习惯对一类用途玉米的统称，其主要区别于普通玉米在于其植株高大，以生产鲜秸秆为主要目的。一般认为，青贮玉米的最佳收获期为籽粒乳熟末期至蜡熟前期，青贮最适时期是全株干物质含量在30%～40%，含水量在60%～70%，此时青贮品质较好。国内判断青贮玉米的营养品质的指标主要有粗蛋白含量、脂肪含量、纤维含量和灰分含量等，粗纤维包括半纤维素、纤维素和木质素，半纤维素可部分被草食家畜消化利用，纤维素较难被草食家畜消化利用，而木质素不能被草食家畜消化利用。由于不能根据粗纤维含量确定半纤维素、纤维素和木质素的含量，所以很难根据粗纤维含量确定被测样品的营养价值。因此，目前常采用不同类型的洗涤剂分离得到半纤维素含量、纤维素含量和木质素含量，从而评价青贮玉米纤维的营养价值。对纤维的营养价值评价通常采用洗涤剂的方法，主要是对青贮玉米中性洗涤纤维和酸性洗涤纤维含量的测定，中性洗涤纤维是青贮饲料的重要成分，可以有效反映纤维质量的好坏。青贮玉米饲料中适量中性洗涤纤维对维持瘤胃正常的发酵功能具有重要作用，中性洗涤纤维含量越低动物的采食量越高，其被利用的程度越高，但过量的中性洗涤纤维会不利于干物质的采食量，因此，中性洗涤纤维含量可以作为动物饲料日粮精粗比饲喂的重要标准。而酸性洗涤纤维与动物的消化率有关，含量越高，消化率越低。木质素是不能被动物消化的部分，是限制青贮玉米被消化利用的主要因素，因此就青贮利用价值而言，木质素含量越低越好。48小时NDF可消化率表示中性洗涤纤维在瘤胃中可消化或发酵的最大量，反映饲料的品质变化，因此我们认为48小时NDF可消化率用于评定饲料品质比中性洗涤纤维更合理。

粗蛋白、淀粉、脂肪是决定青贮玉米饲用价值的重要基础。理想的青贮玉米品质是兼具高含量的粗蛋白、淀粉和脂肪，这些成分均为富含热能的养分，是为动物机体提供能量的主要物质。灰分是评价青贮玉米作为饲料用途的重要质量指标之一，主要是矿物质氧化物或盐类等无机物质，甚至还有少量泥沙，故经常称作粗灰分。灰分的含量过高表明青贮玉米饲料品质较差，说明不具有营养作用的成分偏高。由于不同饲料类型的成分不同，测量标准不同，残留物也各不相同，目前关于灰分含量未见统一标准。

青贮玉米的品种选育，品质性状改良是重中之重，遗传变异分析显示，脂肪、钾、木质素、淀粉含量等性状变异系数较大，表明这些性状通过外部环境优化可以实现小幅度提升，结合品种优化组合可实现遗传改良。其他性状的改变利用外部条件优化实现比较困难，尤其是总可消化养分、体外 48 小时干物质消化率、体外 48 小时 NDF 可消化率、镁、磷、产奶净能、维持净能等性状的改良空间较小，这些性状主要由品种特性决定，可以通过优化亲本组合实现性状的适度改良。

衡量青贮玉米的营养品质，可以全面考虑各品质性状，比如选择在本文相关分析中提到的正面效应性状，以及第一主成分中载荷较高性状，有针对性地进行这些性状的适度改良，可以有效提高青贮玉米的营养品质。但在青贮玉米的选育过程中，要有目的性地考虑相关性状间的关系，特别要注意表现负相关性状间的协调平衡，按照主成分特征的累积贡献来合理取舍。针对青贮玉米的饲喂价值，可以参考主成分一种表现正向载荷的特征向量，同时结合性状间的相关性，对容易或方便测量的性状加大关注，可以间接实现相关目标性状的选择。本研究的方法旨在利用较少的性状来反映青贮玉米的综合品质，为青贮玉米的遗传改良和品种选育提供技术指导，在实际应用中要综合青贮玉米农艺性状、产量性状和品质性状，加大样本量进行整体考量和选择，以期更准确建立青贮玉米的综合评价体系。

参考文献

苏日娜，吐日根白乙拉，2022. 不同收获期青贮玉米品种农艺性状和生物学产量的研究[J]. 畜牧与饲料科学，43(1)：23－30.

王金飞，杨国义，樊子菡，等，2021. 饲粮中全株玉米青贮比例对杜湖杂交母羔生长性能、瘤胃发酵、养分消化率及血清学指标的影响[J]. 中国农业科学，54(4)：831－844.

郭莉，马现斌，胡飞，等，2020. 夏播粮饲通用型青贮玉米品种农艺性状与生物学产量的相关性分析[J]. 湖北农业科学，59(22)：24－28.

何文铸，张彪，王培，等，2013. 利用叶绿素含量及荧光动力学参数评价青贮玉米耐旱关键指标研究[J]. 干旱地区农业研究，31(3)：31－38.

孙静，杨在宾，杨晨，等，2018. 不同比例全株玉米青贮饲粮对生长猪生产性能、养分利用、血液学指标和血清氧化应激指标的影响[J]. 动物营养学报，30(5)：1703－1712.

刘敏，纪立东，王锐，等，2020. 有机无机肥配施对青贮玉米生长及土壤化学性质的影响[J]. 宁夏农林科技，61(7)：18－21，24.

胡宗福，常杰，萨仁呼，等，2017. 基于宏基因组学技术检测全株玉米青贮期间和暴露空气后的微生物多样性[J]. 动物营养学报，29(10)：3750－3760.

谢明君，李广，马维伟，等，2022. 水分对河西青贮玉米土壤化学计量比及稳态性的影响[J]. 干旱区研究，39(4)：1312－1321.

贾娟娟，倾豆龙，李晓康，等，2016. 青贮玉米粒受挤压力学特性的研究[J]. 中国农机化学报，37(8)：72－75.

廖海艳，聂军，2012. 成熟期对夏播青贮玉米秸秆化学成分及发酵特性的影响[J]. 江苏农业科学，40(12)：213－215.

高冉，2022. 青贮玉米的科学种植技术[J]. 现代畜牧科技，85(1)：71－72.

毛建红，陶莲，刘融，等，2018. 活菌制剂和复合酶制剂对青贮玉米秸秆化学组成及纤维微观结构的影响[J]. 动物营养学报，30(7)：2763－2771.

赵玉清，方佳梦，杨志，等，2021. 青贮玉米植株剪切力学特性试验研究[J]. 饲料研究，44(3)：93－97.

王雅楠，鉴军帅，贾凯，等，2020. 不同玉米品种青贮收获期茎秆抗倒力学特性比较分析[J]. 玉米科学，28(5)：77－85，92.

李梅，刁治民，赵子倩，2001. 青贮玉米促生菌的鉴定及生物学特性的研究[J]. 青海畜牧兽医杂志，31(1)：3－5.

王建强，龙国平，马奎建，2020. 科学利用粪肥还田种植优质玉米青贮促进奶牛业增效[J]. 今日畜牧兽医，36(12)：69.

贯春雨，杨克军，卢翠华，等，2007. 不同播期处理对寒地青贮玉米发育及经济学性状的影响[J]. 黑龙江八一农垦大学学报，19(1)：33－35.

杜晋平，殷裕斌，邓代君，等，2010. 玉米秸青贮和晒干过程中化学成分变化及碳水化合物组分发酵动力学[J]. 中国畜牧杂志，46(23)：36－40.

刘禹辰，张锋伟，宋学锋，等，2022. 基于离散元法玉米秸秆双层粘结模型力学特性研究[J]. 东北农业大学学报，53(1)：45－54.

苏天增，任伟，丁光省，等，2019. 青贮玉米高产制种技术措施模型的研究与应用[J]. 河南农业科学，48(4)：55－58.

马宗虎，叶骏，田立，等，2015. 青贮秸秆和牛粪厌氧消化产气性能研究[J]. 中国沼气，33(2)：19－24.

顾雪莹，玉柱，郭艳萍，等，2011. 全株玉米与秣食豆单贮混贮效果的研究[J]. 草地学报，19(1)：132－136.

包军义，2024. 玉米青贮饲料变质原因及解决措施[J]. 畜牧兽医杂志，43(01)：91－93.

闫威明，陈雅坤，杨鹏标，等，2024. 青贮饲料质量评定方法研究进展[J]. 中国畜牧兽医，51(01)：135－144.

李曼，陈哲，郑磊，2023. 播期与种植密度对青贮玉米生物产量及品质的影响[J]. 新疆农垦科技，46(06)：5－10.

李光，2023. 莘县青贮玉米发展现状浅析[J]. 山东畜牧兽医，44(12)：32＋35.

程明军，王福增，唐玮琦，等，2023. 川西北地区青贮玉米种植气候区划[J]. 玉米科学，31(06)：82－89.

孙颖琦，王钰文，范晓庆，等，2023. 青贮玉米与饲用谷子间作对产量相关性状的影响[J]. 草业科学，40(12)：3138－3149.

姚美玲，丁得利，韩永胜，等，2023. 复合添加剂对甜玉米秸秆青贮品质的影响[J]. 现代畜牧科技(12)：73－75.

刘文，丁得利，林秀蔚，等，2023. 添加鲜食玉米秸秆青贮对瘤胃细菌多样性的影响[J]. 现代畜牧科技(12)：76－79.

王兴才，2023. 优质玉米配套高产栽培技术探究[J]. 种子科技，41(22)：60－62.

季佳鹏，2023. 玉米高产栽培技术要点[J]. 种子科技，41(22)：36－38＋41.

梁刚，刘贵祥，2023. 全株玉米青贮饲粮在猪生产中的应用[J]. 农技服务，40(11)：43－46.

张琳，2023. 玉米栽培技术及病虫害防治[J]. 种子科技，41(21)：71－73.

宋静，2023. 玉米栽培新技术与主要病虫害防治方式[J]. 种子科技，41(21)：38－40.

胡乔永，马永升，2023. 玉米栽培与田间管理技术、病虫害防治[J]. 种子科技，41(21)：62－64.

苏丹，2023. 玉米高产栽培技术及抗旱措施[J]. 种子科技，41(20)：83－85.

汝新勇，2023. 玉米栽培管理技术及病虫害防治措施研究[J]. 种子科技，41(19)：57－59.

冯建伟，2023. 玉米高产栽培技术及玉米螟虫防治措施探析[J]. 种子科技，41(19)：78－80.

高文辉，杨柳，赵利妮，等，2023. 青贮玉米不同种植密度的对比试验[J].

中国农学通报，39(26)：1—7.

梁志刚，徐军用，2020. 不同水肥处理对玉米生长及水分利用的影响[J]. 现代农业科技(5)：14—15.

李永刚，王婷，2005. 青贮玉米密度与产量及产量构成因素的研究[J]. 西北农业学报(1)：149—152.

路海东，2006. 密度对不同类型饲用玉米产量和品质的影响[D]. 杨凌：西北农林科技大学.

刘惠青，2008. 黑龙江省第二积温带青贮玉米栽培密度及混播的研究[D]. 哈尔滨：东北农业大学.

高洪雷，高飞，王丽霁，等，2009. 混播对青贮玉米生长、产量和饲用品质的影响[J]. 东北农业大学学报，40(8)：68—71.

贺字典，余金咏，于泉林，等，2011. 玉米褐斑病流行规律及 GEM 种质资源抗病性鉴定[J]. 玉米科学，19(3)：4.

何文铸，刘永红，杨勤，等. 影响青贮玉米生物产量关键指标的筛选及其遗传研究[J]. 玉米科学，2009，17(2)：29—33.